파브르 곤충기 9

파브르 곤충기 9

초판 1쇄 발행 | 2010년 2월 10일
초판 3쇄 발행 | 2020년 10월 30일

지은이 | 장 앙리 파브르
옮긴이 | 김진일
사진찍은이 | 이원규
그린이 | 정수일
펴낸이 | 조미현

펴낸곳 | (주)현암사
등록 | 1951년 12월 24일 · 제10-126호
주소 | 04029 서울시 마포구 동교로12안길 35
전화 | 365-5051 · 팩스 | 313-2729
전자우편 | editor@hyeonamsa.com
홈페이지 | www.hyeonamsa.com

ISBN 978-89-323-1397-9 04490
ISBN 978-89-323-1399-3 (세트)

파브르 곤충기 9

장 앙리 파브르 지음 | 김진일 옮김
이원규 사진 | 정수일 그림

현암사

신화 같은 존재 파브르, 그의 역작 곤충기

『파브르 곤충기』는 '철학자처럼 사색하고, 예술가처럼 관찰하고, 시인처럼 느끼고 표현하는 위대한 과학자' 파브르의 평생 신념이 담긴 책이다. 예리한 눈으로 관찰하고 그의 손과 두뇌로 세심하게 실험한 곤충의 본능이나 습성과 생태에서 곤충계의 숨은 비밀까지 고스란히 담겨 있다. 그러기에 백 년이 지난 오늘날까지도 세계적인 애독자가 생겨나며, '문학적 고전', '곤충학의 성경'으로 사랑받는 것이다.

남프랑스의 산속 마을에서 태어난 파브르는, 어려서부터 자연에 유난히 관심이 많았다. '빛은 눈으로 볼 수 있다'는 것을 스스로 발견하기도 하고, 할머니의 옛날이야기 듣기를 좋아했다. 호기심과 탐구심이 많고 기억력이 좋은 아이였다. 가난한 집 맏아들로 태어나 생활고에 허덕이면서 어린 시절을 보내야만 했다. 자라서는 적은 교사 월급으로 많은 가족을 거느리며 살았지만, 가족의 끈끈한 사랑과 대자연의 섭리에 대한 깨달음으로 역경의 연속인 삶을 이겨 낼 수 있었다. 특히 수학, 물리, 화학 등을 스스로 깨우치는 등 기초 과학 분야에 남다른 재능을 가지고 있었다. 문학에도 재주가 뛰어나 사물을 감각적으로 표현하는 능력이 뛰어났다. 이처럼 천성적인 관찰자답게 젊었을 때 우연히 읽은 '곤충 생태에 관한 잡지'가 계기가 되어 그의 이름을 불후하게 만든 '파브르 곤충기'가 탄생하게 되었다. 1권을 출판한 것이 그의 나이 56세. 노경에 접어든 나이에 시작하여 30년 동안의 산고 끝에 보기 드문 곤충기를 완성한 것이다. 소똥구리, 여러 종의 사냥벌, 매미, 개미, 사마귀 등 신기한 곤충들이 꿈틀거리는 관찰 기록만이 아니라 개인적 의견과 감정을 담은 추억의 에세이까지 10권 안에 펼쳐지는 곤충 이야기는 정말 다채롭고 재미있다.

'파브르 곤충기'는 한국인의 필독서이다. 교과서 못지않게 필독서였고, 세상의 곤충은 파브르의 눈을 통해 비로소 우리 곁에 다가왔다. 그 명성을 입증하듯이 그림책, 동화책, 만화책 등 형식뿐 아니라 글쓴이, 번역한 이도 참으로 다양하다. 그러나 우리나라에는 방대한 '파브르 곤충기' 중 재미있는 부분만 발췌한 번역본이나 요약본이 대부분이다. 90년대 마지막 해 대단한 고령의 학자 3인이 완역한 번역본이 처음으로 나오긴 했다. 그러나 곤충학, 생물학을 전공한 사람의 번역이 아니어서인지 전문 용어를 해석하는 데 부족한 부분이 보여 아쉬웠다. 역자는 국내에 곤충학이 도입된 초기에 공부를 하고 보니 다양한 종류의 곤충을 다룰 수밖에 없었다. 반면 후배 곤충학자들은 전문분류군에만 전념하며, 전문성을 갖는 것이 세계의 추세라고 해야 할 것이다. 이런 시점에서는 적절한 번역을 기대할 수 없다.

역자도 벌써 환갑을 넘겼다. 정년퇴직 전에 초벌번역이라도 마쳐야겠다는 급한 마음이 강력한 채찍질을 하여 '파브르 곤충기' 완역이라는 어렵고 긴 여정을 시작하게 되었다. 우리나라 풍뎅이를 전문적으로 분류한 전문가이며, 일반 곤충학자이기도 한 역자가 직접 번역한 '파브르 곤충기' 정본을 만들어 어린이, 청소년, 어른에게 읽히고 싶었다.

역자가 파브르와 그의 곤충기에 관심을 갖기 시작한 건 40년도 더 되었다. 마침, 30년 전인 1975년, 파브르가 학위를 받은 프랑스 몽펠리에 이공대학교로 유학하여 1978년에 곤충학 박사학위를 받았다. 그 시절 우리나라의 자연과 곤충을 비교하면서 파브르가 관찰하고 연구한 곳을 발품 팔아 자주 돌아다녔고, 언젠가는 프랑스 어로 쓰인 '파브르 곤충기' 완역본을 우리나라에 소개하리라 마음먹었다. 그 소원을 30년이 지난 오늘에서야 이룬 것이다.

"개성적이고 문학적인 문체로 써 내려간 파브르의 의도를 제대로 전달할 수 있을까, 파브르가 연구한 종은 물론 관련 식물 대부분이 우리나라에는 없는 종이어서 우리나라 이름으로 어떻게 처리할까, 우리나라 독자에 맞는 '한국판 파브르 곤충기'를 만들려면 어떻게 해야 할까" 방대한 양의 원고를 번역하면서 여러 번 되뇌고 고민한 내용이다. 1권에서 10권까지 번역을 하는 동안 마치 역자가 파브르인 양 곤충에 관한 새로운 지식을 발견하면 즐거워하고, 실험에 실패하면 안타까워하고, 간간이 내비치는 아들의 죽음에 대한 슬픈 추억, 한때 당신이 몸소 병에 걸려 눈앞의 죽음을 스스로 바라보며, 어린 아들이 얼음 땅에서 캐내 온 벌들이 따뜻한 침실에서 우화하여, 발랑발랑 걸어 다니는 모습을 바라보던 때의 아픔을 생각하며 눈물을 흘리기도 했다. 4년도 넘게 파브르 곤충기와 함께 동고동락했다.

파브르 시대에는 벌레에 관한 내용을 과학논문처럼 사실만 써서 발표했을 때는 정신이상자의 취급을 받기 쉬웠다. 시대적 배경 때문이었을까? 다방면에서 박식한 개인적 배경 때문이었을까? 파브르는 벌레의 사소한 모습도 철학적, 시적 문장으로 써 내려갔다. 현지에서는 지금도 곤충학자라기보다 철학자, 시인으로 더 잘 알려져 있다. 어느 한 문장이 수십 개의 단문으로 구성된 경우도 있고, 같은 내용이 여러 번 반복되기도 하였다. 그래서 원문의 내용은 그대로 살리되 가능한 짧은 단어와 짧은 문장으로 처리해 지루함을 최대한 줄이도록 노력했다. 그러나 파브르의 생각과 의인화가 담긴 문학적 표현을 100% 살리기는 힘들었다기보다, 차라리 포기했음을 고백해 둔다.

파브르가 연구한 종이 우리나라에 분포하지 않을 뿐 아니라 아직 곤충학이 학문으로 정상적 궤도에 오르지 못했던 150년 전 내외에 사용하던 학명이 많았다. 아무래도 파브르는 분류학자의 업적을 못마땅하게 생각한 듯하다. 다른 종을 연구하거나 이름을 다르게 표기했을 가능성도 종종 엿보였다. 당시 틀린 학명은 현재 맞는 학명을 추적해서 바꾸도록 부단히 노력했다. 그래도 해결하지 못한 학명은 원문의 이름을 그대로 썼다. 본문에 실린 동식물은 우리나라에 서식하는 종류와 가장 가깝도록 우리말 이름을 지었으며, 우리나라에도 분포하여 정식 우리 이름이 있는 종은 따로 표시하여 '한국판 파브르 곤충기'로 만드는 데 힘을 쏟았다.

무엇보다도 곤충 사진과 일러스트가 들어가 내용에 생명력을 불어넣었다. 이원규 씨의 생생한 곤충 사진과 독자들의 상상력을 불러일으키는 만화가 정수일 씨의 일러스트가 글이 지나가는 길목에 자리잡고 있어 '파브르 곤충기'를 더욱더 재미있게 읽게 될 것이다. 역자를 비롯한 다양한 분야의 전문가와 함께했기에 이 책이 탄생할 수 있었다.

번역 작업은 Robert Laffont 출판사 1989년도 발행본 파브르 곤충기 Souvenirs Entomologiques(Études sur l'instinct et les mœurs des insectes)를 사용하였다.

끝으로 발행에 선선히 응해 주신 (주)현암사의 조미현 사장님, 책을 예쁘게 꾸며서 독자의 흥미를 한껏 끌어내는 데, 잘못된 문장을 바로 잡아주는 데도, 최선의 노력을 경주해 주신 편집팀, 주변에서 도와주신 여러분께도 심심한 감사의 말씀을 드린다.

2006년 7월

김진일

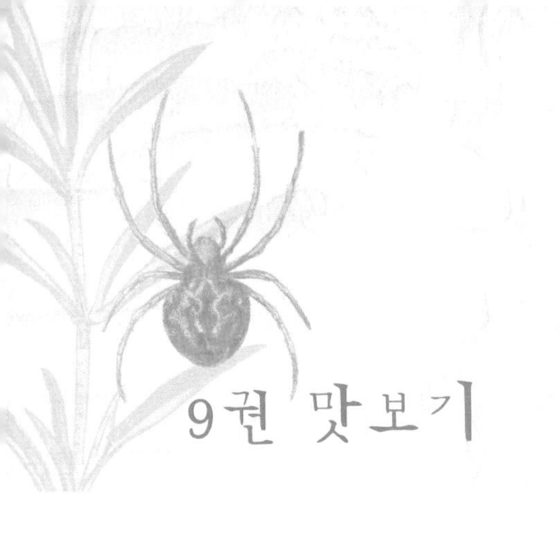

9권 맛보기

현재까지 지구상에서 보고된 동물의 총 종 수는 약 150만에 달하며 그 중 80% 이상을 절지동물이 차지한다. 절지동물 중 100만 종 정도는 육상 환경을 점령한 곤충강이며, 이 중 약 40%는 딱정벌레목이다. 곤충류 다음으로 번성한 동물은 7만 종가량이 보고된 거미강인데, 육상에는 곤충과 거미 외에도 100~2,000여 종으로 구성된 지네, 노래기, 결합강 등이 있다. 제9권은 거미강의 집대성 편이며, 마지막 두 장만 육아 방법이 독특한 곤충, 깍지벌레 2종을 다루었다.

전체적으로 볼 때, 80세가 넘은 파브르가 직접 관찰 일지를 작성해 가며 연구를 계속한 점에 놀라움을 금할 길이 없다. 어쩌면 당연한 일이겠지만 늙은이로서의 엄살도 많이 보이고, 가족의 도움도 크게 받는다. 그러면서도 불굴의 개척 정신이 이끌어 낸 불멸의 업적들은 높이 찬양받아 마땅하다. 더욱이 무수한 실패의 연속에서도 끝내 꺾이지 않고 추적해 낸 엄청난 결과들, 새롭게 찾아낸 사실들 앞에서 그의 공로에 우러러 경의를 표하지 않을 수 없다.

세상 경험과 벌레에 관한 지식이 늘어나서 그런지, 아니면 나이가 듦에 따라 주장 표현 방법이 누그러든 탓인지, 혹은 실수인지, 가끔씩 진화론을 인정할 법한 문장들이 보인다(제16장 끝 부분 등). 그러나 동물의 행동 진화는 부정한 것이지 결코 인정하지 않았음을 유의해서 읽을 필요가 있다. 아직도 하등동물은 오직 선천성에 따라 행동할 뿐이라는 사고를 그대로 유지한 것이다. 반면에 인류는 지능이 발달해서 언젠가는 짐승 같은 법률을 송두리째 근절시키고 평화로운 사회의 모습으로 바뀔 것이라는 희망을 갖기도 했다(제12장). 과연 인간은 생존경쟁을 타파할 수 있는 동물인지, 옮긴이로서는 그의 희망에 대해 의심과 함께 연민의 정을 느낀다.

학명 명명자의 고충을 이해하면서도 그들이나 학명에 대한 불신은 여전했다. 기생벌과 같은 경우(제15, 24, 25장)는 학명을 알려 주는 것이 후학에게는 진정 중요한 정보가 되었을 텐데, 분류학의 참뜻을 몰랐던 그였기에 요점을 놓친 것이 무척 아쉽다. 게다가 예상 밖으로 실수가 대단히 많아졌다. 특히, 전갈(제18~20장)의 경우는 많은 부분에서 엄청난 착각에 빠진 것 같다. 사고의 비약이나 오류도 지나친 것 같고, 기존의 상식에 해당하는 내용조차 틀렸거나 잘못 기술한 부분이 너무도 많아 아쉬운 점을 보인다.

차례

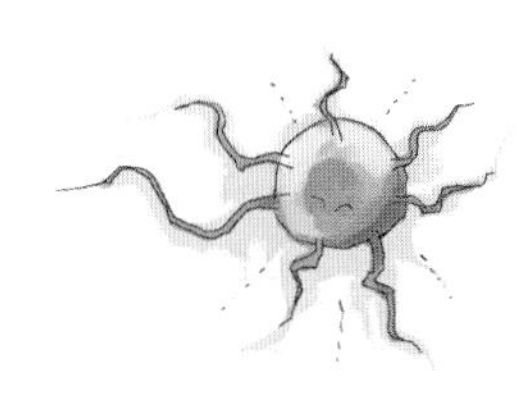

일러두기

* 역주는 아라비아 숫자로, 원주는 곤충 모양의 아이콘으로 처리했다.
* 우리나라에 있는 종일 경우에는 ◓로 표시했다.
* 프랑스 어로 쓰인 생물들의 이름은 가능하면 학명을 찾아서 보충하였고, 우리나라에 없는 종이라도 우리식 이름을 붙여 보도록 노력했다. 하지만 식물보다는 동물의 학명을 찾기와 이름 짓기에 치중했다. 학명을 추적하지 못한 경우는 프랑스 이름을 그대로 옮겼다.
* 학명은 프랑스 이름 다음에 :를 붙여서 연결했다.
* 원문에 학명이 표기되었으나 당시의 학명이 바뀐 경우는 속명, 종명 또는 속종명을 원문대로 쓰고, 화살표(→)를 붙여 맞는 이름을 표기했다.
* 원문에는 대개 연구 대상 종의 곤충이 그려져 있는데, 실물 크기와의 비례를 분수 형태나 실수의 형태로 표시했거나, 이 표시가 없는 것 등으로 되어 있다. 번역문에서도 원문에서 표시한 방법대로 따랐다.
* 사진 속의 곤충 크기는 대체로 실물 크기지만, 크기가 작은 곤충은 보기 쉽도록 10~15% 이상 확대했다. 우리나라 실정에 맞는 곤충 사진을 넣고 생태 특성을 알 수 있도록 자세한 설명도 곁들였다.
* 곤충, 식물 사진에는 생태 설명과 함께 채집 장소와 날짜를 넣어 분포 상황을 알 수 있도록 하였다.(예: 시흥, 7. V.'92 → 1992년 5월 7일 시흥에서 촬영했다는 표기법이다.)
* 역주는 신화 포함 인물을 비롯 학술적 용어나 특수 용어를 설명했다. 또한 파브르가 오류를 범하거나 오해한 내용을 바로잡았으며, 우리나라와 관련된 내용도 첨가하였다.

1 나르본느타란튤라 - 땅굴

지하실 구석에서 인쇄소 견습공으로 일하던 미슐레(Michelet)[1]가 어쩌다 거미(Araignée: Araneae) 한 마리와 친해진 이야기를 했다. 어느 시각이 되면 우울한 공장 지붕에 뚫린 창을 통해 새 들어오는 햇빛이 납 활자를 담아 둔 작은 상자를 비춘다. 그러면 다리가 여덟 개인 이웃이 그물에서 상자 옆으로 어슬렁어슬렁 기어 내려와 빛의 환희를 즐긴다. 소년은 거미가 제 마음대로 하게 놔둔다. 더욱이 자기를 믿고 찾아와 오랜 지루함을 달래 주는 손님을 친구처럼 환영했다. 우리도 사귈 사람이 없을 때는 동물의 세계로 도피하지만 언제나 손해만 보는 짓은 아니다.

나 역시 밝은 빛과 푸른 들판이 고독한 마음을 즐겁게 해주어, 견디기 어려운 지하실의 우울함에서 하느님 덕을 본다. 마음 내키면 들판의 축제에도, 지빠귀(Merles: *Turdus*)의 화려한 경연 대회에도, 귀뚜라미(Grillons: Gryllidae)의 음악회에도 참석한다. 소년 인쇄공보다 더 헌신적으로 거미와 깊이 사귀

1 Jules Michelet, 1798~1874년. 프랑스 역사가. 인쇄업자인 부친이 나폴레옹 정치에 반대하다 폐업당하여 어린 나이에 지하 공장에서 힘든 생활을 했다.

기도 한다. 책 틈에 집터를 내주어 녀석이 실험실 깊숙이 들어오게 하기도, 햇볕 잘 드는 창가에서 살게도, 녀석이 살던 들판의 집으로 열심히 찾아가게도 한다. 거미와의 교제 목적이 단순히 남보다 많이 짊어진 세상살이의 고통을 달래기에만 있는 것은 아니다. 거미에게 수많은 질문을 내놓으면 가끔 훌륭한 답변을 해오기 때문이다.

아아! 거미와 자주 오가는 사이에 얼마나 멋진 문제들이 생겨났더냐! 그것들을 훌륭하게 설명하려면 소년 인쇄공이 장차 지니게 될 불가사의한 필치로도 크게 모자랄 것이다. 여기는 미슐레의 붓이 꼭 필요한데 내게는 솜씨 없게 깎은 몽당연필밖에 없구나. 그렇지만 어쨌든, 시작은 해보자. 초라한 옷을 입었을망정 진리란 아름다운 것이다.

그래서 나는 앞의 책[2]에서 아주 불완전하게 기록한 거미의 본능 이야기를 다시 끄집어내려 한다. 연구를 처음 시작했던 그때 이후로 연구 범위가 상당히 넓어졌고, 새로운 사실과 두드러진 특징에 대한 기록들이 내 노트를 아주 풍성하게 했다. 그것들을 좀더 상세한 내 생물지(生物誌)의 기록으로 써먹자.

주제를 정돈하여 명확하게 설명하고 싶지만, 실제로는 어느 정도의 중복이 따르기 마련이다. 수많은 자료가 대개는 서로 아무런 관련도 없이 그날그날 우연히 수집된 것인데, 이런 것을 한눈에 알아볼 수 있게 정리해 보아도 중복은 피할 수 없다. 관찰자는 시간의 주인이 될 수 없으니 어떤 시점을 마음대로 이용하지도 못한다. 기회란 녀석은 예상치 못한 길로 이끌어 간다. 처음 부딪힌 사실에서 의문이 생겼으

2 『파브르 곤충기』 제2권 11장, 제8권 22, 23장 참조

나 몇 해가 지난 다음에야 답변이 오는 수도 있다. 그동안 수집된 정보로 완성시켜 놓은 것이 다시 확대되기도 한다. 이렇게 단편적인 연구에서 생각을 정리하려면 표현의 중복은 필연적이다. 하지만 간결한 문장이 되도록 노력해 보자.

정말 옛 친구였던 왕거미(Épeire: Araneidae)와 독거미(Lycose: Lycosidae, 늑대거미과)를 거미 대표로 다시 등장시켜 보자. 나르본느타란튤라(L. de Narbonne: *Lycosa narbonnensis*), 일명 독거미 검정배타란튤라(Tarentule à ventre noir)는 프랑스 남부 지방의 황무지처럼 백리향(Thym: *Thymus vulgaris*, 타임)이 좋아하는 자갈밭에 집을 짓는다. 집은 술병 주둥이 굵기에 길이는 한 뼘(empan, 20~22.5cm)가량의 땅굴인데, 오두막이기보다는 방어용 요새 같다. 굴의 방향은 수직이나 이 지방에서는 땅속에 장애물이 없을 때만 수직굴이 허락된다. 우리라면 자갈을 파내서 버리겠지만 거미에게는 조약돌이 끄떡 않는 반석으로, 그 둘레로 돌아갈 수밖에 없는 굴이 된다. 이런 돌을 자주 만나면 그것이 천장이 되며, 좁고 급하게 굽은 길을 통해 광장과 연결된다.

이렇게 구불구불해도 전혀 불편하지는 않다. 집주인은 오랫동안 살아온 집이라 구석구석의 계단을 잘 알고 있으니 말이다. 복잡한 집이지만 위에서 이상한 소리가 나면 즉시 구멍까지 달려 나간다. 마치 수직 우물을 오르는 격이면서도 빠른 속도로 올라온다. 날뛰는 사냥감을 죽일 장소까지 끌고 갈 때는, 어쩌면 깊고 구불구불한 굴이 더 유리할지도 모른다.

굴 밑은 대개 편평한 방으로 되어 있는 휴식처이다. 배부른 거미는 거기서 오랫동안 명상에 잠기며 한가로운 시간을 보낸다.

타란튤라는 그물 짜는 거미만큼 비단을 갖지 못해서, 벽을 바를 때는 명주실에 아주 인색할 수밖에 없다. 그래서 기껏해야 출입구 주변만 덮어서 부슬부슬 떨어지는 흙을 막을 뿐이다. 다시 말해서 그런 흙을 붙여 주고 거친 것에 윤을 내는 도료인 실로는 특히 복도의 윗부분과 출입구 근처만 바른다. 그런 출입구에 해가 비치고 주위도 조용하면 타란튤라가 나와 앉아서 무엇보다도 좋아하는 해바라기를 즐긴다. 동시에 지나가는 먹잇감을 잡으려고 기다리기도 한다. 몇 시간이라도 햇볕의 열기에 취하거나, 또는 숨어서 지나가는 사냥감을 기다린다. 사냥감이 어느 방향으로 지나가든, 그때는 이 명주실 초벽이 확실한 발판이 된다.

땅굴 입구에는 높거나 낮은 난간이 둘러쳐졌는데, 난간은 근처의 작은 조약돌, 나뭇조각, 마른 풀잎의 가는 끈 따위를 솜씨 있게 얽어매 명주실로 고정시킨 것이다. 촌스러운 이 건축물은 단순한 똬리 모습에 지나지 않아도 부족한 것은 전혀 없다.

거미는 성충으로 자라서 집을 가지게 되면 좀처럼 외출하지 않는다. 연구실 창가의 넓은 항아리에서 살도록 해준 거미를 매일 바라보며 녀석과 친하게 지낸 지 벌써 3년이나 되었지만, 녀석이 구멍 밖으로 몇 인치(pouce, 약 27mm)라도 나오는 일은 극히 드물었다. 나왔다가 조금만 위험을 느껴도 즉시 되돌아가 버린다.

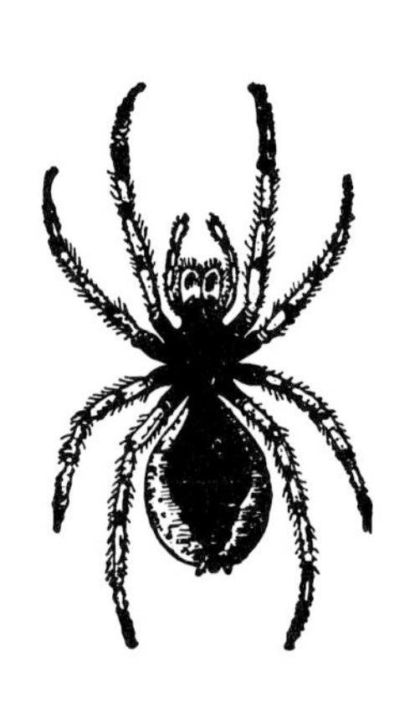
나르본느타란튤라(복면)

그렇다면 들에서도 난간 재료가 필요한 타란튤라는 멀리 나가지 않고 문지방 근처의 것만 이용할 게 뻔하다. 야외와 같은 환경에서는 건축자재가 금방 동나서 석축 공사가 중지될 것이다.

그래서 녀석에게 건축자재를 무한정 공급하면 난간의 모양이나 크기가 어떨지 알아보고 싶었다. 내가 납품업자가 되면 포로가 바로 알려 줄 것이다. 언젠가는 황무지의 그 거미와 교류할 사람에게 도움이 될지도 모르니 녀석이 자리 잡고 살았던 방법을 이야기 해야겠다.

넓은 항아리에 타란튤라가 자주 드나드는 곳의 토양처럼 조약돌이 많이 섞인 붉은 흙을 가득 채운다. 깊이 한 뼘 정도의 이런 인공 토양을 적당히 적셔서 점토처럼 만들고, 가운데다 거미 굴 굵기의 갈대를 꽂고 그 둘레를 흙으로 메운다. 이제 다시 갈대를 빼내면 거기에 수직굴이 생긴다. 자, 들판의 땅굴 대용품이 만들어졌다.

근처를 한 바퀴만 돌면 들판의 은둔자, 거미를 채집할 수 있다. 땅굴을 모종삽으로 파헤쳐 꺼내 온 거미 앞에 내 솜씨의 땅굴을 대주면 황급히 그 속으로 뛰어든다. 이제는 거기서 나올 생각도, 더 좋은 곳을 찾을 생각도 않는다. 큰 철망으로 항아리를 덮으면 준비가 끝난다.

이제 감시할 차례이나 열심히 할 것은 없다. 포로는 새집에 만족해서 옛집에 대한 그리움도, 도망칠 생각도 없는 것 같다. 반드시 첨부해야 할 말은 항아리 하나에 절대로 한 마리만 넣을 것. 타란튤라는 성미가 아주 고약해서 이웃도 먹잇감으로 본다. 제게 강자의 권리가 있다고 믿으면 상대를 태연히 먹어 치운다. 처음에는 녀석들의 야만성을 모르고 항아리 하나에 여러 마리를 넣었다가 잔인한 탐식가가 서로 잡아먹는 광경을 목격했다. 이런 비극적인 이야기는 다음에 다시 할 기회가 있을 것이다.

따로 격리시킨 타란튤라를 조사해 보자. 녀석은 갈대 토막 주형틀로 만들어 준 집에는 손을 대지 않는다. 굴 밑에 휴식처를 만드는지, 가끔 흙 부스러기를 밖으로 끌어내는 게 고작이다. 하지만 모든 녀석이 출입구 둘레의 난간 설치 공사를 아주 조금씩 진행한다.

타란튤라의 능력에서 최고로 이용할 수 있는 것보다 더 좋은 건축자재를 잔뜩 제공했다. 우선 기초공사에 쓰일 매끈한 조약돌 중에는 편도(*Prunus amygdalus→ dulcis*) 씨만큼 큰 것도 있었다. 또 라피아야자수(Raphia) 끈도 섞어 놓았는데, 이것은 나긋나긋해서 잘 구부러지는 띠 모양의 짧은 가죽에 해당한다. 끈은 거미가 울타리를 엮는 데 항상 쓰는 가는 포아풀(Graminées: Poaceae) 줄기나 마른 잎에 해당한다. 굵은 털실도 약 2인치 길이로 잘라서 주었는데, 타란튤라가 아직 써 본 일이 없는 보물인 셈이다.

비상한 눈을 가진 거미가 색깔을 식별하는지, 한다면 어떤 색을 특히 좋아하는지 알고 싶어서 붉은색, 초록색, 노란색, 흰색의 여러 털실 토막을 섞어 놓았다. 거미가 좋아하는 색이 있다면 그 중에서 고를 것이다.

녀석은 언제나 밤에만 일해서 작업 모습은 결국 결과만 관찰한 게 전부였다. 등불을 들고 일터를 조사해 봐도 수확은 없을 것이다. 겁쟁이인 녀석이 즉시 굴로 도망칠 테니 내가 밤을 새워 봤자 소용없다. 더욱이 꾸준히 일하는 게 아니라 한참씩 중단한다. 게다가 매우 느려서 밤새 털실이나 라피아 끈 두세 가닥을 엮는 게 고작이다.

두 달이 흘렀다. 재료를 풍부하게 제공해 준 결과는 상상을 훨씬 넘어섰다. 가까이서 입수되는 재료가 넘쳐 났으니, 타란튤라는 그 종족이 일찍이 보지 못한 거대한 누각을 건축했다. 구멍 둘레가 매끈한 조약돌로 완만한 경사를 이루었고, 마치 일정한 간격의 타일 바닥처럼 계속되었다. 큰 돌도, 녀석에 비하면 엄청난 거석도, 조약돌만큼 많이 이용했다.

조약돌 위에 누각이 우뚝 솟았다. 색깔에는 아주 무관심했다. 색깔의 선택은 없이 털실과 라피아 끈을 멋대로 엮어서 붉은색, 흰색, 노란색, 초록색이 순서 없이 뒤섞였다.

지어진 마지막 작품은 높이가 2인치로서 여자용 토시 같았다. 출사돌기에서 분비한 명주실로 거친 모직물처럼 모두 묶어 놓았는데, 거미가 조절할 수 없는 재료는 불쑥불쑥 튀어나왔다. 그래서 투박하고 다

채로운 건물의 외관이 흉이 없을 만큼 정확치는 못해도 칭찬은 할 만했다. 둥지를 엮는 새라도 이보다 더 잘 엮지는 못할 것이다. 항아리에서 희한한 색채의 건물을 본 사람은 누구나, 내가 장난 실험을 했다고 할 것이다. 그러나 진짜 제작자를 알려 주면 깜짝 놀라며, 거미가 이렇게 크게 건축했음을 믿으려 하지 않을 것이다.

당연한 일이지만 재료가 부족한 들에서는 이런 호화판 건물을 지을 수 없다. 이유는 이미 말했듯이, 녀석이 외출을 아주 싫어해서 건축자재를 구하러 멀리 가지 않기 때문이다. 제 주변의 것만 사용해서 재료가 약간의 흙 부스러기, 잔돌, 작은 나뭇가지, 마른 풀 몇 개로 아주 제한되었다. 그래서 빈약하기 짝이 없는 건축물이며, 별로 눈에 띄지도 않는 난간이었다.

타란튤라는 쓰러질 염려가 없는 재료, 특히 섬유질만 풍부하면 높은 망루라도 지을 수 있음을 보여 주었다. 녀석은 누각 짓기 기술에 능통했고, 재료만 있으면 언제나 실행했다.

축성 기술은 아무래도 제2의 어떤 기술과 연관되었을 것 같다. 타란튤라는 햇볕이 강하게 내리쬐거나 비가 올 듯하면 재빨리 굴 입구를 비단 포장으로 덮는다. 거기에 각종 재료, 심지어는 먹던 곤충도 틀어박는다. 옛날 게일(Gaël)[3] 족은 때려잡은 적의 머리를 자기 오두막 문에 박아 놓았다. 용감한 거미도 제가 죽인 먹이의 머리를 땅굴에 박아 넣는다. 이런 재료가 식인귀의 건축자재처럼 보일지라도, 야만스런 인간의 허영심을 갖지는 않은 벌레의 작품이니 호전적 전승 기념비로 보지는 말자. 출입문 근처의 것은 무엇이든, 즉 먹다 남은 메뚜기(Criquet: Acrididae)라도 풀잎이나 흙

3 아일랜드의 켈트 족, 또는 프랑스 서북부의 브르타뉴(Bretagne) 반도 지방

덩이와 구별 않고 사용한 것뿐이다. 햇볕에 말라붙은 잠자리(Libellule: Odonata) 머리도 자갈과 같은 가치일 뿐, 그 이상도 이하도 아니다.

타란튤라는 그런 식으로 명주실과 그 밖의 자질구레한 재료로 굴 입구의 뚜껑인 둥근 모자를 만든다. 녀석이 바리케이드를 치고 집 안에 틀어박혀 있는 이유를 나는 알 수가 없다. 더욱이 칩거 기간은 그야말로 다양했다. 이 문제는 새끼거미가 보금자리를 떠나는 연구에서, 즉 나중에 뜰에 모아 놓은 타란튤라 가족 이야기를 할 때 다시 할 것이다.

찌는 듯한 8월의 햇볕 아래서, 때에 따라 이 녀석 저 녀석이 석축 공사로 볼록한 천장에 출입문을 만들었는데 주변의 땅과 구별되지 않는다. 너무 강한 광선을 피하려고 그랬을까? 하지만 의심된다. 며칠 뒤에는 같은 강도의 햇빛에서도 천장이 열리며 그 문에 나타났다가 불덩이 같은 삼복더위 속으로 신나게 뛰어든다. 그래서 왜 뚫었는지를 더욱 알 수가 없다.

10월, 날씨가 꾸물거리며 비가 올 듯하면 습기를 경계하는 것인지 또다시 천장 밑에 틀어박힌다. 그러나 비가 쏟아져도 천장을 뚫고 집을 비울 때도 드물지 않으니 단정하지는 말자.

뚜껑이 어쩌면 특히 중대한 삶의 하나인 산란 준비와 관계가 있는지도 모르겠다. 아직은 어미가 안 된 거미가 얼마 동안 출입문을 닫고 있다가 이윽고 꽁무니에 알주머니를 매달고 나오는 것을 실제로 보았다. 하지만 절대다수의 거미는 문을 제작하지 않아 출입문이 없는 상태에서 산란한다. 그래서 알주머니를 짜는 시기에는 큰 안정이 필요해서 문을 닫은 것으로 추정하려 해도 모순이

늑대거미와 알주머니
늑대거미류는 주로 지표면을 걸어 다니며 생활하는데 알주머니는 꽁무니(실젖)에 매달고 다닌다. 경기 연천, 20. IV. 08, 김태우

된다. 오히려 둥지를 갖기 전에 밖에서 알주머니를 짜고 알을 낳는 것도 보았다. 결국, 나는 날씨가 덥거나 춥거나, 건조하거나 습한 것과는 무관한 그 문 닫기의 동기를 확실히 규명할 수가 없게 되었다.

뚜껑이 여러 번 깨지고 다시 고쳐지는 것이 보통이며, 심지어는 하루에도 몇 차례나 깨질 때도 있다. 흙으로 초벌을 발랐으나 명주실이 약해서 안에 칩거한 녀석이 밀면 찢어진다. 그렇다고 해서 흙이 뿔뿔이 흩어지는 것도 아니다. 찢어진 덮개는 입구 주위로 밀려 올라가며, 계속 만들어지는 누더기가 늘어나 마침내 난간처럼 된다. 타란튤라는 오랫동안 쉬는 시간을 이용해서 난간을 조금씩 높인다. 결과적으로 구멍 위에 위치한 보루는 원래 일시적 뚜껑이었다가 터진 천장에서 만들어진 망루였다.

마지막 건축물은 무엇에 쓰일까? 내가 만든 땅굴이 그것을 설명하려 한다. 타란튤라가 집에 정착하기 전에는 사냥에 열중했다. 하지만 일단 자리를 잡으면 목을 지키며 매복했다가 사냥감 덮치기를 좋아한다. 매일 뜨거운 날씨에 포로가 땅굴에서 살그머니 올라와 털실 토막으로 쌓은 성곽에 다리를 딛고 있는 게 보인다. 이때 거미의 풍채는 묵직하고 그야말로 멋지다. 올챙이 같은 배는 문 뒤에 감추고 머리만 밖으로 내밀어, 유리알 같은 눈알을 한 방향으로 모아 번득인다. 몇 시간이고 꼼짝 않지만 다리는 즉각 뛰어오를 자세를 하고 기다리는 것이다. 그동안 햇볕을 즐겁게 흠뻑 받는다.

구미에 맞는 먹잇감이 지나간다. 높은 탑 위의 거미가 화살처럼 내리 덮쳐, 목덜미를 단도로 푹 찌른다. 이런 식으로 철망 밑에 넣어 준 메뚜기, 잠자리, 다른 사냥감을 목 졸라 죽인다. 잡은 것은 재빨리 망루를 거쳐 집으로 가져가는데 그 재치와 민첩하기가 놀랍다.

사냥감이 사냥꾼의 도약 거리 안을 지나가면 거의 놓치는 일이 없다. 하지만 좀 멀리, 예를 들어 항아리 뚜껑인 철망에 있으면 못 본 체한다. 먹이를 따라다니며 잡기는 싫어서 떠돌이 사냥감은 그냥 놔두는 것이다. 사냥에 성공하려면 확실한 계획이 필요한데, 거미는 탑을 이용해서 승리한다. 망루 뒤에 몸을 숨기고 접근하는 녀석을 노리며 감시하다 행동반경 안으로 들어오면 즉시 공격한다. 이런 기습 방법을 쓰면 성공이 확실하다. 날개가 강력해서 빨리 날 수 있는 사냥감(곤충)이라도 경솔하게 매복한 곳으로 다가갔다가는 당하고 만다.

사실상 땅굴에는 사냥감을 유인할 미끼가 없으니 타란튤라 쪽에서도 인내심이 대단히 강해야 한다. 유혹된 사냥감이 있다면 기껏해야 지나가다 지쳐서 망루 꼭대기를 잠시 휴식처로 이용한 녀석뿐이다. 사냥감이 오늘은 오지 않아도 내일이나 모레, 어쩌면 훨씬 더 늦게 올지도 모른다. 프랑스 남부의 황무지 벌판에는 그야말로 많은 메뚜기가 어느 쪽으로 날지 제 자신도 모르며 날아다닌다. 언젠가는 그 중 몇몇을 이곳으로 데려올 기회가 있을 것이다. 그때는 정말로 높은 성채에서 그 순례자에게 몸을 던질 기회가 된다. 그때까지 꾹 참고 망을 봐야 한다. 밥은 먹을 때가 되면 먹고, 결국은 먹는다.

타란튤라는 장시간 못 먹을 수도 있음을 아는지, 오랫동안 굶어도 별 고통 없이 기다린다. 녀석은 나름대로 조건에 맞는 위장을 가져, 오늘 잔뜩 먹으면 한동안 굶어도 끄떡없다. 내가 가끔 몇 주 동안 식량 보급의 임무를 잊어버려도 하숙생들은 별로 기분 나빠하지 않았다. 모두가 대식가인 녀석들이 잠시 계속된 결식으로 쇠약해지진 않았어도 허기증은 대단할 것이다. 그래서 내일의 굶주림에 대비하고자 오늘은 과도하게 먹는다.

타란튤라는 아직 어려서 집이 없을 때는 생활이 안정적이지 못하다. 어른처럼 회색 복장을 했어도 결혼 적령기의 검정 앞치마는 걸치지 못한 이때가 바로, 메마른 풀밭을 헤매며 먹이를 쫓아다니며 사냥을 하는 시기이다. 좋아하는 사냥감이 나타나면 쫓아가고, 숨은 곳에서도 몰아내 바짝 뒤쫓는다. 쫓기는 녀석이 도망치려고 풀 위로 날아오르려 한다. 시간이 없다. 녀석이 날기 전에 타란튤라가 수직으로 뛰어올라 덮친다.

올해 태어난 가장 어린 하숙생에게 파리(Mouches: Muscoidea)를 주면 어찌나 빨리 잡아먹던지, 녀석을 바라보며 넋을 잃기도 했다. 파리가 2인치 높이의 풀잎으로 올라가 도망치려 했으나 거미가 마치 용수철 튀듯 뛰어올라 잡았다. 쥐를 잡는 고양이도 이만은 못하다.

하지만 이런 무용담은 살이 쪄서 무거워지기 전인 청년기의 이야기이다. 나중에는 알과 명주실 샘으로 뚱뚱해져서 무거운 배를 질질 끌어야만 한다. 날렵한 체조가 불가능한 시기가 되면 일정한 집을 갖는데, 사냥에 이용할 오두막을 짓고 매복하여 사냥감을 기다린다.

어려서는 떠돌이였고 나이가 들면 외출하지 않는 게으름뱅이 타란튤라가 뒤늦은 이제부터 긴 일생을 보낼 땅굴이 필요한데, 언제 어떻게 그것을 마련할까?—이미 날씨가 서늘해진 가을이 그때이다. 들귀뚜라미(Grillon champêtre: *Gryllus campestris*)도 그렇다. 장차 봄이 오면 가수가 될 녀석이 낮에 날씨가 화창하고 밤에도 크게 춥지 않은 계절에는 거처 따위는 걱정 않고 밭고랑 사이를 돌아다닌다. 날씨가 사나워도 풀잎 한 장을 뒤집어쓰면 하룻밤을 지내기에 충분하다. 그러다가 찬 겨울이 닥쳐와야 비로소 자리 잡고 살 굴을 판다.

타란튤라도 귀뚜라미와 생각이 같다. 두 녀석은 방랑 생활을 할 때 많은 쾌락을 맛보았다. 거미는 9월경 혼인할 때가 되었다는 표시로 검정 우단 앞치마를 걸친다. 밤에는 서로 만나 부드러운 달빛을 받으며 장난치다가 짝짓기가 끝나면 약간 먹는다. 낮에는 저마다 여러 곳을 쏘다니며 짧은 풀밭 융단 위

왕귀뚜라미 애벌레 이제 다 자란 종령 애벌레이므로 허물벗기를 한 번만 하면 날개가 완전한 어른벌레가 된다. 시흥, 10. VII. '96

에서 사냥감을 몰기도, 즐거운 햇볕을 만끽하기도 한다. 어쩌면 땅굴 밑에서 혼자 사색에 잠기는 것보다 나을지도 모르겠다. 그래서인지 벌써 아기를 가져 알주머니를 질질 끌고 다니면서도 아직 집을 마련하지 못한 젊은 어미가 가끔 눈에 띈다.

집을 마련해야 하는 10월이 되면 지름이 다른 두 종류의 땅굴이 눈에 띈다. 병목만큼 넓은 것은 적어도 2년 이상 살아온 늙은 주부의 것이며, 연필 굵기의 가는 것은 그해 태어난 젊은 어미의 것이다. 굴은 해를 거듭하면서 짬이 있을 때마다 수리해서 넓이와 깊이가 늘어나 할머니의 집만큼 커진다. 이 두 종류의 집에서 주부가 가족과 함께 사는데, 그 중에는 벌써 부화한 새끼도, 아직 비단 주머니에 싸여 있는 알도 있다.

타란튤라에게는 땅굴을 팔 만한 적당한 도구가 없는 것 같아 매미(Cigale: Cicadidae)나 지렁이(Lombric: *Lumbricus*)의 낡은 굴을 이용할 가능성을 생각하고 있었다. 연장이 없는 거미에게 뜻밖에 만난 굴은 굴착의 품을 덜어 주고, 조금만 손질하면 훌륭한 집이 되겠다고 생각했던 내가 틀렸다. 녀석은 땅굴을 입구부터 끝까지 혼자서 파낸다.

타란튤라는 우물을 팔 도구를 어디에 갖췄을까? 누구나 발과 발톱을 생각해 볼 것이다. 하지만 좁은 공간에서 그렇게 긴 그것들을 작동하기란 어렵겠다. 광산에서 쓰이는 짧은 자루의 곡괭이처럼 깊은 속까지 처박아 들어 올릴 연장이, 즉 흙더미 속으로 깊이 처박아 가늘게 빼갤 수 있는 칼 같은 도구가 필요하다. 그렇다면 남은 것은 이빨(독니)뿐인데, 섬세한 이 무기를 그런 거친 일에 쓰다니 당연히 망설여진다. 외과용 메스로 우물을 파는 격이 아닌가.

이빨은 끝이 날카로운 두 개의 구부러진 칼날인데, 쓰지 않을 때는 손가락처럼 꺾어서 각각 튼튼한 기둥 사이에 넣어 둔다. 고양이(Chat: *Felis catus*)는 발톱을 날카로움과 잘 끊는 기능을 보존하려고 발바닥의 우단 칼집에 넣어 둔다. 타란튤라도 독 발린 단도를 접어서 튼튼한 기둥 뒤에 넣어 둔다. 앞쪽으로 곧게 뻗은 기둥 안에는 이빨을 움직이는 근육이 있다.

자, 그렇다면 사냥감을 죽이는 데 사용하는 외과 수술 기구가 지금은 곡괭이로 바뀌어 거친 우물 파기 공사에 쓰일 도구가 된다. 땅 파는 것을 볼 수는 없어도 조금만 참으면 적어도 파낸 흙을 운반하는 게 보인다. 아주 이른 아침, 밤새 긴 시간에 걸쳐서 일하는 포로를 끈질기게 지켜보았다. 결국 굴 밑에서 짐을 가지고 올라오는 게 보인다.

입이 손수레 역할을 했다. 두 이빨 사이에서 흙 한 덩이가 보이는데, 작은 팔 노릇을 하는 입틀의 수염[4]이 떠받치고 있다. 내 생각과 달리 다리는 운반에도 전혀 쓰지 않았다. 주위를 살핀 녀석이 탑에서 내려와 근처에 짐을 내려놓는다. 곧 다시 들어가 짐을 가지고 나온다.

관찰은 이것으로 충분하다. 타란튤라는 사냥감 살해용 독니로 흙이나 조약돌을 전혀 겁 없이 깨문다는 사실을 알았다. 이런 독니로 파낸 흙을 환약처럼 만들어 밖으로 운반한다. 다음은 안 봐도 알겠다. 독니를 흙 속에 처박아 파내고 떼어 내는 것이다. 우물을 파내도 무뎌지지 않고 다시 목 찌르기 외과 수술에 사용하다니 이 얼마나 단단한 이빨이더냐!

4 각수(脚鬚)를 말한다. 이빨도 곤충과 같은 큰턱은 아니다. 『파브르 곤충기』 제2권 219쪽 참조

이미 말했듯이 굴의 수리와 확장은 오랜 시간에 걸쳐 진행된다. 간혹 고리 모양의 난간이 수리되며 조금 높아진다. 집은 대개 여러 계절에 걸쳐서 변함이 없다. 넓어지거나 깊어지는 일이 거의 없는 것이다. 하지만 겨울이 끝나는 3월에는 방을 넓히려는 것 같다. 이때가 다른 종류의 모든 것을 관찰하기에도 좋은 시기이다.

이미 알았듯이 땅굴에서 꺼낸 들귀뚜라미는 새집을 파도록 설치해 놓은 사육장에 넣어도 그날그날을 우연히 만나는 피난처로 떠돌기만 할 뿐, 정착할 새집을 지을 생각이 전혀 없다. 굴착공에게 지하동굴을 파려는 본능이 눈뜨는 것은 아주 짧은 기간뿐, 그때가 지나면 웬일인지 땅파기를 영영 잊어버리고 떠돌이 보헤미안으로 변한다. 그 재주를 잊어버린 녀석은 잠도 별이 빛나는 하늘 아래서 잔다.

새는 한배의 새끼를 돌보지 않는 시기에는 둥지 짓는 기술을 잊어버린다. 새는 제가 아니라 새끼를 위해서 둥지를 짓는 것이니 이치에 맞는 말이다. 그러나 집이 없어서 수많은 재난을 당하는 귀뚜라미에게는 무슨 말을 해야 할까? 제 지붕 밑에서 보호받으면 그야말로 안전할 텐데, 땅파기에 알맞은 억센 턱도, 힘도 있는 이 멍청이가 그런 생각을 하지 못한다.

이런 무관심의 이유는 무엇일까? 별것이 아니라 고집스럽게 땅굴을 파던 시기가 지나가 버린 것이다. 본능도 달력을 가졌다는 말밖에는 할 말이 없다. 본능은 필요할 때 갑자기 잠을 깼다가 다시 잠들어 버린다. 그래서 기술자가 일정한 시기를 지나면 무능해진다.

같은 문제를 황무지 들판의 거미에게도 물어보자. 철망 덮은 항아리에 녀석의 취향에 맞는 흙을 담고, 갈대 토막으로 녀석이 살던 집과 비슷한 인공 굴을 만들어 놓았다. 그날 야외에서 잡아 온 나이 든 타란튤라를 넣었더니 그 속으로 들어가 새집에 만족하는 것 같았다. 내 마음대로 지은 집을 저의 정당한 소유물처럼 받아들여 거의 수리를 하지도 않는다. 시일이 흐르자 출입구 둘레에 보루를 쌓고 복도에 명주실을 발랐을 뿐, 녀석의 거동은 내 건물 안에서도 야외에서의 행동과 같았다.

이제 인공 굴이 없는 땅에 거미를 놔둬 보자. 집 없는 거미가 어떻게 행동할까? 겉보기에는 땅을 파고 집을 지을 것 같으며, 능력도 있고 힘은 넘치는 녀석이다. 게다가 흙도 녀석을 데려온 곳의 흙과 같아서 작업에도 적합하다. 따라서 누구나 거미가 곧 땅굴을 파고 들어가 자리 잡을 것을 기대한다.

하지만 기대가 어긋난다. 몇 주일이 지나도 아무 일도 착수하지 않는다. 절대로 아무 일도 안 한다. 매복할 장소가 없으니 사기마저 완전히 잃는다. 먹이를 주어도 반응이 없다. 제 행동반경 안으로 메뚜기(Criquet: Acrididae)가 지나가도 관심이 없다. 거의 모든 경우를 무시하다가 절식과 우울증으로 점점 쇠약해지고 결국은 죽는다.

불쌍하고 미련한 녀석, 광부 노릇을 한 번 더 할 것이지. 아직 건장하니 집을 한 번 더 지을 일이지. 앞날이 창창한 네 일생에 즐거운 일이 얼마나 많을 텐데, 날씨도 좋고 식량도 풍부하다. 자, 땅을 파고 안으로 들어가거라. 살길은 그것밖에 없다. 그런데 미련한 너는 아무것도 하지 않고 죽는구나. 어째서?

이유는 지난날의 기술을 잊어버린 것에 있다. 끈질기게 땅을 파던 시대는 모두 지나갔는데, 너의 불쌍한 머리로는 과거를 순서대로 차근차근 더듬어 올라갈 수가 없구나. 전에 하던 대로 다시 한 번 되풀이한다는 것이 네 지혜로는 불가능하구나. 네 얼굴은 아직도 명상하는 것처럼 보이지만, 없어진 집의 재건축 문제는 해결할 수가 없구나.

이번에는 좀 어리고 땅굴 팔 시기인 타란튤라에게 물어보자. 2월 말, 반 타(6마리)가량 수집한 녀석들의 크기는 늙은 녀석의 절반밖에 안 된다. 녀석들이 파내 굴 둘레에 흩어 놓은 쓰레기가 아직 새것이라 최근에 파낸 굴이 틀림없다. 땅굴 지름은 새끼손가락 굵기였다.

어린것을 사육장에 넣자 녀석의 태도는 깔린 흙에 인공 굴이 있는가, 없는가에 따라 달랐다. 연필로 깊이 1인치 정도의 구멍만 만들어 놓았어도, 이 변변치 못한 구멍을 차지한 거미는 들에서 중단된 일을 주저 없이 계속한다. 밤에도 씩씩하게 파냈음을 밖에 쌓인 흙더미로 알 수 있다. 결국은 제 취향에 맞는 주택, 즉 망루를 머리에 인 집을 지었다.

이와 반대로, 둥지를 떠날 때 살던 집과 비슷한 현관을 만들어 주지 않은 쪽은 절대로 작업하지 않았다. 식량이 아무리 많아도 먹지 않고 죽어 버린다.

전자는 바로 그때가 작업 계절이었다. 녀석을 잡을 때 흙을 파내고 있었고, 사육장에서도 하던 일의 흐름에 말려서 계속 파냈다. 연필 자국의 가짜 우물에 속아서 진짜 제 현관을 파 내려가듯 일을 계속했다. 녀석은 새로 일을 시작한 게 아니라 하던 일을 계속한 것이다.

후자는 속임수 구멍이 없어서, 즉 제 것처럼 보이는 가짜 구멍이 없어서 땅파기를 단념하고 그대로 죽어 버렸다. 이유는 행위의 순서를 거슬러 올라가 최초의 곡괭이질부터 다시 시작해야 하는데, 다시 시작하려면 회상이 필요하다. 녀석은 이 재능과 인연이 멀었다.

이미 여러 예에서 잘 알려진 사실이지만, 곤충은 끝낸 일은 이미 완료된 사항이므로 그 일을 다시 시작하지 못한다. 시곗바늘이 거꾸로 돌지 못하듯, 곤충도 대개 그렇게 행동한다. 곤충의 활동은 언제나 앞을 향한 방향으로만 이끌려 간다. 어떤 돌발 상황으로 반드시 되돌아가야 할 일이 생겨도 그럴 수가 없다.

전에 진흙가위벌(*Chalicodoma*)과 그 밖의 여러 곤충이 보여 준 것을 타란튤라도 똑같이 보여 주었다. 최초의 집이 파괴되면 두 번째 집을 지을 능력이 없어서 떠돈다. 그러다가 근처의 남의 집을 침입할 때도 있으나, 그때 상대의 힘이 세면 잡아먹히는 우를 범하게 된다. 그래도 집을 고쳐서 살 생각은 결코 하지 못한다.

아아! 벌레의 지능이란 얼마나 괴상한 것이더냐! 기계적인 융통성이 결여된 머리와 뛰어나게 기민한 머리가 합쳐져 있다. 거기에 골똘히 궁리하는 맑은 지혜와 목적 하나를 끝까지 해내려는 의지력이 있을까? 다른 여러 예에서처럼 타란튤라에게도 그런 것의 존재는 의심스럽다.

2 나르본느타란튤라 - 가족

나르본느타란튤라(*Lycosa narbonnensis*)는 출사돌기에 매단 알주머니를 3주도 넘게 끌고 다닌다. 독자는 바로 앞 책에서 이야기했던 실험, 특히 어리석게도 진짜 알주머니 대신 코르크 조각이나 실 뭉치를 가져갔던 것을 기억하자. 자, 그런데 돌기 끝에 무엇이든 닿기만 하면 만족했던 우둔한 어미가 이번에는 새끼 사랑에 헌신하는 모습으로 우리를 감탄시킨다.

어미가 난간에 올라와 다리를 걸치고 해바라기할 때, 위험을 느껴 재빨리 굴속으로 들어갈 때, 거처를 정하려고 여기저기 찾아다닐 때, 걷거나 기어오를 때, 뛰어오를 때는 거추장스럽지만, 제가 사랑하는 알주머니를 몸에서 절대로 떼어 놓지 않는다. 어떤 사고로 그것이 떨어지면 대경실색하며, 그 귀중한 보물을 향해 몸을 던져 자애롭게 끌어안는다. 주머니를 빼앗으려 하면 당장 물어뜯을 기세이다. 나는 여러 번 도둑질했고, 그때마다 독니가 핀셋에 긁히는 금속성 소리를 들었다. 핀셋을 잡아당기면 녀석이 저쪽으로 당긴다. 그냥 놔주면 즉시 출사돌기를 대어 알을 제자리에 붙이고 위협적인 태도로 성큼성큼 사라진다.

여름이 끝나갈 무렵에는 늙은 거미, 젊은 거미, 제집에 사는 거미, 오솔길의 자유로운 거미, 창가의 내 포로, 모두가 매일 감동적인 광경을 보여 준다. 아침 햇살이 땅굴을 뜨겁게 비추면 안에서 칩거하던 녀석이 알주머니를 가지고 출입구로 올라온다. 여름에는 거기서 오랫동안 해바라기를 하며 낮잠을 자는 습관이 있었는데 지금은 자세가 좀 다르다.

전에는 타란튤라 자신이 즐기려고 해바라기를 했는데, 다리를 난간에 걸쳐 상반신을 구멍 바깥에 내놓고 눈으로 햇빛을 즐겼고, 하반신인 배는 구멍 안의 그늘에 있었다. 하지만 알주머니를 짊어진 지금은 자세가 반대여서 상반신이 굴속, 하반신이 밖에 나와 있다. 배아로 부푼 흰색 알주머니를 뒷다리로 받쳐, 조용히 돌렸다가 다시 제자리로 가져간다. 생명력을 주는 햇볕에다 모든 면을 골고루 쪼이는 것이다. 이 행동은 온도가 오른 반나절 동안 하는데 정말 대단한 인내력으로 3~4주 동안 계속한다. 새끼를 까려는 새는 가슴의 솜털로 알을 품고 뜨거운 심장 쪽으로 미는데, 타란튤라는 가장

좋은 난로 쪽으로 알을 돌린다. 즉 알을 부화시키려고 햇볕을 쪼이는 것이다.

9월 초, 얼마 전부터 부화한 배아들이 알주머니 밖으로 나올 만큼 성숙했다. 주머니 표면에 둘러쳐진 자오선을 따라 주름 밑에 금이 생긴다. 금의 기원은 이미 말했다. 비단주머니 속 새끼들의 움직임을 느낀 어미는 적당한 시기에 제 손으로 주머니를 찢을까? 그럴지도 모르며, 혹시 저절로 찢어질지도 모른다. 다음에 관찰할 세줄호랑거미(Épeire fasciée: *Epeira fasciata*→ *Argiope trifasciata*→ *bruennichii*)는 어미가 죽은 지 얼마 후 튼튼한 알주머니가 저절로 입을 벌린다.

알주머니에서 한꺼번에 밀려 나온 타란튤라의 새끼는 모두 즉시 어미 등으로 기어오른다. 누더기가 된 주머니는 어미의 관심에서 벗어나 땅굴 밖으로 던져진다. 새끼는 서로 빽빽하게 모였는데, 수가 많으면 어미의 등 전체를 2층, 3층으로 점령한다. 어미는 이제부터 7개월 동안 밤낮없이 녀석들을 업고 다녀야 한다. 새끼를 마치 옷처럼 입고 다니는 어미 타란튤라의 모습은 참으로 감동적이다. 이런 가정생활의 본보기는 어디서도 찾아볼 수 없다.

꼬마호랑거미 녀석도 모서리왕거미처럼 거미줄에 흰색 리본으로 지그재그를 그려 놓아 제 작품에 간략한 서명을 한다(7장 참조).
경기 고양, 8. IV. 06, 김태우

가끔 근처에서 시장이 열리는데, 그리 가는 큰길로 집시들이 지나간다. 어미 가슴에 매달린 헝겊 해먹(처네)에서 갓난애가 울고 있다. 막 젖을 뗀 녀석은 목말을 탔고, 셋째 아이는 옷자락에 매달려서 걸어간다. 다음 녀석들은 그 뒤를 따라가고, 제일 큰 녀석은 뒤따라가며 딸기(Mûre)가 많이 열린 산울타리를 둘러본다. 정말 멋지고 무사태평한 아이 부자 엄마이다. 햇볕은 따사롭고 땅은 비옥하다. 돈 한 푼 없어도 모두가 즐겁게 걸어간다.

그러나 이런 광경도 타란튤라 앞에서는 새파랗게 질릴 판이다. 수백을 헤아리는 조무래기 가족을 이끄는 타란튤라는 그야말로 어미 보헤미안(집시)이 아닌가! 조무래기는 9월에서 이듬해 4월까지, 인내심 강한 어미 등에 업혀 다니며 편히 지낸다.

새끼는 정말로 얌전하다. 바스락대거나 옆의 녀석과 다투지도 않는다. 서로 팔짱을 끼고 있는 모습이 수놓은 천 같으며, 아래쪽 어미는 마치 헙수룩한 누더기에 가려진 것 같다. 도대체 이게 동물, 아니면 털 뭉치, 혹시 작게 뭉쳐진 알맹이일까? 언뜻 보고는 알 수가 없다.

살아 있는 이 펠트가 평형을 제대로 유지하지 못해서 새끼는 언제나 떨어지기 마련이다. 특히 어미가 땅굴에서 난간으로 올라와 해바라기를 시킬 때 잘 떨어진다. 담벼락을 조금만 스쳐도 몇몇이 곤두박질치지만 대단한 사고는 아니다. 처진 병아리가 걱정된 암탉은 녀석을 찾아다니며 불러 모은다. 타란튤라는 그 정도의 모성애는 모르며, 떨어진 녀석이 태연하게 제힘으로 기어오른다. 하지만 놀랄 만큼 빠르다. 낑낑거림도 없이 벌떡 일어나, 먼지를 털고 어미 등에 올라타는 꼬마들 이야기에 잠깐 귀를 기울여 주기 바란다. 떨어진 녀석은 늘 오르는 기둥에 지나지 않는 어미의 다리를 곧 찾아내 재빨리 어미 등으로 올라가 자리 잡는다. 어미는 순식간에 다시 동물 껍질 모습이 된다.

타란튤라의 자식 사랑은 식물과 별로 다를 게 없으니 여기서 모성애까지 들먹이는 것은 지나치다. 식물은 애정을 전혀 몰라도 종자는 지나칠 만큼 배려한다. 많은 동물의 경우 역시 모성애를 모른다. 타란튤라에게 새끼란 무엇인가! 그녀는 남의 자식도 제 자식처럼 맞아들인다. 제 배에서 나온 무리든, 남의 배에서 나온 무리든, 등에서 우글거리는 녀석을 업은 것에 만족하는 것에서 진정한 모성애란 문제 밖의 일이다.

전에 어미 뿔소똥구리(*Copris*)가 제 작품이 아니라 남의 새끼가 들어 있는 경단도 제 것처럼 보살핀다는 이야기를 했었다.[1] 나의 지나친 강요로 일했음에도 불구하고, 한배의 제 새끼보다 훨씬 많은 남의 경단 껍질에 핀 곰팡이를 긁어서 벗겨 내고 닦아 수리도 해주었다. 경단 속을 조심스럽게 청진하며 새끼의 발육 상태를 진찰하기도 했다. 제 것도 이것보다 더 잘 보살필 수는 없다. 녀석에게는 제 식구든 남의 식구든 모두 똑같았다.

타란튤라 역시 차별이 없다. 등에 제 자식을 잔뜩 업은 어미에게 옆 어미의 등짐을 붓으로 떨어뜨렸다. 떨어진 녀석들은 새 어미의 다리를 발견하고 즉시 아장아장 걸어 올라, 인심 좋은 그녀 위에 자리 잡는다. 새 어미도 녀석들을 마음대로 놔두어서 제 새끼들 속으로 파고들게 한다. 층이 너무 두꺼우면 앞으로, 즉 배에서 가슴으로, 때로는 머리까지 가서 무리 짓는다. 다만 눈의 주변만 남겨 놓는다. 짐꾼

1 『파브르 곤충기』 제5권 7장 내용 참조

의 눈을 덮을 수는 없는 일인데, 모두의 안전을 위해 어쩔 수 없음을 아이들도 아는가 보다. 그래서 모여든 무리의 수가 아무리 많아도 눈알만은 소중히 여겼다. 온통 새끼거미의 융단으로 덮인 어미는 겨우 자유롭게 움직여야 할 다리와 땅에 닿을 염려가 있는 배의 아랫면만 남겨진다.

늑대거미와 새끼들 늑대거미류 중에는 꽁무니에 매달고 다니던 알이 부화하면 등에 업고 다니는 종류가 많다. 태안, 14. V. 05, 김태우

과도한 짐을 짊어진 어미에게 붓으로 제3의 가족을 떠맡기자 그 가족도 순순히 받아들인다. 서로 몸을 더욱 바짝 붙여서 지층처럼 포개 모두가 자리를 마련한다. 이제는 타란튤라가 아니라 곤두선 털이 산책하는 모습이다. 자주 떨어지고 계속 기어오른다.

한배의 새끼에게 안전한 자리는 남의 새끼를 얼마까지 보살필 수 있는지 알고 싶었다. 하지만 새끼를 짊어진 어미는 호의의 한도가 아니라 평형의 한도에 도달했음을 알았으니 그만 참기로 했다. 무리에서 새끼를 떼어 내 제 어미에게 되돌려 주자. 그러자면 바뀌는 녀석이 생기겠지만, 타란튤라 눈에는 남의 새끼나 제 새끼나 같을 테니 중요한 문제는 아니다.

나의 농간질 없이도 마음씨 착한 양모가 남의 새끼를 받아들일지, 또 제 자식과 남의 자식과의 배합은 어떨지도 알고 싶었다. 내게는 이런 문제의 답변을 얻는 데 유리한 게 있었다.

항아리 하나에 새끼를 업은 어미 두 마리를 넣었다. 두 어미의 거처는 항아리의 넓이가 허락하는 한 서로 멀리 떨어져서 한 뼘 정도의 거리에 있다. 그렇지만 서로 앙숙이며 고집쟁이들인 타란튤라에게 그것이 충분한 거리는 아니다. 사냥 면적을 충분히 넓히려면 서로 멀리 떨어져서 살아야 한다. 가까이 머물렀다가는 심한 투기가 발동할 것이다.

어느 날 아침, 두 어미가 땅바닥에서 싸우는 것을 발견했다. 패자는 땅에 벌렁 누웠고, 승자는 녀석의 배에 올라타 다리를 꽉 잡고 꼼짝 못하게 누르고 있었다. 서로가 당장이라도 물어뜯을 듯, 독니를 벌리고 기회만 노렸다. 상당히 오랫동안 으르렁대다 위에 탄 녀석이 강자의 살생 이빨로 누운 녀석의 머리를 부쉈다. 그러고는 조용히 조금씩 갉아먹었다.

자, 그런데 어미가 먹히는 동안 새끼들은 어찌하고 있을까? 쉽게 안정되는 꼬마는 잔인한 광경에도 아랑곳 않고, 승자의 등에 올라가 주인의 새끼와 섞여 조용히 자리 잡는다. 식인귀 역시 막지 않고 제 자식처럼 받아들인다. 어미가 먹힌 고아에게 숙소를 내준 셈이다.

한 가지 덧붙여 두자. 이제부터 마지막 해방까지 몇 달의 긴 시간 동안 그녀는 고아를 제 새끼와 구별 않고 보살핀다. 이런 비극 끝에 하나로 합쳐진 두 가족은 한 가족이 되었다. 이미 이해했겠지만, 여기서 모성애나 자애를 거론하는 것은 문제에서 벗어난 것이다.

타란튤라는 7개월 동안 등에서 우글거리는 새끼를 먹여 살릴까? 먹잇감을 사냥해서 나눠 줄까? 처음에는 그럴 것이라는 생각에 가족의 회식 장면을 보고 싶어 했다. 그래서 어미의 식사 때 유심히 지켜보았다. 식사는 대개 사람 눈을 피해 굴속에서 하지만 때로는 굴 입구에서도 한다. 거미와 그 가족은 철망뚜껑 사육 상자에서 쉽게 기를 수 있는데, 지금은 땅굴을 파는 계절이 아니므로 사육장의 포로는 결코 굴을 파지 않는다. 그래서 모든 활동이 잘 보인다.

자, 그런데 어미가 먹이를 잘라서 씹고 마시며 삼켜도 등의 야영지 꼬마들은 움직임이 없다. 한 마리도 자리를 떠나 식탁에 참여하려는 기색이 없다. 어미가 식사에 초대하지도, 먹을 것을 남겨 주지도 않는다. 어미는 먹는데 자식은 바라만 본다. 그보다는 차라리 서로가 무관심하다. 어미가 식사할 때 애들이 모르는 척하는 것은 아직 음식이 필요치 않은 창자의 소유자라는 증거가 된다.

어미 등에서 7개월 동안 양육되는 새끼는 무엇을 먹을까? 어미의 몸에서 분비되는 영양 물질을 기생충처럼 섭취해서 어미가 점점 쇠약해지는 경우도 생각해 보았다.

그런 생각도 버려야 했다. 새끼가 젖을 빨듯이 어미 피부에 입을 대는 경우를 전혀 보지 못했다. 한편 어미가 말라서 쇠약해지기는커녕 새끼의 양육이 끝날 때까지 그대로 뚱뚱하다. 잃은 것이 아무것도 없다. 되레 득을 보아서 이번 여름에도 지금의 가족만큼 새끼를 낳을 정도의 양분을 몸에 지녔다.

한 번 더 묻자면 꼬마는 무엇을 먹고 육신을 지탱할까? 녀석의 생존에 필요한 영양분이 알에 저장되었다가 이용되는 것 같지는 않다. 더욱이 얼마 안 되는 알 저장물은 가장 필요한 거미줄용이라 절약해야 한다. 이 꼬마의 활동에는 다른 것이 관여하는 것 같다.

정지 상태는 생존이 아닌 셈이니, 활동이 전혀 없다면 절식해도 된다. 그러나 보통 때는 어미 등에서 꼼짝 않던 새끼라도 유사시에는 재빨리 움직였다. 어미 수레에서 떨어지면 즉시 일어나 등으로 기어올라, 다른 녀석들 사이에 끼어들었다. 그야말로 재빠르고 활기찼다.

일단 자리를 잡으면 군중 속에서 평형을 잡아야 하고, 옆의 녀석과 단단히 껴안으려면 다리에 힘을 주고 뻗쳐야 한다. 따라서 새끼에게 완전한 휴식은 없었다.

생리학은 이렇게 말한다. 에너지 소모 없이는 근육섬유 한 가닥도 못 움직인다. 활동에는 기계와 똑같이, 또한 활동으로 소모된 신체의 회복에도 반드시 에너지가 필요하다.

이것을 기관차와 비교해 보자. 무쇠로 만든 동물이 움직일 때 시간이 갈수록 피스톤, 크랭크 암, 바퀴, 열 튜브 따위가 마모된다. 따라서 수시로 본래의 완전한 상태로 돌아갈 필요가 있다. 주물공과 주철공이 조형(造型) 식량인 부품을 보급해서 본래대로 만든다.

그래도 공장에서 막 나온 기관차는 움직이지 못한다. 기관사가 '에너지 식량'을 공급해야, 즉 그 배 속에서 석탄 몇 삽을 태워야 한다. 이 열에서 기계적 운동이 얻어지는 것이다.

동물도 마찬가지여서 무(無)에서는 아무것도 일어나지 않는다. 새로 태어난 새끼에게 필요한 물질은 알이 준비했다. 다음은 주물공의 조형 식량을, 즉 육체의 생장과 그 육체가 생존하며 소비해야 하는 최소한의 식량을 채워 주어야 한다. 동시에 화부가 끊임없이 태워야 한다. 임시 정류장에 해당하는 조직에서 에너지원인 연료가 소비되어 열로 바뀌었을 때만 운동이 일어난다. 삶이란 화덕이며, 그 운영자에 의해 불이 지펴진다. 동물 기계는 작동에 따른 화학반응인 달리기, 뛰기, 헤엄치기, 날기 등의 이동을 위한 수천 가지 운동에 소비된다.

어린 타란튤라 이야기로 돌아가자. 새끼거미는 해방될 때까지 전혀 자라지 않았다. 7개월 동안의 모습이 태어났을 때와 똑같았다. 꼬마에게 필수 물질은 알이 공급했고, 물질의 소모는 극히 적었다. 그렇다면 성장을 위한 '에너지 식량'은 쓰이지 않은 셈이며, 장기간의 절식도 문제가 아닌 것 같다. 하지만 녀석은 활동했고 아주 활발한 때도 있었으므로 에너지원 식량이 절대로 필요했다. 그런데 그런 활동에서 소비된 열은 도대체 어디서 왔을까?

의문 하나가 떠오른다. 사람들이 말하기를, 생명 없는 기계가 재료보다 훌륭한 이유는 사람이 약간의 영혼을 불어넣었기 때문이란다. 무쇳덩이 동물이 소비한 석탄 몇 삽도 아득한 옛날에 살았던 나뭇잎이었다. 결국 그것도 태양 에너지를 함유한 물질을 먹은 셈이다.

살과 뼈로 구성된 동물 역시 별것 아니다. 서로 잡아먹든, 식물에서 공물을 받든, 살아 있는 것은 모두 태양열의 자극에 의존한다. 그 열은 풀, 과실, 종자 또는 그것을 먹는 동물에게 축적된다. 대지의 영혼인 태양은 에너지의 최고 분배자이다.

음식이 중간 산물을 통해서 공급되는 대신, 다시 말해서 창피하게 창자의 화학이라는 우회로를 거치는 대신 전기를 축전지에 충전시키듯, 태양 에너지가 직접 동물에 침투해서 활동력을 충전할 수는 없을까? 우리가 먹는 포도나 과일이 태양열을 축적한 것에 지나지 않는 이상,[2] 왜 직접 태양으로 우리를 지탱하지 못할까?

2 이 문장부터 계속 부정확한 내용이 전개되는데, 다음 주석에서 해설하겠다.

야심만만한 혁명가인 화학이 영양 물질을 합성하겠다고 약속했다. 농장이 없어지고 합성공장이 세워질 것이다. 거기에 물리학은 가만히 있을까? 원소를 이용한 형체 제조는 화학에게 맡기고, 물리학은 에너지원 연구에 몰두할 것이다. 정확히 말해서 물질은 아닌 것이다. 물리학은 정교한 장치를 이용해서 운동에 쓰일 음식인 태양 에너지를 우리에게 침투시킨다. 위장이나 그 부속기관의 신세를 지지 않는 기계는 어디서 태엽을 감을까? 아아! 태양 광선으로 아침을 대신할 수 있는 세상이 온다면 얼마나 멋지겠더냐!

이것은 단지 몽상에 불과할까? 아니면 먼 장래에는 실현될 예견일까? 과학의 가장 중요한 문제 중 하나인 이것이 미래에는 실현될 것인지, 우선 어린 타란튤라의 증언을 들어보자.

새끼거미는 7개월 동안 전혀 먹지 않고도 운동으로 에너지를 소비했다. 녀석은 근육 기계의 태엽을 감으려고 직접 열과 빛의 식당으로 갔다. 어미 배에 매달렸던 주머니 속 알 시대에, 어미는 가장 좋은 대낮에 알에게 햇볕을 쪼였다. 볕이 잘 들게 두 뒷다리를 굴 밖으로 높이 쳐들고, 알을 살그머니 돌려 가며 방사열을 받게 했다. 배아를 깨어나게 한 이 생명의 목욕이 지금도 계속되어 막 태어난 새끼가 활동하게 한다.

날씨가 좋은 날은 언제나 굴속의 타란튤라가 새끼를 업고 올라온다. 난간에 다리를 받치고 오랫동안 일광욕을 한다. 어미 등의

3 영양분과 태양 에너지를 혼동해서는 안 된다. 생명체의 영양분은 물질이며, 이 물질의 재료가 영양분으로 바뀌는 화학작용에 관여하는 에너지가 태양 광선이다. 다시 말해서 생명체 최초의 영양소인 광합성 산물은 포도당이며, 그 재료는 이산화탄소와 물이다. 이 두 재료를 포도당으로 전환하는 데 필요한 에너지가 태양 광선이다. 따라서 물질과 에너지를 혼동하면 안 된다. 알에게 햇볕을 쪼이는 것은 조직이 형성되는 화학작용에 온도를 높여서 그 반응속도를 빠르게 해주는 것인데, 이를 원용하여 거미의 활동 에너지가 태양열이라고 한 점에 대해서는 현대과학도 아직은 그 정당성을 설명할 수 없다.

새끼는 손발을 쭉 뻗고 즐거워한다. 열을 흠뻑 빨아들여 몸에 힘을 비축한다. 즉 온몸을 에너지로 채운 것이다.

새끼는 꼼짝 않고 있으나 입김을 조금만 불어도 태풍이 인 것처럼 큰 소동이 벌어진다. 급히 사방으로 흩어졌다가 다시 제자리로 모여든다. 이것은 영양분이 없어도 꼬마 동물 기계가 항상 기능에 대응할 준비가 되어 있다는 증거인 셈이다. 태양 빛을 흠뻑 받은 어미와 새끼는 저녁때가 되면 땅굴로 돌아간다. 겨울에도 날씨만 좋으면 이 행사가 매일 되풀이된다. 오늘은 태양 식당에서의 에너지 성찬을 이것으로 끝낸다.[3]

3 나르본느타란튤라 - 오르기 본능

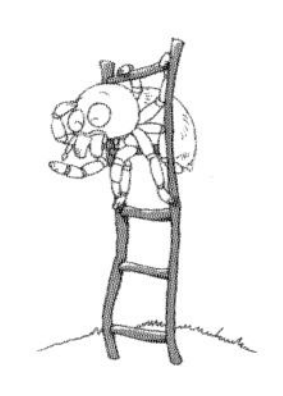

3월이 끝나는 화창하고 따듯한 봄날, 아침나절에 타란튤라(Lycose : *Lycosa narbonnensis*)의 새끼들이 여행을 떠날 참이다. 녀석들을 짊어진 어미가 땅굴 밖으로 나와 입구의 난간에 쪼그리고 앉는다. 이제 벌어질 일이 그녀의 관심사는 아닌 듯, 새끼의 장도에 조언도 없고 서운함도 모른다. 그저 형편에 맡겨진 듯, 떠날 녀석은 떠나고 남을 녀석은 남을 것이다.

이번에는 이 무리, 조금 뒤에는 다른 무리, 만족스럽게 햇볕을 쪼인 무리끼리 짝지어 어미의 보살핌에서 떠난다. 잠시 땅바닥에서 아장아장 걷다가 갑자기 사육장의 철망뚜껑으로 오르는데, 희한하게도 신바람이 나서 기어오른다. 타란튤라는 원래 땅에 사는 습성을 가진 벌레이다. 그런 논리를 생각하면 지표면에서 돌아다닐 것 같은데, 한 녀석도 남김없이 모조리 천장 꼭대기로 올라간다. 왜 이렇게 이상한 행동을 하는지, 처음에는 이해하지 못했다.

사육장 꼭대기에 수직으로 드리워진 고리가 일깨워 준다. 모든 꼬마가 달려간 그 고리는 녀석들의 기계체조 연습장이었다. 고리

안이나 근처 철망 사이에 그물을 치고는 실 위로 돌아다니며 계속 줄타기 연습을 한다. 수시로 귀여운 다리를 벌려 더 멀리 도달하려는 것 같다. 내 생각에, 곡예사들이 결국은 천장보다 더 높은 곳으로 가고 싶어 하는 것 같았다.

철망 위에 나뭇가지를 세워서 올라갈 높이를 두 배로 만들어 주었다. 덤벙대는 녀석들이 급히 그 위로 올라간다. 꼭대기까지 올라가서 실을 뿜어내자 가닥들이 가까운 곳에 달라붙는다. 그렇게 해서 그만한 길이의 다리가 걸쳐진다. 재빠른 꼬마가 거기서 쉴 새 없이 오락가락한다. 더 높이 올라가고 싶은 것은 아닌지, 녀석들을 만족시켜 보자.

높이가 3m에 긴 곁가지들이 달린 갈대를 항아리에 세웠다. 꼬마들이 꼭대기까지 올라가 더 긴 실을 뿜어내자, 어디든 살짝만 닿아도 달라붙는다. 허공에 떠서 나부끼는 실도, 나부끼다 근처의 물체에 달라붙어 다리가 되는 실도 있다. 그 다리에 줄타기 곡예사들이 매달린다. 산들바람에도 마치 꽃처럼 살랑살랑 흔들린다. 실이 태양과 눈

사이에 있을 때는 안 보여서 마치 날파리(Moucherons: Diptera) 행렬이 공중에서 발레를 추는 것처럼 보였다.

그러다가 갑자기 바람에 휩쓸려 끊어지는 밧줄과 함께 날아간다. 자, 이렇게 실에 매달려 이민을 떠난다. 바람이 적당하면 아주 멀리 가서 착륙한다. 이런 이주가 1~2주 동안 계속되는데, 그날의 기온과 일조량에 따라 떠나는 숫자에 차이가 있다. 날이 꾸물거리면 아무도 안 떠난다. 떠나는 녀석에게는 원기와 힘을 주는 태양의 애무가 필요했다.

마침내 새끼들이 한 마리도 남김없이 줄을 타고 멀리 사라졌다. 외톨이가 된 어미는 아이들이 다 없어졌어도 별로 상심하는 것 같지 않다. 뚱뚱함이나 피부색이 평상시와 같은 점으로 보아, 어미로서의 고생은 별로 큰 짐이 아니었던 것 같다.

새끼를 업고 다닐 때는 잘 먹지도 않았고, 먹을 것을 주어도 매우 절제했던 그녀가 다시 사냥에 열을 올리는 것 같다. 어쩌면 그동안의 겨울 추위가 원인이었을지도 모르며, 등에 짊어진 새끼들 때문에 활동하기가 거북해서 공격을 덜했는지도 모르겠다.

오늘은 날씨가 회복되었다. 걸음걸이가 자유로워진 어미는 굴 입구에서 반가운 사냥감이 윙윙 소리를 낼 때마다 뛰어 올라와, 내 손끝의 맛있는 메뚜기(Criquet: Orthoptera)나 뚱뚱한 검정풍뎅이(Anoxie: *Anoxia*)를 채간다. 겨울에는 먹기를 절제하던 녀석이 지금은 살찐 호식가로 변했으니, 시간 여유만 있다면 매일이라도 반복해 보고 싶다.

위장이 허약하다면 이런 성찬을 즐길 수 없는 법인데, 식욕이 이렇게 왕성하니 죽을 날이 가깝지는 않다는 뜻이다. 내 집에서 4

큰검정풍뎅이 녀석도 뚱뚱해서 거미의 먹잇감으로 훌륭하며, 주로 밤에 활동하니 거미줄에 곧잘 걸려든다. 시흥, 10. VII. '96

년째를 맞는 기숙생들이 아직도 건강하다. 겨울에는 들에서 몸집이 큰 것과 중간 크기의 어미가 새끼를 업은 것을 보았으니, 녀석들은 어린것까지 3세대가 존재함을 보여 준 셈이다. 항아리 안의 늙은 주부는 새끼가 떠난 다음에도 예전처럼 건강한 증조할머니로서, 겉모습은 생식력이 있어 보인다.

내 예상이 실제로 맞아떨어졌다. 9월이 지나자 기숙생이 지난해와 같은 크기의 비단주머니를 매달고 다닌다. 다른 거미의 알은 벌써 몇 주 전에 부화했는데, 녀석은 오랫동안 매일 굴 입구에서 알에게 일광욕을 시킨다. 녀석의 끈기에는 변함이 없으나 알주머니에서는 나오는 녀석이 없다. 안에서는 움직임조차 없다. 왜 그럴까?

이유는 포로가 아비를 만나지 못한 상태에서 산란했기 때문이다. 부화를 기다리다 지친 어미가 무정란임을 알았다. 알주머니를 굴 밖으로 밀어내고는 돌보지 않는다. 규정대로 발생한 가족이었다면 해방될 봄이 왔는데 멸망한 것이다. 이곳 황무지에서 태어난 억센 거미는 이웃인 진왕소똥구리(Scarabée sacré: *Scarabaeus sacer*)보다 오래 살며 적어도 5년은 산다.

어미는 놔두고 다시 새끼거미에게 가 보자. 녀석이 보금자리를 떠나는 순간, 만사를 제쳐 놓고 높은 곳으로 급히 오르는 것을 본 사람은 누구나 놀라기 마련이다. 녀석은 짧은 풀밭의 지표면에 살다가 나중에 땅굴을 집으로 정하고 영원히 살아갈 운명인데, 세상의 첫 무대는 열정적인 곡예사로 출발한다. 규정된 저지대로 가기 전에 높은 공중이 필요했던 것이다.

새끼거미의 첫째 욕구는 높이, 더 높이 올라가는 것이다. 꼭대기까지 올라간 녀석이 발짓을 하며, 마치 공중의 잔가지라도 찾는 것 같다. 중간에 가지가 있어서 쉽게 올랐던 3m 높이의 돛대도 녀석들의 오르기 본능을 만족시키지는 못하는 것 같았다. 좀더 좋은 조건에서 다시 시작하는 게 좋겠다.

나르본느타란튤라(*L. narbonnensis*, 일명 독거미 검정배타란튤라)는 본래 땅굴에 사는 종인데 한때는 높은 곳을 좋아한다는 게 흥미롭다. 각각 다른 시간에 작은 무리를 지어 어미를 떠났지만 녀석들의 원거리 이동 방법이 별로 관심을 끌지는 못했다. 오히려 정원에 살며 흰 십자가 무늬 3개로 등판을 장식한 십자가왕거미(Épeire diademe: *Epeira diadema*→ *Araneus diadematus*)의 이주 광경이 더욱 장관이었다.

십자가왕거미는 11월에 알을 낳고 첫추위 때 죽는다. 봄이 시작

각시어리왕거미 초원이나 습지에 그물을 쳐서 벼 해충의 천적으로도 유명한데, 습도가 높은 새벽녘이 지나자 거미줄에 방울방울 이슬이 맺혔다. 시흥, 5. X. 08

될 무렵 고향인 알주머니에서 나왔으나 타란튤라처럼 긴 수명은 거절되어 이듬해 봄에는 보이지 않는다. 세줄호랑거미(É. fasciée: *Argiope bruennichii*)와 누에왕거미(É. soyeuse: *E. sericea*→ *Araneus sericina*→ *Argiope lobata*)는 교묘한 건축술로 우리를 감탄시켰으나 십자가왕거미의 작은 알주머니는 그런 것이 전혀 없다. 아름다운 기구 모양도, 기부에 별 모양 포물선도 없다. 더욱이 방수성 비단, 흑갈색 털이불, 알을 가득 담는 통도 없다. 튼튼한 실로 잣는 기술도, 여러 개의 울타리를 치는 기술도 갖지 못했다.

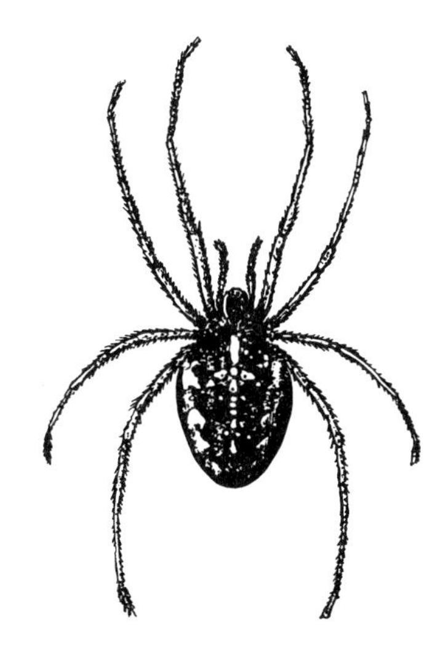

십자가왕거미
약간 확대

왕거미류의 알주머니 천장 모서리에 만들어진 왕거미류 알주머니에서 새끼들이 부화했다. 여주, 23. X. 04, 김태우

십자가왕거미의 작품은 흰색 명주실로 성긴 펠트처럼 짜인 환약 모양 주머니로서, 말린 자두(Pruneau) 정도의 크기였다. 이런 것에서 벌써 죽은 어미의 도움 없이도, 즉 누가 깨 주길 기다리지 않고도 일정 시간이 지나면 뚫고 나올 것이 예상된다.

구조를 보면 제작법을 알 수 있다. 전에 항아리 안에서 타란튤라가 제작하는 것을 이야기한 적이 있는데, 이 거미도 그것처럼 서로 가까운 두 물건 사이에 기초 실을 친 다음 바닥에 별로 깊지 않으며, 나중에 다시 손댈 필요가 없을 만큼 두꺼운 받침접시를 만든다. 배 끝이 규칙적으로 오르내리며 제작한 방법이 짐작된다. 녀석은 위치를 조금씩 바꿔 가며 다시 오르내린다. 매번 실 보따리가 이미 만들어진 담요 위에 얹힌다.

적당한 두께가 되면 몸을 흔들며 난소의 알을 모두 대접 가운데로 쏟아 내는데, 예쁜 주황색 알에 점성이 있어서 서로 달라붙어 공 모양의 덩어리가 된다. 실잣기 작업이 다시 시작된다. 받침접시와 같은 반구 모양 비단 모자를 만들어 배아 뭉치를 덮는다. 아래위가 잘 맞붙어서 작품은 완전한 공 모양이 된다.

세줄호랑거미와 누에왕거미는 방수가 잘 되는 알주머니를 짜 놓고, 숨길 곳이 없으면 덤불의 높은 가지에 매달아 놓는다. 주머니 재료가 튼튼해서 혹독한 추위와 특히 습기로부터 알을 잘 보호할 수 있다. 하지만 십자가왕거미의 알은 방수되지 않는 펠트에 싸였으니 아무래도 숨겨 놓을 곳이 필요하다. 그래서 햇볕이 잘 들며 자갈이 많은 곳에서 지붕이 될 만큼 큰 돌 밑을 택하여 겨울잠을 자는 달팽이와 함께 지낸다.

겨울에도 잎이 붙어 있는 작은 덤불의 깊은 곳으로서, 대개 지상 한 뼘 높이를 택하기도 한다. 어디에다 숨기든 알주머니는 항상 땅과 가까이 있으며, 주변의 낙엽으로 잘 숨겨져 있다.

십자가왕거미는 크고 넓은 돌이 지붕이 아닐 때는 위생 조건이 별로 안 좋은 장소를 선택했음을 아는가 보다. 그래서 보조 보호수단인 짚으로 지붕을 만들어 덮어 준다. 마른풀을 명주실로 얽어매 알주머니를 덮어서 결국은 초가집 모양의 알주머니가 되기도 한다.

정원의 오솔길 한 구석에 있는 코튼라벤더(Santoline: *Santolina chamaecyparissus*, 국화과 산토리나) 덤불에서 운 좋게 십자가왕거미 둥지 2개를 발견했는데, 그야말로 내 관찰 계획에 꼭 필요한 것들이었다. 바로 보금자리를 떠날 시기가 가까워서 더욱 고마운 발견이었다.

길이 5m가량에 잎 다발이 붙어 있는 대나무 두 개를 준비해서, 하나는 들국화(산토리나) 덤불의 첫번째 둥지 바로 옆에 수직으로 세웠다. 또 하나는 정원 가운데 세워서 주변과는 몇 걸음 떨어져 방해물이 전혀 없다. 이 대나무에 두 번째 둥지를 고정시켰다.

기다리던 일이 곧 일어났다. 5월 상순에 알주머니에서 앞서거니 뒤서거니 하며 두 거미 가족이 나왔다. 대나무로 오를 수 있는 혜택을 받은 녀석들이 아직은 특별한 일이 없다. 넘어야 할 울타리도 아주 느슨한 망사 같았다. 그래서 가냘픈 주황색 꽁무니에 검은 점이 박힌 꼬마들이 그냥 빠져나가면 된다. 하루 아침나절이면 한 가족 모두가 충분히 나올 수 있다.

해방되어 자유의 몸이 된 새끼들은 근처 가지로 기어 올라가 실을 조금 쳤다. 녀석들은 곧 촘촘하게 호두알 크기로 모여 꼼짝 않는다. 머리는 덩어리 속에 처박고, 꽁무니는 밖에 내놓은 채 조용히 잠들었다. 하지만 태양의 어루만짐으로 성숙한다. 녀석들의 전 재산은 배 속에 들어 있는 한 가닥의 실이며, 이제는 온 세상으로 흩어질 준비를 하고 있는 것이다.

집합한 뭉치를 지푸라기로 살짝 건드려서 놀랬더니 눈을 뜨고 천천히 부풀어 올라 원심력으로 퍼지는 것처럼 흩어진다. 투명한 공 모양이 되며 무수한 다리가 움직인다. 다리가 움직이는 진로에 실을 친다. 이렇게 함께 얇은 막을 만들어 흩어진 새끼들을 감쌌다. 유백색 헝겊 위의 꼬마들이 주황색 별처럼 반짝인다. 마치 멋있는 성운(星雲)처럼 보인다.

길지는 않은 잠시의 흩어짐이다. 날씨가 차고 비가 올 기미를 보이면 즉시 공처럼 모이는 행동은 하나의 방어 수단이다. 소나기가 온 다음 날 두 대나무의 새끼들은 예전처럼 씩씩하다. 명주실 막으로 공처럼 모으는 방법은 소나기에서도 녀석들을 잘 지켜 준다. 양(Moutons: *Ovis aries*)도 천둥과 비바람이 몰아치면 몸을 서로 꼭 붙여 등으로 공동의 성벽을 쌓는다.

화창한 날이라도 아침의 고된 작업 뒤에는 빽빽하게 모여서 공처럼 되는 게 보통이다. 오후에는 등반가들이 높은 곳으로 올라가, 작은 가지를 정점으로 원뿔 모양 천막을 친다. 그 안에서 작고 둥근 실타래가 뭉쳐진 모양으로 밤을 보낸다. 이튿날 햇볕이 따듯하게 쪼이기 시작하면 다시 긴 염주 모양의 줄을 따라 오르기 시작한다. 몇몇 탐험가가 던진 끈이 기초가 되었고,

큰새똥거미와 알주머니 황갈색의 커다란 방추형 알주머니 2~4개를 나뭇잎에 매달아 놓은 어미가 근처에서 감시한다.
시흥, 20. VIII. 08

뒤쫓는 녀석들의 실이 합쳐져서 튼튼해진 것이다.

소규모 이주민이 저녁마다 새 천막 밑에 공처럼 둥글게 모이고, 3~4일 동안 아침마다 햇볕이 뜨거워지기 전에 대나무를 오른다. 높이가 5m나 되는 꼭대기까지 올랐으나 더는 오를 발판이 없다.

야외에서는 이렇게까지 높이 올라갈 수가 없다. 녀석들이 이용하는 것은 관목이나 덤불 따위이며, 거기에는 바람이 부는 방향에 따라 파동 치는 실들이 흘러가다 부딪칠 곳이 사방에 널렸다. 공간에 케이블처럼 늘어진 줄을 이용하면 더욱 쉽게 흩어질 수 있다. 이주민은 각자 편리한 시간에 떠나서, 가고 싶은 방향으로 여행할 수 있다.

내 계략이 녀석의 조건을 조금 변경시킨 셈이다. 두 대나무, 특히 정원의 것은 주변의 관목과 멀리 떨어져 있어서 실 다리를 만들지 못한다. 실이 짧으니 떠나려는 곡예사는 바람이 불어도 별수 없이 계속 위에 머문다. 대나무 꼭대기는 열렬한 등산가들이 올라갈 수 있는 한계가 된다. 하지만 아래층에서 얻지 못한 것을 위층에서 찾으려 하니 결코 못 내려간다.

위로 오르는 성향은 낮은 가시덤불이 영토인 그물치기 왕거미에서도 관찰되는 뚜렷한 본능이다. 이 성향의 목적은 곧 알게 될 것이다. 더욱이 타란튤라는 어미의 등을 떠나는 순간 말고는 결코 땅을 버리지 않으면서도, 그때는 새끼 왕거미처럼 높은 곳으로 올라가려는 것은 정말로 이상한 본능이다.

타란튤라만 생각해 보자. 녀석이 둥지를 떠날 때 갑자기 본능 하나가 나타난다. 몇 시간 뒤 이 본능, 즉 높은 곳으로 오르는 본능은 같은 속도로 사라지고 다시는 나타나지 않는다. 그래서 성숙

새끼거미의 분산 알주머니에서 빠져나온 새끼거미들이 어미를 떠나 분산하려고 높은 하늘로 기어오른다. 북한산, 29. IV. 07, 김태우

한 거미에서는 보이지 않는다. 해방된 어린 거미도 곧 잊어버리며 오랫동안 집 없이 땅 위를 배회하는 운명을 타고났다.

어느 쪽도 풀끝으로 올라가려 하지 않는다. 성충 타란튤라는 탑 속에 매복했다가 사냥한다. 어린 녀석은 마른풀 사이에서 사냥감을 쫓아가 잡는다. 뜀질로 잡는 양쪽 모두에게 그물이나 높은 발판은 필요가 없으며, 땅에서 높은 곳으로 오르기도 금지되어 있다.

자, 지금 어미와 하직하고 별로 고생도 없이 멀리 빠르게 여행을 떠날 새끼 타란튤라가 갑자기 나무 오르기에 열중한다. 제가 태어난 항아리의 철망으로 극성스럽게 올라가, 내가 설치해 준 돛대 꼭대기에 도달한다. 이런 방법으로 황무지의 덤불 꼭대기를 오를 것이다.

그 목적을 짐작할 수 있겠다. 높은 곳의 새끼거미에게는 밑에 넓은 공간이 생긴다. 거기서 내보낸 실 한 가닥이 바람에 잡혀 거미를 매달고 날아간다. 우리는 기구(氣球)가 있는데 녀석도 공중

운반 장치가 있다. 여행이 끝나면 이런 교묘한 행위가 흔적도 없이 사라진다. 일정한 시기에 갑자기 나타났던 나무 오르기 본능이 역시 갑자기 사라진다.

4 거미의 대탈주

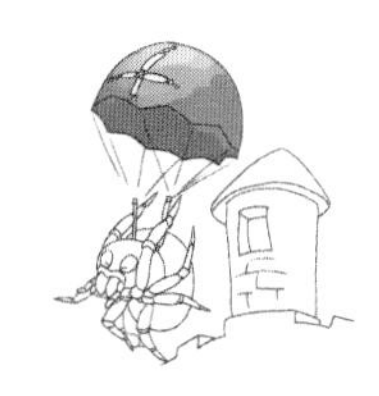

식물의 씨앗은 일단 열매 속에서 익으면 살포된다. 지표면으로 흩어졌다가 빈터에서 싹이 트고, 적당한 조건이 갖춰지면 그 자리에서 번식한다.

길가 쓰레기 더미에서 박과(Cucurbitacèe: Cucurbitaceae)의 오이(Concombre) 종류로서 보통 '당나귀오이(C. d'âne: *Ecbalium elaterium*)'라고 부르는 식물이 자란다. 열매는 대추야자(Datte) 굵기의 작고 우툴두툴한 오이로서 대단히 쓰다. 익으면 속살이 녹아 액체가 되며, 거기에 씨앗이 떠 있다. 탄력성 있는 열매가 둘레의 벽에 눌려 액체가 열매꼭지의 밑을 압박한다. 그러면 밑이 점점 밖으로 밀려나 병마개처럼 빠지며 구멍이 뚫려, 씨앗과 과육이 좍 쏟아진다. 그런 줄 모르고 강한 햇볕에 노랗게 물든 열매가 열린 줄기를 무심코 흔들었다가, 요란한 소리와 함께 잎 사이로 쏟아지는 오이 산탄 총알을 얼굴에 맞고 잠시 얼떨떨해진다.

뜰 밑의 봉선화(Balsamine: Balsaminaceae→ *Impatiens*) 씨앗이 익으면 조금만 스쳐도 두껍게 살진 화판 5개가 갑자기 열리는 소리와 함께 씨앗이 멀리 튕겨져 나간다. 성미가 급하다(Impatiente: *Impatiens*, 봉숭아속)란 학명이 성미가 급하니 주머니를 터뜨리지 않고 싶으면 건드리지 말라는 뜻을 암시하고 있다.

그늘이 져 축축한 숲에서도 같은 과 식물이 눈에 띄는데, 역시 '성미 급한 것에 손대지 마(*Impatiente ne me touchez pas*).'[1]라며, 훨씬 표현적인 이름이 붙어 있다.

삼색제비꽃(*Viola × wittrockiana*, 일명 팬지)[2] 꼬투리는 3개의 쪽배처럼 우묵한 깍지에 두 줄의 씨앗이 자리 잡았다. 마르면 깍지의 가장자리가 뒤로 젖혀지며 씨앗을 튕긴다.

가벼운 씨앗 중 특히 국화과(Composées: Asteraceae) 식물은 관모(冠毛), 깃털공, 깃털장식 따위, 즉 공중에서 오랫동안 떠다니며 긴 여행을 시켜 주는 기구가 있다. 그래서 깃털관모가 달린 민들레(Pissenlit: *Taraxacum*) 씨앗은 아주 약한 바람에도 말라 버린 화탁(花托)에서 날아올라 창공에서 둥실둥실 떠돈다.

관모 다음으로 잘 날릴 수 있는 기구는 날개이다. 노랑꽃무(Giroflée jaune: *Cheiranthus flavus*) 씨앗은 얇은 비늘을 연상시키는 막질 테두리 덕분에 높은 건물 꼭대기의 가로대, 사람이 오를 수 없는 바위틈, 낡은 담의 갈라진 틈새로 날려가 먼저 살았던 이끼(Mousses)의 유물인 흙[3] 속에서 싹을 틔운다.

느릅나무(Orme: *Ulmus*)의 시과(翅果)는 넓고 가벼운 깃털공의 가운데에 씨앗이 박혀 있다. 단풍나무(Érable: *Acer*) 깃털공도 두 개씩 연결된 날개를 펼친 새 모양이다. 노의 끝 모양인 서양물푸레나무(Frêne: *Fraxinus*

---

1 *Impatiens nolitangere*, 노랑물봉선

2 학명에 쓰인 'X'는 일반적으로 식물 잡종을 의미한다.

3 이끼가 죽은 다음 바위 부스러기와 먼지가 섞여서 흙이 된다.

exelsior) 깃털공은 폭풍우를 만나면 아주 멀리 날아간다.

자, 그런데 곤충도 곧잘 식물처럼 분산 수단인 여행 도구가 있어서 수많은 가족이 빨리 흩어지며, 햇빛 아래서 제 영역을 가져 이웃끼리 싸우지 않게 된다. 그 도구와 방법의 희한함은 결코 느릅나무의 시과, 민들레의 관모, 당나귀오이의 공격 수단에 못지않다.

마치 새 사냥꾼이 새그물을 치듯이 덤불 사이에 멋진 수직 그물을 치는 곤충 사냥꾼, 왕거미(Araneidae)를 특히 주목해 보자. 이 지방에선 노랑, 검정, 은빛 띠를 두른 세줄호랑거미(Épeire fasciée: *Argiope bruennichii*)가 가장 눈에 띈다. 알집은 배 모양의 작고 귀여운 비단주머니로서 정말로 아름답다. 오목한 주둥이 같은 주머니 목에 비단 뚜껑을 박아 놓았고, 적도선을 따라 갈색 띠가 한 바퀴 둘러쳐졌다.

주머니를 열어 보자. 무엇이 들어 있을까? 전에 이야기했지만 다시 한 번 해보자. 우리네 피륙만큼 튼튼한 완전 방수성 덮개 밑에 아주 가는 실의 폭신한 갈색 털이불과 연기송이 같은 털뭉치가 있다. 이렇게 부드러운 잠자리를 준비한 모성애를 아무데서나 보지는 못한다.

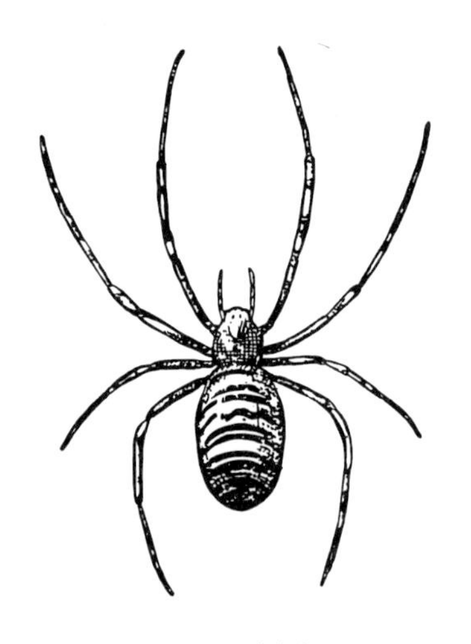

세줄호랑거미
실물의 1.25배

부드러운 털 뭉치 가운데 개암 모양의 덩어리가 떠 있고, 여닫히는 뚜껑이 덮인 멋진 주머니가 매달려 있다. 거기에 500개 정도의 예쁜 알이 들어 있다.

곰곰이 생각해 보면 아름다운 이 조직이 동물의 열매이다. 말하자면 배아 상자로서 식물의 꼬투리에 해당하는 것이 아닐까? 하지만 왕거미의 주머니에는 씨앗 대신 알이 들어 있다. 이 차이는 외관상의 문제일 뿐 본질적으로는 알이든, 씨앗이든 같은 것이다.

매미(Cigale: Cicadidae)가 즐기는 무더운 계절에 잘 익은 이 동물 과일은 어떻게 터질까? 특히 어떻게 열려서 흩어질까? 그 속에 수백 마리의 어린 거미가 들어 있는데, 서로 멀리 헤어져서 가까운 이웃끼리 경쟁할 염려가 없어야 하며, 그래서 각자가 자립해야 한다. 연약하며 종종걸음을 치는 녀석들이 어떤 방법으로 멀리까지 대탈주를 할 수 있을까?

첫번째 해답은 벌써 조숙한 어느 왕거미에서 얻었다. 그 가족은 5월 초에 실난초(*Yucca*)에서 발견했다. 작년에 꽃을 피웠던 이 난초는 가지가 많고, 완전히 마른 1m가량의 줄기가 제자리에 남아 있다. 최근에 칼 모양인 푸른 잎에서 두 가족이 부화했다. 두 꼬마 집단은 담황색인데 꽁무니에 삼각형 검정 점무늬가 있다. 나중에 흰색 삼중 십자가가 등에 장식되어 십자가왕거미(*Araneus diadematus*)임을 알았다.

정원의 실난초에 햇볕이 들면 두 무리 중 하나가 웅성거리기 시작한다. 새끼거미는 모두 곡예사로서 한 마리씩 꽃대를 기어올라 꼭대기에 도착한다. 거기는 오가는 녀석들로 소란하고 혼잡스럽다. 바람이 약간 불자 무리에 혼란이 일어나 녀석들의 행동을 순서대로 관찰할 수가 없다. 꽃대 끝에서 한 마리씩 갑자기 공중으로 날아올라, 마치 날파리(Moucheron)의 부드러운 날갯짓 같다고 말한다.

모두가 순식간에 시야를 떠났다. 이상하게 날아갔지만 소란한 야외라 자세히 관찰하지 못해 무엇인가를 설명할 수가 없다. 그러니 아무래도 조용하고 잔잔한 연구실이 필요하겠다.

그 가족을 잡아서 큰 상자에 넣고 뚜껑을 덮었다. 연구실로 가져가 열린 창문에서 두 걸음 떨어진 탁자 위에 놓았다. 높은 곳으로 올라가는 녀석들의 성향을 알았으니 오를 재료로 두 걸음(pas) 길이의 잔가지 다발을 주었다. 무리 전체가 즉시 올라가 꼭대기에 도착했다. 얼마 후 녀석들이 왜 불쑥 뻗친 덤불 끝에 모이는지를 알게 되었다.

지금 녀석들이 닥치는 대로 줄을 치며 오르내리고 뒷걸음질도 친다. 가지 끝과 탁자의 모서리 사이에 가벼운 그물을 쳤다. 이 장막은 출발 준비를 하는 운동장이며 작업장이었다.

미친한 꼬마들이 피곤한 기색도 없이 그 사이를 바삐 돌아다닌다. 햇빛이 비치면 마치 우윳빛 천에 별자리를 만들어 놓은 것 같다. 망원경이 보여 주는 무수한 별들이 모여 있는 먼 창공을 상상케 하는데, 그것과는 거리의 문제였다.

서성거미류의 분산 서성거미류(닷거미과) 어미가 입에 물고 있던 알주머니에서 부화한 새끼들이 허물벗기를 한 다음 천막에 잠시 모여 있다가 흩어지려 한다. 서울 송파구, 31. V. 05, 김태우

하지만 거미의 성운은 항성으로 구성된 게 아니며, 점 하나하나가 쉬지 않고 움직인다. 즉 보자기 위에서 어린 녀석들이 계속 돌아다니는 것이다. 대부분이 실 끝에 매달렸다가 떨어진다. 떨어지는 거미의 무게가 출사돌기에서 실을 뽑아내는 것이다. 다시 재빨리, 그 실을 차근차근 실타래로 말며 올라갔다가 다시 뛰어내리면서 새로 길게 실을 늘인다. 개중에는 보자기 위를 달음박질치며 밧줄로 짐을 동여매는 작업에 만족하는 녀석도 있다.

사실상 실은 출사돌기에서 저절로 나오는 게 아니다. 나오도록 노력해서 짜내는 것이지 배출되는 게 아니다. 줄을 얻으려면 거미가 그것을 잡아끌고 물러나든지, 뛰든지, 걸어야 한다. 마치 밧줄 제조공이 줄을 꼬면서 뒤로 물러나는 격이다. 나그네가 보따리 짜기에 바쁘다. 지금의 일터인 보자기 위에서 열심히 움직이는 것은 곧 흩어지려는 준비 작업이다.

이윽고 탁자와 열린 창문 사이로 거미 몇 마리가 황급히 지나간다. 공중을 달리는 녀석들이 무엇을 타고 달릴까? 가끔 햇빛 방향이 잘 맞으면 꼬마 뒤에 빛 화살의 실이 잠깐 나타나 반짝이다 꺼진다. 그 뒤를 유심히 잘 보면 보일 듯 말 듯한 줄이 보인다. 그러나 창문 앞에서는 전혀 안 보인다.

위, 아래, 옆에서 조사해 봐도 소용이 없다. 눈을 여러 각도로 바꿔 봐도 허사였다. 꼬마 동물이 걸어갈 때 의지하는 물체를 구별해 낼 수가 없다. 동물이 허공에서 노를 저으며 가는 것 같기도 하고, 마치 실에 매여 앞으로 끌려가는 것 같기도 하다는 생각이 든다.

하지만 날아갈 수는 없으니 그런 모습에 속은 것뿐이다. 공중을 건너려면 반드시 육교가 필요하다. 내 눈에는 육교가 안 보여도 그것을 파괴시킬 수는 있다. 창문을 향해 가는 거미의 앞쪽 공중을 지팡이로 획 갈랐다. 더는 필요한 것도 없이 가던 녀석이 떨어졌다. 보이지 않던 육교가 끊어진 것이다. 옆에 있던 아들 폴(Paul)은 이 마법의 지팡이에 어리둥절했다. 그 아이의 맑은 눈으로도 거미가 건너는 발판을 전방에서는 보지 못했으니 놀란 것이다.

그와 반대로 후방에서는 실이 보인다. 이 차이는 쉽게 설명된다. 줄을 타고 가는 거미는 언제 추락할지 몰라서 앞으로 나감과 동시에 보신용 안전띠를 친다. 그래서 두 가닥인 후방의 실은 더 잘 보이지만 한 가닥뿐인 전방에서는 거의 안 보인다.

새끼는 분명히 육교를 던지지 않았다. 다만 바람이 조금만 불어도 끌려가서 걸쳐진 것이다. 왕거미는 바람이 아무리 약해도 많은 줄을 허공에 띄워 고치실 뽑듯이 계속 끌어낸다. 파이프 담배에서 나온 연기의 소용돌이도 이런 모양으로 뭉게뭉게 퍼진다.

이렇게 떠도는 실이 근처의 물체에 닿으면 그것에 달라붙는 것으로 충분하다. 그래서 육교가 걸렸고 거미가 재빨리 건는다. 남아메리카의 인디오 족은 코르디예라(Cordillières)[4] 산속의 깊은 계곡을 흐르는 개천 위에 칡으로 꼬아서 매단 다리로 건너다닌다고 한다. 새끼거미는 보이지도 않고, 무게도 없는 물체 위를 걸어서 공간을 뛰어넘는다.

그러나 떠도는 실 끝이 옮겨지려면 공기의 흐름이 필요하다. 지금 열려 있는 실험실의 출입문과 창문으로 공기의 흐름이 지나간다. 이 흐름은 너무 느려서 나는 느끼지 못한다. 흐름을 알려 주는

4 칠레와 아르헨티나 사이 안데스에 위치한 약 8,000km의 세계 최장 산맥

것은 파이프의 담배연기인데, 부드럽게 소용돌이치며 이쪽으로 온다. 바깥의 찬 공기가 출입문을 통해서 들어오고, 방안의 따듯한 공기는 창문을 통해서 나가는 것이다. 이 흐름이 실을 끌어가 거미를 떠나게 했다.

양쪽 문을 닫아 공기의 소통을 끊었다. 그랬더니 공기의 흐름이 멎었고 떠나는 거미도 없다. 공기가 흐르지 않으니 실타래의 실을 펼치지도, 이민을 떠나지도 못한다.

이주가 곧 다시 시작되었는데, 내가 상상도 못한 방향으로 간다. 마루의 한쪽에 햇볕이 쪼였다. 거기는 다른 곳보다 따듯해서 공기가 가벼워지며 상승하는 공기 기둥이 생겼는데, 실이 이 기둥을 붙잡으면 거미가 천장으로 올라갈 것이다.

결국 희한한 승천(昇天)이 이루어졌다. 반면에 창문으로 출발하려는 거미의 수가 줄어들어, 불행하게도 실험을 계속할 수가 없었다. 결국 실험을 다시 시작해야 했다.

이튿날, 같은 실난초에서 먼젓번과 같은 수의 가족을 채집해서 어제와 같은 준비를 다시 했다. 실험실에는 지금 5~6백 마리의 새끼가 올망졸망 모여 있다. 녀석들은 우선 교차 직물을 짜고 이주민이 이용하던 가시덤불 돌출부에서 탁자 가장자리까지 내려간다.

작은 집단 전체가 바쁘게 일하며 출발 준비를 하는 동안 나는 내 일을 준비했다. 분위기를 가라앉히려고 방문을 모두 닫고 탁자 다리 옆에서 작은 석유난로에 불을 지폈다. 거미가 실을 잣는 높이에서는 내 손이 뜨거움을 느끼지 못한다. 하지만 초라한 이 난로가 상승기류의 기둥을 만들고, 거미가 뿜어낸 실을 천장으로 이끌 것이다.

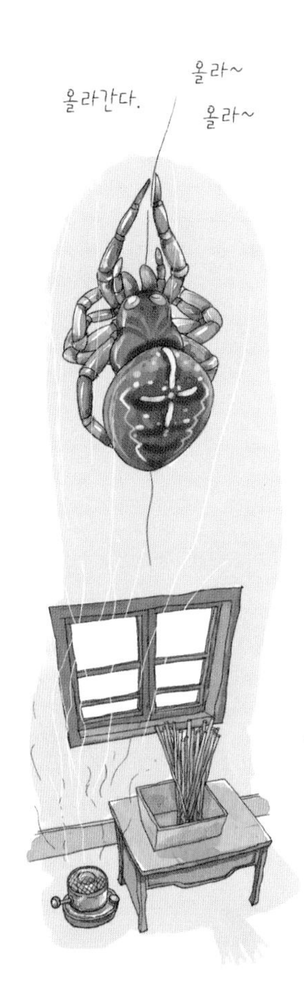

우선 기류의 방향과 힘을 알아보자. 씨앗을 떼어 내 가볍게 만든 민들레 관모를 기준 삼아 검사했다. 그것을 난로 위의 탁자 높이에서 놓아 버리면 천천히 위로 올라가 거의 모두가 천장에 닿는다. 이주민의 가는 줄도 마찬가지로, 또는 더 잘 올라갈 것이다.

실제로 그렇게 되었다. 우리 세 사람[5]의 눈에는 보이지 않아도 거미 한 마리가 공중에서 다리 8개로 종종걸음을 치며 올라가서 천천히 흔들린다. 다른 거미도 그 길이나 다른 길로 올라간다. 이 수수께끼의 비밀을 모르는 사람이 사다리도 없는 마법의 승천을 보면 깜짝 놀랄 것이다. 몇 분 뒤, 거의 대다수가 높은 천장에 달라붙었다.

모두가 천장에 도착하지는 못하고, 개중에는 어느 높이에서 그 이상 오를수록 떨어진다. 고리 모양으로 가려 해도 효과가 없다. 후퇴하는 녀석까지 생긴다. 이 문제는 쉽게 설명된다.

밑에 고정된 실이 천장까지 늘어나지 못해서 둥둥 떠도는 것이다. 실의 길이가 적당하면 허공에 떠 있는 미소동물(거미)의 무게를 감당할 수 있다. 하지만 짐(거미)이 올라갈수록 부력은 그만큼 줄어들며, 어느 순간

5 연구실에는 파브르와 폴 말고도 또 한 사람이 있는가 보다.

실의 부력과 감당할 무게 사이에 평형이 이루어진다. 그렇게 되면 거미가 올라가려고 노력해도 계속 그 자리에 머물러 있게 된다.

실이 짧아질수록 짐의 무게는 부력보다 커진다. 그러면 거미가 계속 전진해도 후퇴하게 되어, 결국은 실이 처지고 거미는 제자리로 돌아온다. 이윽고 또다시 올라가는데 실 창고가 비지 않아 새 그물을 치든가, 선배가 쳐 놓은 실을 타고 올라가는 것이다.

천장은 높이가 4m인데, 대개 천장까지 올라갔으니 새끼거미의 제사 공장은 안 먹은 상태에서 적어도 그만큼의 실을 만들어 냈다는 이야기가 된다. 아무것도 없을 것 같은 공 모양 알 속에 실이 들어 있다. 이런 꼬마거미가 얼마나 많은 실을 비단 재료로 자아내더냐! 왕거미 새끼는 아주 간단한 방법으로, 즉 햇볕만 쪼이면 보일 듯 말 듯한 실을 제사기에서 뽑아낸다. 인간의 공업은 열로 빨갛게 달궈야만 볼 수 있는 백금 실을 뽑아내는 것이다.

천장의 녀석들을 그냥 놔두면 굶어 죽을 것이다. 거기서는 먹지 못해서 모두가 실을 만들지 못하고 죽을 테니 창문을 열어 놓았다. 석유난로가 데워서 훈훈해진 방 공기가 창문으로 빠져나간다. 민들레의 관모가 그 방향으로 흘러서 알았으며, 떠도는 실이 그 소용돌이에 휘말려서 산들바람이 부는 밖으로 흘러갈 것이다.

굵어져 눈에 보이는 아래쪽 실을 예리한 가위로 잘랐더니 이상한 일이 벌어졌다. 공중에 매달렸던 거미가 기류를 타고 갑자기 창밖으로 날아가 자취를 감췄다. 아아! 이 기계들이 원하는 곳에 내릴 키(타, 舵)가 있다면 얼마나 편리한 여행이 되겠더냐! 바람에 나부끼는 귀여운 녀석들, 발을 어디에 내려디딜까? 백이나 천 걸음쯤 먼 곳이겠지. 무사한 여행을 빈다.

녀석들이 흩어지는 방법은 이것으로 해결되었다. 이 과정이 내 조작이 아니라 넓은 들에서 일어났다면 어떻게 됐을까? 그것은 알 만하다. 타고난 줄타기 곡예사인 왕거미 자식들은 제가 가진 도구와 힘을 발휘하여, 충분히 높은 막대로 올라가 자유롭고 넓은 세상을 발견한다. 거기서 각자 실을 빼내 공기의 소용돌이에 맡긴다. 햇볕을 받아 따듯해진 땅에서 올라오는 기류에 흔들흔들 날아올라, 실과 함께 떠돌며 넘실거리다가 실 끝을 잡아당긴다. 결국 실은 끊어지고 거기에 매달린 녀석은 자신의 제사 공장과 함께 자취를 감춘다.

십자가왕거미가 방금 새끼의 이주 방법에 대한 최초의 자료를 주었다. 하지만 어미의 주머니 짜기 솜씨는 신통치 않아서 명주실로 간단히 엮은 것에 불과했다. 세줄호랑거미의 기구(氣球)에 비하면 얼마나 너절하더냐! 기구를 만든 거미에게 큰 기대를 걸고 가을에 여러 마리를 길러 알주머니를 준비해 놓았다. 중요한 것을 놓치지 않으려고 눈앞에서 짠 기구(알집)를 나누어, 절반은 관목의 잔가지에 놓고 철망을 씌워서 실험실에 두었다. 나머지 절반은 바깥 공기를 쏘이게 하려고 울타리 근처의 로즈마리(Romarin: *Rosmarinus officinalis*)에 올려놓았다.

멋진 집단 이주 광경을 기대했으나 녀석들의 멋진 알주머니와는 달리 그런 것은 보여 주지 않았다. 하지만 몇몇 결과는 기록해 둘 가치가 있어서 간단히 이야기하련다.

3월이 가까워 세줄호랑거미가 부화할 무렵, 병 모양 주머니를 가위로 잘랐다. 벌써 방에서 나와 털이불 속으로 기어든 녀석도 있으나 대다수는 주황색 알 뭉치 상태였다. 새끼들이 동시에 나오는 게 아니라 약 반 달 동안 사이를 두고 계속적으로 나왔다.

새끼거미는 장래 제복의 흔적인 장식무늬가 전혀 보이지 않는다. 배의 앞쪽은 흰 가루가 뿌려진 것 같고, 뒤쪽은 거의 흑갈색이다. 몸의 나머지 부분은 연한 황금색인데 앞부분만 검은 윤곽이 뚜렷하다. 꼬마를 그냥 놔두면 푹신한 털이불 속에 가만히 있다. 조금 건드리면 무기력하게 발을 흔들거나 비틀거리며 걷는다. 제대로 외출하려면 좀더 성숙해야겠다.

녀석들의 성숙은 태어난 주머니를 둘러싼 기구 속의 정교하게 부풀린 솜털에서 이루어진다. 여기는 육신이 꽉 짜이길 기다리는 곳으로, 가운데의 주머니에서 나오면 모두가 이리 파고들어 무더운 계절이 오기 전까지인 4개월 동안 나오지 않았다.

숫자는 굉장히 많았다. 좀 지루하지만 참고 세어 보았더니 약 6백 마리였다. 이렇게 많은 녀석이 크기가 콩알만 한 주머니에서 나왔다. 어떤 기적적인 절약으로 그 안에다 그렇게 많은 가족을 만들었을까? 또 그렇게 많은 다리가 삐지도 않고 잘 자라날 수 있었을까?

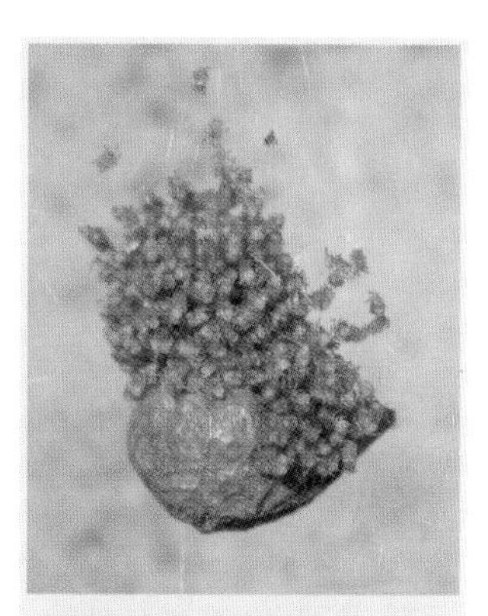

어미를 떠나는 말꼬마거미 어미가 거미줄에 걸어 놓고 지켜 주던 알주머니에서 새끼들이 부화하여 어미를 떠나려 한다. 서울 은평구, 14. VIII. 05, 김태우

알주머니는—이미 앞의 책에서 설명했듯이—짧은 원통 모양이며 아래가 조금 둥글게 부풀었다. 재료는 흰 비단이며, 빽빽해서 넘을 수 없는 장벽이다. 둥근 입구도 같은 천의 뚜껑이 박혀 있어서 나약한 꼬마에게는 그것조차 넘을 수 없는 장

벽이다. 또한 방수성 천이며 주머니와 같은 저항력을 가진 천인데, 새끼들이 어떤 방법으로 해방될까?

둥근 뚜껑의 둘레가 조금 구부러져 주머니 입구에 겹쳐졌음에 주의하자. 항아리의 테두리가 약간 내밀려서 주둥이와 들어맞은 것이다. 결국 항아리 몸체와 뚜껑은 별개이나 마치 땜질한 것처럼 붙여졌다. 그런데 알이 부화하면 뚜껑이 떠올라 새끼를 자유롭게 통과시킨다.

만일 뚜껑이 단순히 끼워져만 있어서 자유롭게 열리는 구조라면, 그리고 가족들이 같은 시간에 부화하여 모두 합심해서 등으로 밀어 올린다면, 살아 있는 이 물결의 압력으로 뚜껑이 떠들릴 것이라는 생각이었다. 마치 끓는 물이 냄비뚜껑을 여는 것처럼 말이다.

하지만 뚜껑을 만든 천은 주머니와 한 몸으로 단단히 붙어 있는데다가, 부화도 여러 무리로 나뉘어 일어나므로 작은 무리의 힘으로는 열 수가 없다. 따라서 새끼들의 합심으로 열리는 게 아니라 식물에서 꽃가루주머니의 열개(裂開)처럼 저절로 튀는지도 모르겠다.

씨앗이 익으면, 금어초(Muflier: *Antirrhinum majus*)◓는 마른 열매에 3개의 들창이 생기고, 별꽃(Mouron: *Stellaria media*)은 비누 곽을 연상시키는 빵모자 2개가 갈라진다. 패랭이꽃(Œillet, 주로 *Dianthus*류) 씨앗은 밸브 부분이 뽑혀 꼭대기가 별 모양으로 열린다. 각종 상자는 나름대로 자물쇠 장치를 갖췄는데 태양의 교묘한 어루만짐만으로 열린다.

자, 그런데 또 하나의 마른 열매 격인 세줄호랑거미의 씨앗 상자도 저절로 터지는 장치를 갖췄다. 알이 부화하기 전에는 출입구의 문이 꽉 닫혀 있다가 우글거리는 새끼들이 밖으로 나가고 싶어 하면 저절로 터진다.

매미가 좋아하는 6, 7월, 이 계절을 좋아하는 왕거미도 나가고 싶다. 튼튼한 풍선 모양의 벽을 뚫고 길을 내기는 너무 어려우니 벽이 저절로 깨져야겠다. 그러면 어디가 깨질까?

처음부터 뚜껑의 끝 쪽 가장자리가 열릴 것 같다고 생각했었다. 전에 이야기한 것을 기억하기 바란다. 기구 모양 주머니의 목은 넓은 술잔 같으며, 잔처럼 오목한 천장이 덮고 있다. 뚜껑은 이 작품의 마지막 제작물이며, 그 천의 튼튼함 역시 다른 부분의 천과 같다. 그래도 봉합 땜질이 완벽치 못해서 쉽게 파괴될 것으로 생각된다.

이런 구조가 우리를 착각시켰다. 천장은 사실상 꼼짝도 하지 않았다. 어느 시기든 건물을 송두리째 파괴하지 않고는 뚜껑을 떼어 낼 수가 없었다. 열개 현상은 몸통의 다른 부분 어디에선가 일어난다. 하지만 어디서 일어날지 예측할 수가 없다.

자, 그런데 이것은 정말로 기묘한 장치였다. 미리 정해진 자리가 찢어지는 게 아니며, 찢긴 부분은 아주 지저분했다. 비단주머니가 마치 강한 햇볕으로 너무 익은 석류(Grenade: *Punica granatum*) 껍질이 터지듯 찢어졌다. 결과적으로 내부의 공기가 지나치게 햇볕을 받아 부푼 것으로 추측된다. 찢어진 천의 누더기가 바깥쪽을 향했으니 분명히 안에서 밖으로 압력이 가해졌다는 증거이다. 게다가 주머니 속을 가득 채웠던 적갈색 솜이 겉으로 흘러나왔다. 털 뭉치에 싸였다가 폭파로 집에서 밀려난 새끼들이 미친 듯이 동요했다.

세줄호랑거미의 기구는 뙤약볕에 터져서 내용물인 새끼를 해방시키는 폭탄이었다. 기구의 폭발에는 하지(夏至)의 소나기 같은 불볕더위가 필요하다. 온화한 분위기의 실험실에 놓인 기구는 내가 열개해 주지 않으면 새끼들이 밖으로 나갈 수 없다. 다만 아주 드물게 둥근 구멍이 따개 도구로 연 것처럼 뚫릴 때가 있기는 하다. 이 구멍은 안에 갇힌 은둔자들이 뚫은 것으로, 서로 교대해 가며 끈질기게 이빨로 헝겊에 구멍을 낸 것이다.

반면 노출된 바깥 울타리의 로즈마리에서는 강한 햇볕을 받아 기구 모양 주머니가 터져, 붉은 털 뭉치 물결과 새끼들을 뿜어냈다. 햇볕이 내리쬐는 들판에서도 역시 그렇게 진행되었다. 7월의 무더위가 오면 가시덤불에 알몸을 드러낸 세줄호랑거미 주머니가 안에 갇혔던 공기의 압력으로 터진다. 해방됨은 결국 주택의 폭파였다.

벽이 갈라졌어도 가족의 대부분은 주머니 속 부푼 털 뭉치에 남아 있고, 극히 일부만 적갈색 털 뭉치 물결을 타고 밖으로 밀려난다. 지금은 틈이 열렸으니 서두르지 않고 나가고 싶을 때 나가도 되나, 이주하기 전에 해결해야 할 큰일 하나가 남아 있다. 즉 피부가 새로워져야 하는 것이다. 그런데 허물벗기가 같은 날 일어나지 않아 전체가 주머니에서 나오는 데는 여러 날이 걸린다. 녀석들은 헌옷을 벗고 작은 그룹으로 나뉜다.

떠나는 녀석은 가까운 나뭇가지로 올라가 일광욕을 하며 출발 준비를 한다. 방법은 십자가왕거미가 보여 준 것과 같다. 출사돌기가 바람 속으로 가는 실을 뽑아낸다. 실은 바람에 휘날리다 끊기며, 날던 실과 함께 사라진다. 같은 날 아침에 떠나는 숫자가 별로 많지 않아 구경거리는 되지 못했다. 거미가 많이 모이지 않아 활기가 없는 것이다.

누에왕거미(É. soyeuse: *E. sericea*→ *Argiope lobata*) 역시 활기차서 법석을 떠는 출발이 아니라 아주 실망했다. 녀석은 세줄호랑거미 다음으로 아름다운 알주머니를 만듦을 다시 한 번 기억하자. 무딘 원뿔 모양 주머니인데 뚜껑은 별 무늬가 있는 원반 모양이다. 재료는 호랑거미의 기구 모양보다 질기고 더 두껍다. 따라서 저절로 열릴 필요성이 있다.

이 주머니는 뚜껑 가장자리 근처의 옆구리가 터지는데, 기구 모양 주머니가 터질 때처럼 반드시 7월의 무더위가 한몫을 해야 한다. 그렇다면 이것도 주머니 속 공기가 지나치게 뜨거워져 팽창할 것이다. 역시 주머니 속에 가득했던 털 뭉치의 일부가 밖으로 뛰쳐나왔다.

밖으로 나온 가족이 한 무리씩 떠난다. 이 거미는 허물을 벗기 전에 주머니를 떠나는데, 안에서는 어쩌면 서로 스쳐서 피부 벗기에 필요한 공간이 모자랄 것 같다. 원뿔 모양 주머니는 기구 모양 주머니에 비해 훨씬 좁아, 안에 빽빽이 들어찬 녀석들이 옷을 벗을 때 다리를 삘지도 모르겠다. 그래서인지 전원이 밖으로 나와 근처의 나뭇가지에 자리 잡았다.

거기는 임시 캠프장이다. 어린것들이 함께 얇은 텐트를 치고 1주일가량 머문다. 실로 얽은 이 휴식처에서 허물을 벗으며, 껍질은 텐트 주택 밑에 쌓인다. 벗은 녀석은 위쪽 그네로 올라가서 힘을 북돋운다. 성숙해짐에 따라 마침내 하나, 둘 조용히, 하지만 대담하게 실 한 오라기의 경비행기를 타고 날아서 떠난다. 여행이 이렇게 차근차근 이루어지는 것이다.

실에 매달려 가던 거미가 수직으로 대략 한 뼘씩 떨어진다. 산들바람이 좌우로 흔들며 어쩌다 근처 나뭇가지에 닿게 해준다. 이것이 분산의 제1보였다. 다시 적당한 곳으로 올라가 새로운 낙하, 새로운 좌우 요동을 거쳐서 교묘하게 더 멀리 간다. 꼬마거미는 실이 길지 않아 짧은 거리를 이동하면서 마음에 드는 곳이 나타날 때까지 여기저기를 구경한다.

바람이 세면 흔들리다 끊긴 실을 탄 꼬마가 멀리 옮겨져서 원정이 간단히 끝난다.

결론적으로 거미의 집단이동의 기본 전술은 대체로 같았다. 이 지방의 두 비단 짜기 거미는 어미가 알주머니 짜는 기술에는 숙달했으나 집단이주는 내 기대를 따르지 못했다. 내가 무척 힘들여 가며 길렀는데 결과는 이렇게 빈약했다. 십자가왕거미가 우연히 보여 주었던 저 멋진 광경을 어디서 다시 한 번 보게 될까? 이 미천한 동물의 경우를 다시 한 번—강력하게 다시 한 번—보고 싶어서 지금까지 주의를 기울였다.

5 게거미

집단이주의 장관을 실컷 감상시켜 준 거미의 공식 학명은 도미수스 오누스투스(*Thomisus onustus*, 흰살받이게거미◐)였다. 이름이 독자의 뇌리에는 아무런 감명도 주지 못하겠지만 적어도 목구멍이나 귀에 거슬리지는 않아 다행이다. 대개 학자가 붙인 이름은 입으로 하는 말이라기보다는 재채기에 가깝다. 동물과 곤충에게 라틴 어로 쓴 꼬리표를 붙여서 경의를 표하는 입장이라도, 적어도 고대 언어의 좋은 음조만은 존중해야겠다. 이름을 발음한다기보다 투박하게 가래를 내뱉는 듯한 작명법은 삼가야겠다.

진보라는 명분으로 진짜 지식을 숨막히게 하는 야만적 어휘가 밀물처럼 밀려오니 장래는 어찌될까? 그런 어휘는 모두 망각의 구렁으로 추방될 것이다. 일반 대중이 쓰는 말은 듣기 좋고 그 모습을 생생하게 보여 준다. 특징도 가장 잘 나타내서 결코 사라지지

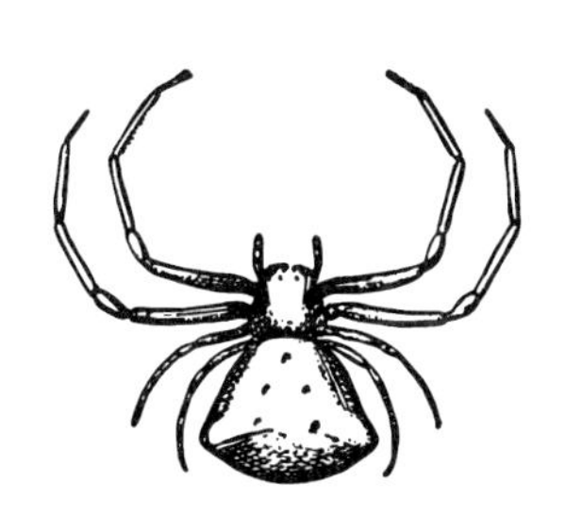

흰살받이게거미◐
실물의 2배

줄연두게거미 산이나 들의 관목이나 풀에 숨어서 생활하던 게거미가 화려한 색깔의 검정파리류를 사냥했다. 시흥, 31. V. '92

양봉꿀벌 꿀벌은 꿀 빨기에만 정신이 팔렸다가 게거미나 깡충거미의 밥이 되기 십상이다. 시흥, 13. IV. 06

않을 것이다. 옛날 사람이 살받이거미(Thomise: *Thomisus*)라고 한 무리에 붙인 게거미(Araignée-Crabe)란 이름(*onustus*)이 이 종의 학명이며, 겉모습이 갑각류〔Crustacé: Crustacea, 갑각강(甲殼綱)〕와 흡사해서 아주 잘 붙여진 이름이다.

게거미는 게처럼 모로 긴다. 앞다리의 힘이 뒷다리보다 세며 마치 권투 선수의 자세인데, 돌장갑은 없으니 완전히 똑같다고 할 수는 없다.[1]

게 모습인 거미는 먹이 사냥용 거미줄 치기 재주가 없다. 먹이를 잡자고 던질 밧줄도, 사냥 그물도 없다. 그저 꽃 속에 매복했다가 접근하는 녀석의 목덜미를 교묘하게 졸라 죽인다. 살육자이며 이 장의 주제인 게거미가 지금 양봉꿀벌(Abeille domestique: *Apis mellifera*)◔ 사냥에 열을 올리는데, 녀석들 사이의 격투는 이미 기술했다.[2]

꿀을 구하려는 꿀벌이 조용히 다가온다. 혀로 꽃을 더듬다가 수확이 풍성한 자리를 찾았다. 이윽고 수확에 골몰한다. 모이주머

1 돌장갑은 게나 가재의 다리 5쌍 중 앞쪽의 집게다리를 말한 것인데, 거미에게는 집게다리가 없고 걷는다리(步脚)만 4쌍이 있다.

2 『파브르 곤충기』 제5권 18장, 제8권 23장 참조

니를 부풀리고 꽃가루 바구니를 채우는 동안, 꽃그늘에 몸을 숨기고 있던 노상강도 게거미가 뛰쳐나온다. 작업에 열중한 꿀벌 주변을 맴돌며 몰래 다가가서 갑자기 목덜미를 꽉 깨문다. 꿀벌이 아무리 몸부림치며 독침을 휘둘러 봤자 공격자는 노획물을 놓지 않는다.

더욱이 목덜미를 물리면 목신경[3]이 침범당해 치명적이다. 불쌍한 꿀벌은 눈 깜짝할 사이에 다리를 뻗고 만사가 끝장이다. 살육자는 희생물의 피를 실컷 빨아먹고, 다 빨린 시체를 교만스럽게 던져 버린다. 기회만 있으면 또다시 꿀벌의 피를 빨려고 숨어서 기다린다.

신성한 노동의 즐거움에 빠진 꿀벌이 도살자에게 살육당할 때, 나는 항상 격분했지만 참을 수밖에 없었다. 왜 부지런한 자가 빈둥거리는 녀석을 먹여 살리려고, 또 수탈당하는 자가 약탈자를 먹여 살리려고 죽어야 할까? 왜 훌륭하게 사는 자가 파렴치한 녀석을 번영시키려고 희생되어야 할까? 대자연의 조화 속에 이런 가증스러운 부조화가 섞여 있어서 이 사상가의 머리를 어지럽힌다. 더욱이 이런 흡혈귀가 제 자식에게는 모범적인 모성애를 보여 주다니, 정말로 어처구니가 없구나. 이제 이런 이야기를 할 참이다.

3 전에도 가끔씩 지적했듯이 곤충은 목신경이 없다. 대신 식도하신경절이 공격당할 가능성은 인정할 수 있다.

옛날에 식인귀가 있었는데 제 자식은 무척 예뻐하면서도 남의 자식은 잡아먹었단다.

사람이든 동물이든, 위장의 지배를 받으면 모두 식인귀가 된다. 노동의 존엄성, 생활의 기쁨, 어머니의 사랑, 죽음의 공포, 이런 것들이 남의 것일 때는 문제가 안 된다. 무엇보다 중요한 문제는 요리가 순하고 맛있으면 그만인 것이다.

이름의 어원인 '밧줄로 묶는다(Θωμίζω).'에 따르면, 살받이게거미는 옛날에 처형장에서 죄수를 묶는 자였다는 뜻이다. 거의 모든 거미가 사냥감을 현장에서 실로 묶고 멋대로 먹어 대니 이런 비유가 적격이다. 하지만 게거미의 경우를 잘 살펴보면 주어진 이름과 행동이 일치하지 않는다. 즉 꿀벌을 실로 묶지 않는다. 녀석은 목덜미를 물어 즉사시킬 뿐, 저항할 틈조차 주지 않는다. 녀석의 명명자는 보통 거미가 쓰는 전술에만 한눈을 팔다가 예외도 있음을 생각지 못했다. 이 거미의 사기 수단, 즉 밧줄을 던지지 않는 공격법을 몰랐다.

짐을 짊어진, 무거운, 무게가 있는 따위의 종명 오누스투스 역시 잘 맞지 않는다. 꿀벌 사냥꾼이 무거운 배를 질질 끌었다고 해서 그것이 뚜렷한 증거가 되는 것도 아니다. 대다수의 거미는 엄청나게 큰 배 속에 비단 창고가 들어 있고, 가는 명주실로 부드러운 플란넬 둥지를 짠다. 흰살받이게거미는 배가 민망할 정도로 뚱뚱하지는 않으면서도 다른 거미처럼 아름다운 알주머니를 짜는 재주가 있다. 그래서 가족을 아주 따뜻하게 보살핀다.

오누스투스란 용어가 단지 옆으로 천천히 걷는 것을 뜻했을까?

이 뜻이 아주 만족스럽지는 않다. 그래도 대다수의 거미는 아주 위험할 때가 아니면 무척 신중한 걸음걸이를 보여 주니 그런대로 마음에는 든다. 하지만 결국은 명명자가 잘못 이해했던가, 아니면 이미 없어진 형용사를 붙여서 만든 것이다. 아아! 동물을 합리적으로 명명한다는 것이 얼마나 어려운 일이더냐! 그러니 명명자에게 관대해지자. 우리는 이미 음절의 배합에 지쳐 버렸는데, 분류해야 할 것은 점점 무진장으로 늘어난다. 그러다가는 어휘가 동나겠다.

학술용어가 해주는 말이 없는데 독자에게 어떻게 설명하면 좋을까? 독자를 프랑스 남부 황무지의 5월 축제에 초대하는 방법 하나밖에 생각나지 않는다. 꿀벌 살육 집행자는 추위를 잘 타서 올리브(Olivier: *Olea europaea*)가 자라는 지방에서 멀리 떠나지 않는다.[4] 녀석이 특히 좋아하는 관목은 시스터스(*Cistus albidus*)이다. 넓은 장밋빛 화판을 가진 꽃은 쉽게 구겨지며 단 하루살이이다. 그래서 차가운 이튿날 아침에는 일찍이 다른 꽃으로 바뀐다. 그래도 아름다운 꽃이 5~6주간 만발한다.

식량을 모으려는 꿀벌이 거기를 열심히 드나든다. 수술이 넓게 둘러쳐진 안쪽에서 노란 가루에 물들며 열심히 일한다. 벌이 많이 모여서 번화한 이곳을 잘 아는 약탈자 거미는 장밋빛 화판의 텐트를 매복의 은신처로 삼고 기다린다. 여기저기의 꽃을 잘 조사해 보자. 다리와 혀를 쭉 뻗은 꿀벌이 움직이지 않으면 십중팔구 게거미가 거기에 도사리고 있다. 이 노상강도는 벌써 한탕 저질러서 죽은 자의 피를 빠는 중이다.

4 흰살받이게거미는 우리나라와 러시아를 포함한 구북구 전역에 분포하는 종이므로 이 글이 틀렸거나, 아니면 파브르가 다른 종의 게거미를 조사했다.

꼬마꽃등에를 사냥한 게거미 게거미는 세계적으로 2,000종, 우리나라에서는 40종가량이 알려진 아주 큰 그룹인데, 그물은 치지 않고 각종 잎이나 꽃에 숨었다가 접근해 오는 곤충을 잡아먹는다. 북한산, 14. IV. 07, 김태우

어쨌든 꿀벌의 목을 따서 죽이는 녀석은 아름다운, 그야말로 아름다운 창조물이다. 구태여 흠을 잡자면 피라미드를 모델 삼아 깎아 낸 육중한 몸통(배) 끝 좌우가 낙타(Chameau: *Camelus*)의 혹처럼 부푼 점이다. 고운 천보다 더 단정해 보이는 피부는 유백색인 녀석도, 노란 레몬색인 녀석도 있다. 개중에는 아주 멋쟁이라 다리에 여러 장밋빛 팔지를 두른 녀석, 등마루를 카민의 빨간색 아라베스크(Arabesque)[5]로 꾸민 녀석, 가는 연녹색 리본을 양쪽 가슴 가장자리에 걸친 녀석도 있다. 그런 것이 세줄호랑거미(*Argiope bruennichii*)만큼 으리으리하지는 않아도, 간소한 맵시, 섬세함, 단색(單色)의 명암 조절 따위는 얼마나 아름답더냐! 그래서 거미를 싫어하는 초보자도 이 멋진 모습에 매료되어 겁 없이 손으로 잡는다.

자, 그런데 이런 보석 거미가 무엇을 할 줄 알까? 우선 그 건축가의 알주머니이다. 방울새(Chardonneret: *Carduelis*), 되새(Pinson: *Fringilla*), 그 밖의 장인 새들은 겉뿌리, 갈기 털, 모직물 가닥 따위를 이용해서 주머니를 만들어 나뭇가지가 갈라지는 곳에 공중누각을 짓는다. 게거미도 높은 곳을 좋아해서 녀석이 늘 사냥터로

5 아라비아풍의 무늬라는 뜻으로, 이슬람교 사원의 벽이나 공예품의 장식에서 보이는 무늬를 말한다.

이용하는 시스터스를 알주머니의 부지로 택한다. 더워서 죽은 잎이 붙어 있는 가지를 점령해서 거기에 알을 낳는 것이다.

왕복열차(배)가 살아서 오르내리며 여러 방향으로 살살 흔들어 부풀린 비단주머니를 짜서, 그 벽을 주변의 마른 나뭇잎에 찰싹 붙여 놓는다. 희끄무레한 세공물의 일부는 보이나 일부는 받침대에 가려졌다. 모양은 나뭇잎들이 얽힌 각도에 따라 형태가 잡히며, 작기는 해도 누에왕거미(*Argiope lobata*)의 둥지를 생각나게 한다.

둥지 안에 알을 낳고 흰색 비단 뚜껑으로 덮는다. 그 위에 실 몇 오라기로 얇은 천막을 치면 침실의 천장이 된다. 또한 구부러진 나뭇잎 끝이 어미 침실의 칸막이가 된다.

침실은 산후의 피로를 푸는 곳만이 아니라 적을 방어하는 본부이기도 하다. 즉 새끼가 둥지를 떠날 때까지 어미거미가 납작 엎드려서 망을 보는 장소이다. 알을 낳고 명주실을 모두 소비해서 홀쭉해진 어미가 지금은 알주머니를 지키려고 살아 있는 것이다.

만일 어느 방랑자가 근처를 지나가면 어미가 곧 파수막에서 뛰쳐나와, 다리를 들어 성가신 녀석을 쫓아 버린다. 지푸라기로 귀찮게 하면 권투 선수처럼 부풀린 몸짓으로 달려든다. 즉 주먹을 들고 내 무기로 다가온다. 둥지를 바꿔치는 실험을 해보려 하면 비단 바닥에 꽉 고정된 채로 대든다. 그렇게 아주 까다롭게 굴며 애를 먹이므로, 그녀에게 상처를 주지 않으려면 공격이 좀 부드러워야 한다. 겨우 밖으로 몰아냈으나 이 고집쟁이가 어느 틈에 다시 제집으로 들어가 보물 창고를 지킨다.

나르본느타란튤라(Lycose de Narbonne: *Lycosa narbonnensis*)도 알을 빼앗기면 도전해 왔다. 두 녀석 모두 헌신적인 기질을 가졌으나 제 재산과 남의 재산 구별하기에는 둘 다 무지했다. 타란튤라는 제 알을 남의 것과 바꿔치기해도 서슴없이 받아들여, 남의 제품도 제 난소와 제사 공장에서 만든 것과 똑같이 취급했다. 여기서는 성스러운 단어인 모성애를 찾아보기가 어렵다. 그저 기계적으로 넘치는 충동일 뿐 진정한 애정은 아닌 것이다. 시스터스에 사는 멋쟁이 역시 하늘로부터 거미 이상의 재능을 물려받지는 못했다. 동족의 둥지로 옮겨 놓고 주변의 잎사귀 모양을 바꿔서 제 것이 아님을 알려 주어도 거기를 떠나지 않는다. 발밑에 비단주머니만 있으면 착각임을 인식하지 못해서 남의 주머니도 제 것인 양 잘 지킨다.

맹목적인 모성애는 타란튤라가 더 강해서 줄로 갈아 만든 코르크 덩이, 종이 뭉치, 실 뭉치 따위를 알주머니 대신 출사돌기에 달고 다녔다. 게거미도 똑같은 잘못을 하는지 알아보려고 고치 토막을 뒤집어서 매끄러운 면을 바깥으로 내놓고, 원뿔처럼 꿰매서 옆에 놓았다. 하지만 내 시도는 실패했다. 제집의 녀석을 인공 주머니로 옮기면 싫어했다. 그렇다면 게거미가 타란튤라보다 똑똑하다는 말일까? 그럴지도 모르지만 모조품 알주머니가 너무 조잡했으니

알주머니를 지키는 게거미 등쪽 무늬를 보면 풀게거미 같다. 하지만 이런 무늬를 가진 종은 우리나라만도 10종가량이나 되어 자세한 것은 전문가가 판별할 수 있다. 게거미 대부분은 풀잎이나 나뭇잎에 알집을 붙여 놓고 어미가 보호한다.
경기 양수리, 2. VII. 05, 김태우

과찬하지는 말자.

5월 말이면 산란이 끝난다. 어미는 둥지의 지붕에 배를 납작 깔고 엎드려서 밤낮으로 경비 초소를 지킬 뿐 잠시도 떠나지 않는다. 이제는 아주 야위어서 주름투성이라 꿀벌을 주면 예전처럼 좋아할 줄 알았다.

하지만 그녀가 원하는 것은 무엇인지, 내 판단이 또 틀렸다. 전에는 그렇게도 좋아하던 꿀벌이 이제는 소용없다. 사냥감이 바로 옆에서 붕붕대며 날고 있는 사육장에서는 사냥이 아주 쉽다. 하지만 경비 초소를 떠나려 하지 않아 그 좋은 기회를 놓친다. 그녀는 오직 모성애로만 살아남은 것이다. 그것은 칭찬은 할 만해도 실속은 없는 일이다. 날이 갈수록 쇠약해지며 주름은 더 깊어진다. 바싹 말라 가며 죽기 전에 무엇을 기다릴까?

자식의 해방을 기다린다. 죽음이 임박한 어미에게 자식이 아직 용건을 남겨 놓은 것이다. 세줄호랑거미는 기구 모양 주머니에서 나오기 훨씬 전부터 고아가 되었지만 스스로 뚫고 나올 힘도, 도와주러 올 자도 없다. 그래서 자연의 열개장치로 주머니를 터뜨려 어린것들을 털 뭉치 침대와 함께 퉁겨 내야만 했다.

게거미 알주머니의 양쪽 외벽은 거의 대부분 나뭇잎이며, 결코 찢어지지 않는다. 뚜껑도 튀어 오르지 않게 잘 봉해졌다. 그래도 한배의 새끼가 해방된 다음의 뚜껑 가장자리에는 밖으로 열린 작은 출구가 보인다. 본래는 없었던 창인데 누가 뚫었을까?

섬유의 질이 너무 두껍고 끈적여서 안에 갇힌 나약한 꼬마들이 아무리 잡아당기고 찔러 보았자 꼼짝 않는다. 어린것이 비단 천장 밑에서 참다가 발 구르는 소리를 느낀 어미가 구멍을 뚫는 것이다. 어미가 그 쇠약한 몸으로 5~6주나 삶에 집착한 것은 최후의 이빨 힘으로 자식들의 출구를 열어 주기 위함이었다. 그녀는 이 의무가 끝나자 둥지를 물고 늘어져서 조용히 죽음을 기다리다 바싹 마른 시신으로 변한다.

7월이 오면 새끼들이 밖으로 나온다. 녀석들의 곡예사 습관을 예측한 나는 태어난 항아리 위에 가는 나뭇가지 다발을 놓아 주었다. 과연 모두가 철망을 가로질러 나무 다발 꼭대기로 올라가, 재빨리 실을 얽어매 널찍한 휴게소를 만든다. 그리고 이틀 동안 조용히 쉬고는 실로 엮은 다리를 여기저기에 뻗친다. 지금이 좋은 기회이다.

꼬마가 모여 있는 다발을 그늘의 작은 탁자에 올려놓았다. 곧 집단이주가 시작되었으나 서두름은 없고 약간 망설임으로 혼잡하다. 되돌아가기도, 실 끝에서 숨바꼭질하기도, 매달렸다 다시 오르기도 한다. 한마디로 말해서 매우 술렁거리지만 결과는 시원치 않았다.

일을 질질 끌 뿐 진전이 없다. 11시경, 생각 하나가 떠올랐다. 나뭇가지에 몰려와 우글거리면서 하늘로 날고 싶어 못 견디는 녀석들을 햇볕이 내리쬐는 창가에 내놓아 보자는 생각이었다. 몇 분 동안 뜨거운 햇볕을 받자 광경이 아주 달라졌다. 이주민이 나뭇가지 꼭대기로 달려가 활기차게 팔딱거리며 뛰논다. 그야말로 사람을 혼란스럽게 하는 제사 공장이다. 수천 개의 발이 출사돌기에서 실을 끌어낸다. 가는 실이 변덕스러운 바람에 나부끼며 사방으로 흩어진다. 그게 내 눈에 보이는 것은 아니며 다만 상상만 할 뿐이다.

서너 마리가 함께 출발하는데, 각 거미는 방향이 제멋대로이다.

모두 긴 대를 따라 기어오르고 또 오르는 행동을 민첩한 다리의 움직임으로 알 수 있다. 올라간 녀석 뒤에 두 번째 실이 이중으로 겹쳐져 이제는 보인다. 어느 높이에서는 움직이지 않아, 공중에 떠 있는 꼬마들이 햇빛을 받아 반짝인다. 살며시 몸의 평형을 유지하다가 갑자기 하늘로 솟아오른다.

무슨 일이 벌어졌을까? 산들바람이 부는 창밖에서는 공중에 떠돌던 밧줄이 끊어져, 거미가 낙하산에 끌려 출발했다. 스무 걸음쯤 떨어진 곳의 짙은 실편백(Cyprès: *Cupressus*) 잎이 배경이 되어 반짝이는 점들을 보았다. 거미가 올라가 실편백 너머로 사라진 것이다. 다른 녀석도 그 뒤를 따랐다. 어떤 녀석은 높이, 어떤 녀석은 낮게 여러 방향으로 사라졌다.

무리 하나가 떠날 준비를 끝냈다. 큰 무리를 지어 나그넷길에 오를 시각이다. 이 시기에는 가시덤불 꼭대기에서 무리가 계속 떠난다. 마치 자동으로 발사되는 총알처럼 떠나 하늘에서 흩어진다. 마지막에는 불꽃 다발이 된다. 마치 동시에 쏘아 올린 불화살 묶음 같다. 광채를 발하는 모습까지 정확히 같다. 태양에 타올라 불꽃처럼 반짝이는 꼬마 점들이 마치 살아 있는 불꽃덩이 같다. 얼마나 영광스러운 출발이며, 얼마나 찬란한 세상으로의 출발이더냐! 날리는 실을 잡은 꼬마들은 축복을 받으며 올라간다.

멀든 가깝든, 언젠가는 살려고 내려간다. 만세! 낮게, 또 낮게. 큰길에서 종다리(Alouette Huppée)가 노새(Mulet)[6] 똥을 쑤신다. 하늘을 날면 눈에 띄지 않을 먹이인 귀리 낟알을 쪼며 노래로 목청을 부풀린다. 땅으로 내려오너라. 먹을 게 막무가내로 불러 댄다. 작은 거미도 땅에 내

6 노새는 잡종 동물이므로 학명이 없다.

려앉는다. 중력도 녀석을 너그럽게 대해 주었다. 낙하산도 조절해 주었다.

뒷이야기는 나도 모른다. 꿀벌 목덜미를 깨물 만큼 강해지기 전에 어떤 조무래기를 잡아먹을까? 원자 같은 꼬마가 다른 꼬마와 싸울 때의 계략과 방법은 어떤 것일까? 겨울에는 어떤 피난처에서 숨어 지낼까? 나는 모른다. 다시 봄이 왔다. 꼬마가 자라서 꿀벌이 찾아오는 꽃 사이에 숨어서 기다릴 때이다.

6 왕거미 - 거미줄 치기

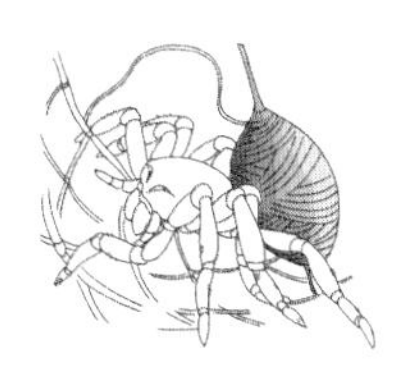

새를 사냥하는 그물은 인간이 교묘하고 악랄하게 생각해 낸 행위의 소산물이다. 가는 끈, 말뚝, 막대기 4개로 만든 커다란 흙빛 그물 2개를 편평하게 잘 고른 땅의 좌우에 하나씩 펼쳐 놓는다. 긴 줄을 드리워 놓은 사냥꾼은 덤불 속에 마련한 임시 오두막에 숨어 있다가 제일 적당한 순간에 줄을 당긴다. 그러면 갑자기 그물이 흔들리며 덧문이 닫히듯 덮쳐 버린다.

두 그물 사이에 홍방울새(Linottes: *Carduelis*), 유럽방울새(Verdier: *C. chloris*), 되새(Pinson: *Fringilla*), 노랑머리멧새(Bruant jaunes: *Emberiza citrinella*), 다른 여러 멧새(Proyer와 Ortolans: *Emberiza* spp.) 따위의 미끼새(sambé, 상베) 새장을 놓아둔다. 귀가 밝아 멀리 날아가는 동아리 대열을 잘 알아본 상베가 곧 호출 신호를 보낸다. 매혹적인 악마 상베가 마치 자유로운 듯이 돌아다니기도, 깡충깡충 뛰기도 한다. 사실상 이 도형수(徒刑囚)는 다리 하나가 끈으로 말뚝에 묶여 있다. 날려고 애쓰다 지치고 절망한 나머지 움직일 생각이 없어서 배를 깔고 웅크린다. 하지만 오두막 안의 사냥꾼은 새를 다시 활동시킬 수 있다. 축 위에서 움직이는 작은 지렛대를 긴 끈으로 당기면 되는 것이다. 악마 같은 이 기계로 끈을 당길 때마다 공중에 매달린 새가 올라갔다 내려갔다 하다 다시 난다.

가을 아침나절, 사냥꾼은 부드러운 햇살을 받으며 기다린다. 갑자기 새장에서 활발한 소란이 일어난다. 되새(상베)가 계속 팽크, 팽크 울어대며 집합 명령을 내린다. 공기가 좀 새롭다. 상베야, 빨리 빨리. 녀석들이 도착했다. 고지식한 녀석들, 그렇게 위험한 대지에 내려앉다니. 망보던 사냥꾼이 급히 줄을 낚아챈다. 그물이 덮친다. 무리가 전부 잡혔다.

인간의 혈관에는 야수의 피가 흐른다. 사냥꾼이 달려가 꼬마 새를 모조리 죽인다. 손가락으로 목을 눌러 숨통을 끊거나 두개골을 부순다. 불쌍하게 간식거리가 된 새를 한 타씩 실에 콧구멍을 꿰어 시장으로 간다.

악랄한 솜씨를 들자면 왕거미(Araneidae) 그물이 어쩌면 새 사냥꾼의 그물을 뺨치고도 남을 것이다. 인내력을 가지고 잘 관찰하여, 고도로 완성된 그물의 중요한 특징을 밝혀 보면 새 사냥꾼의 그물보다 뛰어남을 알게 된다. 파리(Mouches: Diptera) 몇 마리를 잡겠다고 이런 극치의 기술을 발휘하다니! 모든 단계의 동물에게는 먹을 필요성이 있지만 이보다 능란하게 숙련된 솜씨를 보여 주는 것은 어디에도 없다. 독자 여러분, 이제부터 드리는 설명을 잘 생각해 보시기 바랍니다. 나와 함께 감동을 나누실 것이라는 생각입니다.

우선 그물 제작 과정을 관찰해 보자. 보고, 다시 보고 또다시 보자. 이런 복잡한 세공물의 설계는 토막 지식을 나열해야만 이해할 수 있다. 오늘은 1부만 관찰하고, 내일은 2부를 관찰해야 새로운 장면을 깨닫게 된다. 관찰을 거듭할 때마다 다른 사실을 확증하거나, 미처 생각지 못했던 길로 우리를 이끌어 가, 이미 얻은 것에 새 지식을 보태게 된다.

비록 얇은 눈층이라도 그 위로 눈덩이를 여러 번 굴리면 그때마다 커진다. 관찰과학의 진리도 마찬가지여서 끈질기게 모은 무(無)로 이룩되는 것이다. 거미줄 공예를 연구하는 것 역시 무의 수집에 많은 시간을 낭비하는 일이다. 하지만 아무리 좁은 뜰이라도 훌륭하게 직물의 날을 거는 왕거미가 있으니 멀리까지 가서 요행을 바랄 필요는 없다.

내 뜰에서 수집한 매우 훌륭한 재료 6종이 관찰되었다. 모두 몸집이 매우 크고 실 잣는 재주를 가진 암컷으로서, 세줄호랑거미(Épeire fasciée: *Epeira fasciata*→ *Argiope trifasciata*→ *bruennichii*), 누에왕거미(É. soyeuse: *E. sericea*→ *Araneus sericina*→ *Argiope lobata*), 모서리왕거미(É. angulaire: *E. angulata*→ *Araneus bicentenarius*)◔, 와글러늑대거미(É.

pâle: *E. pallida*→ *Pardosa wagleri*), 십자가왕거미(É. diademe: *E. diadema* → *Araneus diadematus*), 그리고 열십자왕거미(É. cratère: *E. cratera*→ *Agalenatea redii*)였다.

좋은 계절 내내 적당한 시간에 자유롭게, 여기저기로 녀석들의 일터를 찾아다녔다. 지난번에는 제대로 보지 못한 것을 다음날엔 더 좋은 조건에서 다시 보고, 그다음에도 연구 중인 항목을 완전히 이해할 때까지 충분히 볼 수 있었다.

매일 저녁, 숲 근처에 있는 키 큰 로즈마리(Romarin: *Rosmarinus officinalis*)를 한 발짝씩 거닐며 살펴본다. 만일 작업이 오래 걸릴 듯하면 그물치기를 시작하기 전부터 덤불 밑의 햇빛이 잘 비치는 곳에 앉아서 지켜보자. 한 바퀴를 돌 때마다 전에 모아 놓은 자료의 결점을 메울 것이 얻어진다. 거미의 줄치기를 몇 해 동안 계속 조사한다는 것이 약간 번거롭다는 것은 인정한다. 더욱이, 하늘에 대고 맹세하지만 이 짓이 결코 돈벌이가 되는 것도 아니다. 하지만 상관없다. 명상하는 정신을 가진 사람은 모두 이 학교에서 만족하고 돌아간다.

줄치기 방법은 6종 모두가 같아서, 모든 종의 작업 과정을 설명하는 것은 쓸데없는 중복이다. 약간의 세세한 부분은 뒤로 미루고, 각 거미가 제공한 자료의 공통점만 묶어서 이야기하련다.

첫 주제는 별로 뚱뚱하지 않은 어린 암컷으로서, 늦가을에는 전연 딴판의 모습이 된다. 실 상자인 배는 후추(Poivre: *Piper*)알보다 별로 크지 않다. 이렇게 볼품없는 실잣기 아가씨의 모습을 보고 작업도 시원찮을 것으로 깔보면 안 된다. 그녀의 솜씨는 나이가 든다고 해서 익숙해지는 것도, 보기 흉한 배뚱뚱이 아줌마라고 해서 더 좋아지는 것도 아니다.

한편, 이제 겨우 세상에 나온 거미도 아주 귀중한 자료를 준다. 늙은이는 밤중에 일하나 이 거미는 반대로 대낮에 햇빛을 받으며 한다. 아가씨는 나를 괴롭히지 않고 일터의 모든 비밀을 공개하는데, 늙은이는 감추는 것이다. 7월에는 해 지기 2시간 전부터 일을 시작한다.

때가 되면 낮에 숨어 있던 방을 나선 직조공이 각자의 일터를 찾아가 실잣기를 시작한다. 많은 녀석 중에서 형편대로 고르는데, 막 기초공사를 한 아줌마 앞에서 멈춰 보자.

그녀가 마른 로즈마리 울타리의 나뭇가지 끝에서 다른 가지 끝으로 약 두 뼘 사이를 특별한 순서도 없이 바삐 걸어 다닌다. 출사돌기에서 나오는 실을 뒷다리로 빗질하듯이 차례차례 가지에 건다. 이 예비 작업에 어떤 종합 계획은 없는 것 같아 보인다. 혈기 왕성한 그녀는 무턱대고 왔다 갔다 한다. 이제 오르내린다. 다시 오르내리며 그때마다 여러 가닥의 밧줄을 가지 끝에 튼튼히 고정시킨다. 그래 봤자 결과는 무질서하고 초라해 보였다.

질서가 없다고 말해도 될까? 그렇지는 않을 것이다. 이 일에 관한 한 왕거미는 나보다 숙련공이다. 그녀의 눈길이 이 장소 전체의 사정을 잘 판단하고, 거기에 맞게 가는 실로 건물을 세웠다. 내게는 불규칙해 보여도 거미에게는 규격에 아주 잘 맞았을 것이다. 그녀는 과연 무엇을 원했을까? 사냥용 실그물을 끼워 넣을 튼튼한 틀을 짜는 중이었다. 지금 만든 틀이 형편없어 보여도 필수 조건은 다 갖춰서, 평면과 수직이 주름진 곳 없이 합당하게 들어 있다.

자, 그런데 오솔길에 만든 이 작품이 오래 지탱하지 못해서 매일 저녁 바닥부터 꼭대기까지 전체를 보수해야 한다. 실이 너무 가늘어서 걸려든 사냥감이 필사적으로 바동거리며 저항하면 하룻밤 만에 망가져서 그렇다. 그런가 하면 늙은 거미의 그물은 튼튼해서 좀더 오래 버틴다. 그녀는 매우 조심해서 틀을 짰는데, 그 이야기는 나중에 하자.

제멋대로 경계를 그은 부지를 관통하는 특별한 실, 즉 진짜 그물의 최초 기둥 실이 만들어졌다. 이 실은 독립적이라 다른 실과 구별되며, 위치도 수직 진동을 방해할 모든 잔가지와 거리가 있다. 실 가운데는 반드시 두꺼운 비단 천의 크고 하얀 점이 있는데, 이게 바로 이제 지어질 건축물의 중심 푯대로서, 거미가 놀랄 만큼 빠르며 질서 있게 빙빙 돌도록 해준다.

사냥용 그물을 칠 때가 되었다. 거미는 관통한 실의 도움으로 흰 표적의 중심부를 떠나 빈 공간을 불규칙하게 칸막이(cadre)한 바깥쪽 틀로 급히 달려간다. 다시 중심부로 돌아온다. 이런 왕복을 반복한다. 좌우로, 상하로 움직인다. 또다시 급하게 상하로 오르내린다. 갑자기 경사로를 지나 다시 중심부의 표적으로 돌아간다. 그때마다 여기저기에 방사상 줄(rayon= 방사선)이 하나씩 뻗는다. 사람들은 이 작업이 참으로 난잡하다고 말한다.

작업 과정이 너무 변덕스러워서 마지막 성과를 보려면 끈질기게 잘 조사해야 한다. 거미는 이미 쳐 놓은 방사선 하나에 의지해서 바깥 줄로 나간다. 그 위를 걸어가다 가장자리에서 멀지 않은 바깥 틀에 실을 붙인 다음, 지금 왔던 길로 해서 중심부로 되돌아온다.

방사선 부분에서 긴 칸막이 줄이 갈라지는 도중에 쳐진 실은 원

둘레와 중심점 사이의 정확한 거리에 비해 너무 길다. 그래서 중심부로 돌아온 거미는 실을 바로잡아 적당히 팽팽하게 당겨 고정시키고 남는 것을 중앙부 표적으로 끌어 모은다. 방사선 한 오라기를 칠 때마다 남은 실을 같은 방식으로 처리해서 폭대가 점점 넓어진다. 그래서 처음에는 하나의 점이던 것이 마지막에는 가는 실타래가 되며 때로는 큰 쿠션처럼 커진다.

그녀는 대단히 절약하는 가정부라 실오라기를 손질해서 쿠션을 만든 것이다. 우선 방사선 하나를 친 다음, 아주 조심스럽게 발로 누르고 발톱으로 빗질해 펠트를 만들어, 방사선에 공통의 튼튼한 버팀목이 된다. 마치 우리네 수레바퀴와 비교된다.

완성된 그물의 규칙성으로 보아 방사선 하나하나는 인접된 것 바로 다음 그물에서 순서대로 짠 것처럼 보인다. 그러나 사실은 그런 식으로 진행되지 않았다. 언뜻 보기에는 무질서한 것 같았으나 사실은 정확하게 판단한 계획에 따라 짠 것이다.

왕거미류 왕거미는 세계적으로 4,000종, 우리나라에서는 약 70종이 알려졌다. 그물을 칠 때는 맨 위의 사진처럼 가로로 기둥 실을 걸어 놓고 작업을 시작한다. 사냥을 한 번 하고 나면 그물이 가운데나 아래 사진처럼 망가진다. 시흥, 7. VIII. 09

어느 한쪽 방향에서 방사선 몇 줄을 치고 나면 다음은 반대 방향에 그만큼 치려고 그쪽으로 달려간다. 이렇게 갑자기 방향을 바꾸는 것은 최고로 논리적인 작업 방법이다. 말하자면 거미가 얼마나 실의 평형 유지에 숙달했는지를 똑똑히 보여 주는 것이다. 만일 방사선을 한쪽부터 차례차례 친다면 지금 쳐진 줄무더기에 대항할 줄이 아직 없어서, 또한 안정시키는 버팀목이 없어서, 그런 장력(張力)들로 작품이 뒤틀려 그물을 쓰지 못하게 될 것이다. 그래서 계속 옆으로 방사선을 치기 전에 반대편에도 그만큼의 줄을 쳐서 그 저항력으로 그물 전체의 평형을 유지시킬 필요가 있었다. 우리네 정역학(靜力學)은 이렇게 가르쳤고, 거미는 그렇게 실행했다. 거미는 견습 과정 없이도 실의 건축 비밀에 능통한 장인(匠人)이었다.

무질서해 보였고 가끔 중단되어 혼란스러운 작업이라고 생각했었으나 실은 큰 오산이었다. 방사선은 모두 같은 거리에서 아름답고 정연하게 햇빛의 후광 모양을 이루었다. 방사선의 수는 거미의 종에 따라 특이성이 있어서, 모서리왕거미는 21개, 세줄호랑거미는 32개, 누에왕거미는 42개였다. 이 숫자가 고정된 것은 아니어도 변이 폭은 매우 적었다.

자, 그런데 우리 중 누가 심사숙고하지 않고 계측기도 없이 단번에 하나의 원을 동등한 여러 개의 부채꼴로 나누는 작업을 해낼 수 있을까? 바람에 흔들리는 실에서 비틀거리는 왕거미는 무거운 배를 질질 끌면서도, 침착하게 미묘한 나눗셈을 한다. 그녀는 우리 기하학이 미친 짓이라고 할 방법으로 일을 해낸다. 다시 말해서 무질서에서 질서를 만들어 낸다.

하지만 거미의 능력 이상의 것을 요구하면 안 된다. 각도는 대충 비슷했다. 보기에만 비슷했지 정밀하게 측정한 실험이라면 불합격이다. 하지만 여기는 수학적 정밀도를 논할 자리가 아니다. 따라서 그것은 상관 않고 얻어진 결과만 보면 놀라울 뿐이다. 거미는 그렇게 이상한 방식으로 일했어도 난제를 잘 처리했으니 도대체 어찌된 일일까? 나는 다시 한 번 자문해 본다.

방사선 걸치기가 끝났다. 거미는 처음에 푯대였고 치다 남은 실을 모아 놓은 가운데의 쿠션에서 진을 친다. 이제 여기를 근거로 조용히 빙글빙글 돌며 잔일을 시작한다. 중심부를 떠난 거미는 방사선마다 옮겨 가며 아주 짧은 간격의 나선을 그린다. 이렇게 해서 만들어진 중앙부가 성장한 거미의 작품은 손바닥만 하고, 어린 녀석의 것은 있기는 해도 무척 작다. 연구를 진행하면서 이유를 설명하겠지만 나는 여기를 휴게소(aire de repos)라고 부르련다.

실이 점점 굵어진다. 첫 번 실은 가늘어서 잘 안 보였으나 두 번째 실은 보인다. 거미가 매우 자주 돌지는 않아도, 가랑이를 크게 벌리고 모로 가면서 차차 중심부에서 멀어지며 방사선에 가는 실을 붙인다. 마지막은 둘레의 아래쪽 칸막이에서 끝낸다. 지금 한 바퀴의 길이가 갑자기 길어진 나선을 그린 것이다. 나선 사이의 간격은 어린 거미도 1cm나 되었다.

나선이란 용어를 곡선으로 보고 당혹하지는 말자. 거미의 작품은 직선끼리 짜 맞춰졌을 뿐 곡선은 없다. 기하학이 말하는 선에 내접한 다각선뿐이다. 진정한 그물이 만들어지면서 자취를 감춘 작품의 다각선을 나는 보조나선(spirale auxiliaire)이라 부르겠다.

그물 둘레의 방사선은 서로 너무 멀어서 몸을 지탱할 받침대가

왕거미 그물 완성된 그물이 사냥으로 망가지면 사진처럼 보수해서 다시 사용하는 왕거미도 있고, 보수를 할 줄 모르는 왕거미도 있다.
경기 고양, 8. IV. 06, 김태우

없다. 받침인 사다리 발판을 만드는 것이 거미의 목적인데, 여기에는 극도로 미묘한 공사가 필요하다.

그러나 일을 착수하기 전에 마지막으로 세심하게 주의할 것이 있다. 방사선이 자리 잡은 평면은 변화무쌍한 가지에 의지한 것이라 아주 불규칙하다. 모났거나 깊은 곳이 있어서 둘레를 너무 가깝게 따라가며 만들면 그물이 흐트러질지도 모른다. 그물의 공간은 규칙적 순서대로 소용돌이치듯 실을 쳐야 한다. 사냥감이 빠져 도망칠 구멍도 없어야 한다.

이런 일에는 전문가인 거미가 메워야 할 깊은 구석을 곧 찾아낸다. 한 방향으로, 다음 반대 방향으로 교차하면서 불완전한 곳에 방사선을 받치는 실오라기를 가져다 놓고, 두 번 구부려서 지그재그를 그린다. 마치 그리스식 뇌문(雷紋, 완자무늬)이라는 장식을 닮았다.

여기저기 모난 구석은 뇌문식 빈틈 메우기로 장식했다. 자, 이제부터 본격적인 공사로 사냥 올가미를 만든다. 지금까지는 모두가 버팀목에 불과했다. 다리를 한쪽은 방사선에, 다른 쪽은 보조나선의 가로대에 걸고, 이 나선의 반대 방향으로 간다. 중심에서 멀어지면서 나선을 친다. 이번에는 틀에서 별로 멀지 않은 보조나선의 끝에서 출발하여 중심 쪽으로 좁은 간격의 수많은 나선을 치면서 다가간다.

다음은 활동이 빠르고 발작적이라 관찰이 어렵다. 소폭의 돌발적 비약, 진자운동, 곡선운동의 연속으로 혼란스럽다. 작업 과정을 잘 알려면 정신 바짝 차린 반복 검사가 필요하다.

실을 끊는 도구인 두 뒷다리가 항상 작동한다. 일하는 위치를 보고 다리의 이름을 지었다. 걸어갈 때 소용돌이의 중심 쪽 다리를 안다리, 바깥쪽을 바깥다리로 부르기로 했다.

바깥다리는 출사돌기에서 실을 빼내 안다리로 건네주고, 안다리는 우아한 몸짓으로 그것을 받아 방사선의 가로대에 놓는다. 동시에 바깥다리가 거리를 측정한다. 그녀는 마지막 회선을 다리에 걸고, 이 실을 단단히 붙이기에 적당한 방사선까지 가져간다. 실은 끈끈해서 방사선에 닿자마자 붙는다. 시간도 안 걸리고 매듭도 없이 저절로 붙는다.

이렇게 좁은 간격을 빙글빙글 돌다 받침대의 보조 가로대와 너무 가까워지면 마침내 이 가로대가 사라져야 작품의 균형이 깨지지 않는다. 거미는 몸을 의지하려고 윗줄의 가로대를 잡고 지나가면서 쓸모없어진 사다리 가로대를 하나씩 떼어 내 작은 실 뭉치로 만들어 방사선의 부착점에 놓는다. 그 결과 비단 원자 행렬이 생겨나 없어진 나선의 푯말이 세워진다.

파괴된 보조실의 유일한 유물인 이 점들을 알아보려면 적당한 투사광선이 필요하다. 이미 사라진 나선을 잊고 질서정연한 점들의 배치를 보면 먼지로 잘못 알 수도 있는 이것은 둥근 그물이 마지막에 완전히 찢어져 버릴 때까지 계속 보인다.

거미는 조금도 쉬지 않고 돌고 또 돈다. 계속 돌면서 중심부 근처에서 가끔씩 각 방사선에 실을 붙인다. 늙은 거미는 반 시간 정도, 때로는 한 시간을 나선 돌기에 소비한다. 도는 횟수가 누에왕거미는 50회 정도, 세줄호랑거미와 모서리왕거미는 각각 30회 정도였다.

끝으로 중심에서 얼마간 떨어진 곳, 즉 내가 휴게소라고 불렀던 곳의 경계선에서 갑자기 나선을 멈춘다. 아직도 빈 곳이 많이 남아서 몇 번 더 돌아야 하는데 왜 갑자기 중단했는지는 나중에 이야기하겠다. 그리고 어리든 늙었든 왕거미는 모두 중심의 쿠션으로 몸을 던져, 그것을 벗겨 내 공을 만든다. 나는 혹시 그것을 버리려고 그러나 하는 생각을 했었다.

천만에, 그녀의 절약이 그런 사치를 허락지 않는다. 원래 풋대였으며 실 뭉치였던 쿠션을 먹어서 소화의 용광로로 보내, 틀림없이 녹여서 실 창고로 보낼 것이다. 가죽처럼 질긴 것이라 위장에는 큰 부담이 되겠으나 그렇게 귀중한 것을 없애면 안 된다. 그것을 삼키면 공사가 끝나며, 거미는 사냥터인 그물 가운데로 가서 머리를 아래로 향해 자리 잡고 기다린다.

거미의 작업 모습을 보고 생각해 볼 점이 있다. 우리 인간은 태어날 때부터 오른손잡이이다. 좌우의 불균형으로 오른쪽 절반이 왼쪽보다 힘이 세고 운동도 더 잘한다. 이 불평등은 두 손에 잘 나타나 있다. 능란(dextérité), 솜씨 좋은(adroit), 능란한 솜씨(adress)를 암시하는 말 역시 혜택 받은 오른손(main droite), 즉 한쪽의 우월성을 잘 나타낸다.

자, 이제는 다른 동물 차례이다. 녀석들은 오른손잡이냐, 왼손잡이냐, 아니면 양쪽의 차이가 없느냐? 전에 증명한 귀뚜라미

(Grillons: Gryllidae), 여치(Dectiques: Tettigoniidae), 기타 대개의 동물은 오른쪽 두텁날개에 붙은 활로 왼쪽 날개의 발성기를 긁었다.[1] 이 벌레는 모두 오른손잡이였다.

우리가 무심코 빙그르르 돌 때 오른쪽 발뒤꿈치에 중심을 두고 돈다. 더 강한 쪽 축에 중심을 두고 약한 왼쪽이 돌았다. 조가비 속의 연체동물(Mollusca)도 거의 모두 왼쪽에서 오른쪽으로 돈다. 바다와 육지의 모든 동물 중 아주 소수만 왼쪽으로 도는 예외가 있다.

이원적 구조의 동물군이 어째서 오른손잡이와 왼손잡이로 나뉘는지 조사해 보는 것도 흥미가 없지는 않다. 대조를 보이는 좌우 불평등이 일반적일까? 양쪽에 같은 재주, 같은 힘을 가진 중성 동물은 없을까? 있다. 바로 왕거미가 중성 동물이다. 왕거미는 상당히 부러운 특권으로, 오른쪽에 뒤지지 않는 왼쪽 재주가 있다. 우리의 관찰이 증명했듯이 양손잡이였다.

사냥그물을 치는 왕거미는 모두가 방향과 무관하게 빙빙 돌면서 일한다. 이 점은 꾸준한 관찰로 곧 알 수 있다. 방향이 정해진 동기의 비밀은 몰라도, 그것이 결정되면 실 잣는 아가씨는 그 방향대로 따르며, 나중의 작업 순서에 어떤 방해가 생겨도 그대로 밀고 나간다. 이미 짜 놓은 곳에 파리 따위가 걸리면 즉시 일을 멈추고 녀석에게 달려들어 결박한다. 그러고는 일하던 자리로 되돌아와 처음과 같은 방향으로 나선 돌리기를 계속한다.

어떤 거미든 작업을 시작할 때는 이쪽저쪽이 똑같아 방향에 구애되지 않는다. 새 그물을 짤 때는 소용돌이의 중심을 향해서 몸을 좌우 어느 쪽으로 돌

1 『파브르 곤충기』 제6권 14장 참조

려, 몸통과 가까운 뒷다리 안쪽을 오른쪽이나 왼쪽으로 쓴다. 실을 제자리에 놓기가 아주 힘들어도 재빠른 행동으로 같은 거리를 엄격히 유지해야 한다. 그러려면 아주 뛰어난 기교가 발휘되어야 한다. 오늘은 오른발, 내일은 왼발을 사용하는 모습을 본 사람은 왕거미가 뛰어난 양손잡이임을 확신하게 된다.

7 왕거미-내 친구

왕거미(Épeires: Araneidae)의 본질적인 솜씨는 나이에 따라 바뀌는 게 아니다. 1년이 지난 거미라도 하는 일은 어렸을 때와 똑같다. 녀석의 노동조합에는 견습생도 장인도 없이, 맨 처음 그물을 칠 때부터 솜씨가 훌륭하다. 어쨌든 어린것의 솜씨는 알았으니 이제 늙은 녀석을 조사해 보자. 나이를 먹었기 때문에 무엇인가 더 할 수 있는 일이 있는지도 알아보자.

7월에 접어들어 내 소망이 충족되었다. 어느 날 저녁, 로즈마리(*Rosmarinus*) 울타리 가지에서 새 세대 거미들이 그물을 짜고 있었다. 저녁이 늦어 어두워 오는데 배뚱뚱이 멋쟁이 거미 한 마리가 눈에 띄었다. 이런 계절에는 흔하게 볼 수 없는 당당한 체격이 작년에 태어난 아주머니임을 여실히 드러낸다. 곧 모서리왕거미(É. angulaire: *Araneus bicentenarius*)[◐]임을 알아보고 친구로 삼았다. 회색 복장에 암색 줄무늬 두 개가 배를 감싸고 뒤로 가서 한 점으로 모인다. 배의 기부 양쪽 모서리는 유방처럼 부풀었다.

작업이 아주 늦지만 않으면 내게도 적격일 이 뚱보 아줌마가 지금 막 실을 걸기 시작했다. 그래도 지금 시작하면 고달프게 밤샘을 하지 않아도 성공할 게 틀림없으니 일이 아주 잘 될 것 같은 기분이다. 사실상 7월 한 달 내내, 그리고 8월의 대부분은 매일 밤 사냥으로 그물이 크게 든 작게 든 망가지며, 완전히 망가지면 다음 날 다시 만들어야 한다. 그래서 저녁 8시부터 10시 사이에는 그물 보수 작업을 쉽게 추적할 수 있다.

무더운 삼복 전후의 두 달은 푹푹 찌던 대낮의 열기가 두껍게 어둠이 깔린 저녁까지 가시지 않아, 거의 시원함을 느끼지 못한다. 그럴 때, 손에 초롱을 들고 그 친구를 찾아가면 각종 작업을 쉽게 지켜볼 수 있다. 그녀는 줄지은 실편백나무(Cyprès: *Cupressus*) 사이나 월계수(Lauriers: *Laurus*) 숲으로, 야행성 나방(Papillions nocturnes: Heterocera)이 잘 오가는 좁은 길목의 관찰하기 쉬운 높이에서 진을 치고 있다. 여기는 정말 명당자리 같다. 왕거미는 여름 내내 매일 밤 그물을 다시 치면서도 이사를 가지 않는다.

해가 지고 땅거미가 깔리면 나는 가족과 함께 어김없이 그녀를 찾아간다. 뚱뚱한 배로 바람에 나부끼는 그물 위를 건너는 그녀의 모습을 어른, 아이 모두 넋을 잃고 바라본다. 그러면서도 기하학적으로 흠잡을 데 없이 만들어지는 그물을 보면서 감탄하는 것이다. 희미한 초롱불에 반사되어 반짝이는 그물은 마치 달빛으로 짠 휘황찬란한 장미꽃 장식 같다.

무엇을 좀 자세히 관찰하다 늦게 귀가하면 온 식구가 잠자리에 들지 않고 기다렸다가 물어본다. "거미가 오늘은 무얼 했어요? 그물은 다 짰어요, 나방도 잡았고요?" 오늘 생긴 일을 모두 말해 준다. 내일도 오늘보다 빨리 잠자리에 들지는 못하겠지. 식구 모두가 다 끝까지 알고 싶어 하겠지. 아아! 거미 작업장 앞에서 지내던 밤은 얼마나 순박하고 즐거웠더냐!

모서리왕거미의 작업 과정을 기록한 일지가 알려 주는 것은 건물의 뼈대인 밧줄을 어떻게 만드는가 하는 문제였다. 그녀가 낮에는 실편백 가지의 그늘에 웅크려 모습을 감추고 있다가 저녁 8시가 되면 은신처에서 어슬렁어슬렁 기어 나와 나뭇가지 꼭대기로 올라간다. 높은 거기서 잠시 그 장소에 합당한 수단을 궁리한다. 날씨가 어떤지, 하늘은 개었는지도 살핀다.

그러고는 갑자기 다리 8개를 쫙 펼치고 출사돌기에서 나오는 실에 매달려 똑바로 떨어진다. 마치 밧줄 제조공이 규칙적으로 뒤로 물러서면서 삼 토막으로 새끼를 꼬듯이 왕거미도 아래로 떨어지면서 실을 뽑아내는 것이다. 거미의 몸무게가 실을 뽑아내는 힘이 된다.

낙하운동이 몸무게만으로 일어나지만 심한 가속도가 붙지는 않는다. 떨어지는 거미가 마음대로 조절해서 출사돌기를 수축하든가 확장하든가, 또는 아주 닫아 버려서 그런 것이다. 살아 있는 추가 이렇게 조절해서 실을 늘였다 줄였다 한다. 추는 초롱불이 잘 비춰 주지만 실도 항상 잘 보이는 것은 아니다. 어떤 때는 뚱뚱하게 살찐 거미가 아무 받침도 없는 공중에서 다리를 벌리고 있는 것처럼 보인다.

지상 2인치 정도의 높이에서 갑자기 실패가 멎어 정지한다. 거미가 방향을 바꾸어 방금 내보낸 실에 매달린다. 다시 새 실을 뽑으며 내려왔던 실을 따라 올라간다. 이번에는 추의 도움이 없어서 다른 방법으로 실을 빼낸다. 즉 두 뒷다리를 빠르게 바꿔 가며 배

낭에서 실을 빼내 내려놓는 것이다.

지상 2m 높이의 출발점 근처로 되돌아온 거미는 두 가닥의 실을 얻었다. 고리 모양이 된 실 끝이 산들바람에 살며시 흔들린다. 그러면 자기 쪽 끝은 적당한 곳에 고정시키고, 고리 쪽 실은 바람에 흔들리다 나뭇가지에 걸리기를 기다린다.

기다림이 길어질 때도 있다. 모서리왕거미의 인내심은 끄떡도 없는데, 되레 내가 참기 어려워진다. 그래서 가끔 내가 거미를 도와준다. 공중에 떠도는 고리를 지푸라기에 얹어 적당한 높이의 가지에 붙여 준다. 내 도움으로 제작된 구름다리이지만 바람에 나부끼다 붙은 것과 똑같이 이용된다. 내가 도와준 공동 작업은 나의 선행 기록부에 적어 놔야겠다.

실이 가지에 걸렸음을 느낀 거미는 양끝을 여러 번 왕복하는데, 그때마다 실이 한 오라기씩 굵어진다. 내가 도와주든 안 도와주든, 뼈대의 기초가 되는 구름다리가 제작되는 것이다. 비록 극도로 가는 다리이긴 해도, 그 구조로 보아 구름다리라고 부르련다. 그것이 실 한 오라기처럼 보여도 양끝은 왕복한 수만큼 실이 갈라져서 마치 깃털장식 같다. 여러 갈래로 펼쳐진 실오라기는 여기저기에 달라붙어 양끝을 꽉 고정시킨다.

구름다리는 다른 것보다 튼튼해서 무한정의 내구력을 갖는다. 밤 사냥이 끝나면 다른 그물은 대개 망가져서 이튿날 저녁에 다시 만들어야 한다. 망가진 그물은 없애고 그 자리를 말끔히 청소한 다음 전체를 다시 만들지만 구름다리는 그대로 남겨 둔다.

구름다리는 제작하기가 보통 힘든 게 아니다. 이 공사의 성패는 오로지 거미의 재주에만 달린 게 아니라 바람이 불어 주어 실이 나뭇가지에 걸리기를 기다려야 한다. 하늘에 바람 한 점 없을 때도 있고, 실이 원치 않은 곳에 걸릴 때도 있다. 그래서 성공 여부를 모르면서 장시간을 허비하기도 한다. 왕거미는 구름다리가 튼튼하고, 더욱이 방향까지 좋으면 무슨 중대사가 벌어지지 않는 한 재건축하지 않는다. 매일 밤 그 구름다리를 왕복하면서 새 실로 보강하기를 게을리하지도 않는다.

충분히 낙하한 거미가 이중 실 끝에 고리를 만들 수 없을 때는 다른 방법을 택한다. 우선 방금 말한 것처럼 낙하했다가 다시 올라가지만, 이번에는 실 끝이 갑자기 뭉툭해진 화필(畵筆)처럼 늘어난다. 출사돌기에서 나온 실이 마치 물뿌리개에서 흘러나오는 물줄기처럼 서로 갈라진다. 마치 여우 꼬리털 다발의 중간이 가위로 잘려 펼쳐진 듯한 모습이 되며, 길이는 두 배로 늘어난다. 이제 길이가 충분하다. 실의 한쪽 끝은 거미 다리에 고정되고, 어수선한 쪽은 공중을 떠돌다가 가시덤불에 얽힌다. 세줄호랑거미(*Argiope bruennichii*)가 흐르는 개울을 넘어서 대담하게 그물을 칠 때도 이런 방식이었을 것이다.

이 방식이든 저 방식이든, 구름다리가 한 번 만들어지면 거미가 기초를 갖춘 셈이다. 이제는 멀리든 가까이든, 마음대로 나뭇가지 끝을 찾아갈 수 있다. 구름다리는 이제부터 작업하는 건축물의 상한선이며, 여기서 낙하지점을 여기저기로 바꿔 가며 내려간다. 다시 그 실을 따라 올라간다. 이렇게 해서 만들어진 이중 실이 구름다리를 건너갈 때 길게 풀려서 끝이 낮은 가지에 닿아 붙게 된다. 그래서 실 몇 가닥이 좌우로 경사지게 가지에 걸린다.

이렇게 가로질린 실이 이번에는 다른 방향으로 지른 실을 받게 된다. 가로지른 실의 수가 충분히 많아지면 실을 빼내려고 낙하하지 않아도 된다. 이때는 거미가 옆줄을 타고 건너가는데, 뒷다리로 실을 빼내 그물을 치면서 간다. 그 결과 몇 가닥의 직선 실이 모이지만, 그것들이 동일 수직면에 있다는 점 말고는 전혀 질서가 없다. 이렇게 아주 불규칙한 다각형 평면의 경계선이 만들어지고, 이것에서 규칙적으로 질서정연한 멋진 작품이 만들어진다.

장인의 작품은 어린 거미가 이미 잘 보여 주어 다시 검토해 볼 것은 없다. 여기저기서 똑같이 중심의 표적으로 쓰이는 등거리 방사선을 설치하고, 똑같이 곧 사라질 보조나선과 일시적 사다리의 가로대, 그리고 똑같은 횟수의 간격, 양질의 사냥감 포획용 나선줄 따위가 보인다. 다른 것이 우리를 부르니 그곳으로 가 보자.

작품의 규칙성에서 설치 과정이 아주 미묘한 것은 먹이 포획용 나선 작업이다. 작업에 색다른 요소가 가미되면 거미가 머뭇거리며 일을 잘 못하지는 않을까? 반드시 조용해야 작업이나 사냥을 할까? 내가 거미 옆에 머물러도, 초롱불을 비춰도, 전혀 동요됨이 없이 작업한다는 것은 이미 알고 있다. 불빛을 갑자기 가져다 대도 작업에 방해받지 않았다. 거미는 밝아도 어둠 속에서 돌 때와 같은 속도로 돈다. 이 점은 내가 생각 중인 실험을 위해 좋은 징조였다.

8월 첫 주일은 이 마을의 수호성인, 즉 돌에 맞아 죽은 성 에티엔(Saint Étienne)의 축일이다. 말하자면 그의 제삿날이다. 축일 3일째인 화요일 밤 9시, 즐거운 축제의 마감을 장식하는 불꽃놀이가 계획되어 있다. 바로 대문 앞, 거미가 작업하고 있는 곳에서 몇 걸음 떨어진 길거리에서 거행될 예정이다. 마을 사람들이 북을 치고 나팔을 불며 송진 횃불을 든 어린이들이 지나갈 때, 아가씨 거미는 커다란 그물의 나선을 만드는 중이었다.

횃불놀이보다 동물심리학(Psychologie Animale)에 더 호기심을 가진 나는 초롱불을 들고 거미의 행동을 뒤쫓는다. 군중의 요란한 소리, 유흥장의 폭음, 공중에서 연발로 터지는 뱀 모양의 불꽃, 불화살이 하늘을 나는 소리, 비처럼 쏟아지는 불똥, 갑자기 번쩍이는 흰색, 붉은색, 초록색 조명, 이런 것들이 일에 열중한 거미를 조금도 동요시키지 못했다. 그녀는 일상적인 저녁의 정적 속에서 순서대로 빙글빙글 돌고, 또 계속 돌 뿐이었다.

옛날에 포병이 플라타너스(*Platanus*) 밑에서 대포를 쏘았을 때도 매미(Cigales: Cicadidae)의 합창을 방해하지 못했다. 지금의 농간질로 현혹시켜 봐도, 폭약으로 폭파시켜 봐도, 거미의 그물 짜기를 중단시키지는 못한다. 사실상 세상이 몰락해도 내 친구인 이 거미는 알 바가 아니다. 이 마을이 다이너마이트로 폭파되어 날아가도 그녀는 꼼짝 않고, 편한 마음으로 그물을 짜고 있을 것이다.

항상 고요 속에서 그물을 짜는 거미 이야기로 다시 돌아가자.

지금 큰 나선이 휴게소의 경계에서 갑자기 끝났다. 이때는 낭비를 피하려고 실 토막 펠트가 되어 버린 중심부 쿠션을 떼어 내 먹어 버린다. 그러나 세줄호랑거미와 누에왕거미(*Argiope lobata*)의 오직 두 종만은 작업을 끝내고 사냥을 시작하기 전에 작품에 간략한 서명을 한다. 중심부에서 아래쪽 가장자리 사이에 간격이 좁은 지그재그로 작은 흰색 리본 모양 띠를 만드는 것이다. 가끔은 길이가 다소 짧은 제2의 리본이 위쪽에 만들어질 때도 있다.

기묘한 글자 같은 이 장식을 나는 그물을 튼튼하게 하려는 것으로 보고 싶다. 우선, 젊은 거미는 그런 게 절대로 없다. 젊은 거미는 장래야 어찌되든 지금은 비단을 흥청망청 써 버린다. 그물이 별로 망가지지 않아 아직 쓸 만한데도 매일 밤 다시 작업한다. 해가 지면 새 그물을 치는 것이 젊은 거미의 버릇이다. 내일 고쳐도 될 튼튼한 그물인데 또 손질한다.

그와 반대로, 가을로 접어들어 산란이 다가옴을 느낀 늙은 거미는 비단이 많이 필요한 알주머니 제작에 대비해야 한다. 그래서 절약하지 않을 수 없는데, 넓어야 하는 이 시기의 그물은 밑천이 드는 작품이다. 그러니 될수록 오랫동안 사용해야지 그렇지 않으면 씀씀이가 늘어나 알주머니 제작 때는 비단이 바닥날 염려가 있다.

그런 이유에서인지, 또는 내가 모르는 이유에서인지, 세줄호랑거미와 누에왕거미는 가로 리본으로 올가미를 튼튼히 하는 게 좋다고 판단한 것 같다. 다른 왕거미는 알주머니가 단순해서 제작 비용이 그렇게 많이 들지 않는다. 지그재그의 보충 끈도 만들지 않으며, 젊은 거미처럼 거의 매일 밤 그물을 수리한다.

초롱불을 들고 이웃의 뚱보 모서리왕거미를 방문해 보면 그녀가 어떻게 그물을 수선하는지 알 수 있다. 그녀는 대낮의 주택에서 마지막 황혼의 박명 속으로 어슬렁어슬렁 조심스레 내려온다. 실편백 잎사귀 그늘에서 나와 올가미를 드리운 구름다리로 간다. 거기서 잠시 쉬었다가 그물로 올라가 망가진 그물을 한 아름씩 긁어모은다. 나선도, 방사선도, 발판도 모두 뒷다리 갈고리 밑에 모은다. 단지 하나, 구름다리만 남겨 둔다. 지난번 건물의 기초로 쓰였던 것을 조금 손질한다. 보강 공사가 끝나면 새 건축 공사의 기초가 된다.

둥근 공처럼 모은 쓰레기는 마치 먹이처럼 먹어 버려 아무것도 남지 않는다. 고도로 절약하려고 비단 재료를 먹은 것이다. 좀 전에 작은 그물이었던 변변치 못한 음식, 즉 가운데의 표적도 먹는 것을 보았다. 이번에는 그물 전체의 수북한 더미를 삼켜 버린다. 헌 그물이 위장에서 녹아 새로 쓰일 곳으로 돌려지는 것이다.

일단 청소가 끝나면 남긴 구름다리에 의지해서 뼈대와 작은 그물의 공사가 시작된다. 헌 그물은 대개 찢긴 곳 몇 군데만 수리하면 다시 쓸 만한데 수리를 할까? 그럴 것 같지만 과연 살림꾼인 주부가 헌 옷을 깁듯이 그물을 수선할 줄 알까? 이것이 문제였다.

찢어진 그물코를 꿰매고, 끊어진 실을 다시 치고, 헌 것에 새 헝겊을 맞춰서 본래의 모습을 되찾는다면 이것은 재조합하는 지능인 대단한 소질을 증명하는 것이다. 우리 여인네들은 이런 수선에 아주 능숙하다. 여인은 추리력의 안내로 뚫린 구멍의 크기를 재고, 이리저리 잘 변통해 가며 필요한 위치에 작은 헝겊을 댄다. 거미도 과연 그런 지혜를 가졌을까?

접근도 안 해보고 그런 지혜를 가졌다고 말하는 사람이 있다.

이론의 오줌보만 부풀리겠다면 그저 앞만 보고 가면 될 뿐 세심한 관찰 따위는 필요가 없다. 적어도 나는 그렇게 뻔뻔하지 못해서 우선 조사부터 해본다. 거미가 정말 그물을 수선할 수 있는지 실험에게 물어보자.

이미 많은 자료를 제공해 준 모서리왕거미가 저녁 9시에 그물 작업을 막 끝냈다. 밤하늘은 구름 한 점 없이 고즈넉하고 따스하다. 자나방(Phalène)[1]이 원무를 추기에는 아주 좋은 날씨다. 사냥도 잘 될 게 틀림없다. 거미가 큰 나선을 모두 걸고 중심부의 쿠션을 먹으러 휴게소로 갔을 때, 잘 드는 가위로 그물의 지름을 따라 둘로 잘랐다. 반대쪽에서 당기는 힘이 없어진 방사선이 줄어들어 손가락 세 개가 통과할 정도의 틈새가 생겼다.

구름다리로 도망쳤던 거미가 조금도 놀라는 기색 없이 내가 하는 짓을 지켜보고 있다. 내 일이 끝나자 태연히 제자리로 돌아와서 절반이 찢겨 나간 중심부 쪽에 자리 잡는다. 그러나 한쪽 다리는 의지할 곳이 없다. 즉시 올가미가 망가졌음을 알아채고 터진

1 제11장에 나오는 예로 보아 보아미자나방(*Boarmia cinctaria*)일 것이다.

빗살무늬푸른자나방 나방은 7, 8월에 출현하며, 무늬의 모양과 색깔이 독특하여 다른 나방과 쉽게 구별되나 우리나라에서는 흔하지 않다.
오대산, 6. VIII. '96

틈을 가로질러 두 오라기의 실을 쳤다. 그런데 오라기는 오직 두 개뿐이며 발판이 없어진 다리를 거기에 뻗쳤다. 그러고는 사냥에 마음이 쏠린 듯 움직이지 않는다.

갈라진 틈에 실 두 개를 거는 것을 보고 나는 어쩌면 꿰매는 현장에 입회하게 될 것이라는 희망을 가졌다. 거미가 갈라진 틈을 끝까지 가로지르는 실의 수를 늘릴 것이 틀림없다는 생각이었다. 그렇다면 그것이 작품의 나머지와 꼭 맞지는 않아도, 적어도 구멍을 막을 줄 안다는 이야기가 된다. 그리고 거기도 정상적인 그물과 같은 효력으로 이용될 것으로 생각했다.

현실은 내 기대와 어긋났다. 실을 잣는 아가씨는 밤새 아무것도 하지 않았다. 이튿날 내가 본 그물은 전날 그대로였으니 그녀는 갈라진 그물로 그럭저럭 사냥했다는 이야기가 된다. 가운데는 아무것도 없었다. 찢어진 틈 사이를 가로지른 두 실오라기도 보수하려고 그랬던 것이 아니다. 한쪽 다리의 발판이 없자 상태를 알아보려고 갈라진 틈을 넘어갔던 것이며, 그렇게 왕복하다가 실이 남겨진 것이다. 왕거미는 어디를 가든 이렇게 실을 남기는 것이 보통이다. 그것은 수리를 하려는 것이 아니라 그저 불안해서 움직인 결과이다.

그물이 가위에 잘렸어도 아직은 쓸 만하다. 절반짜리 둘을 합치면 먹이를 잡던 본래의 그물 크기만 하니, 거미가 그물 가운데 자리 잡고 있는 동안 다리를 뻗칠 받침만 있으면 그만이다. 갈라진 틈의 양 가장자리 사이에 드리워진 실 두 오라기가 그런대로 괜찮은 역할을 했다. 그래서 그녀는 내 실험을 위해서 새로운 비용을 들일 필요는 없다고 생각했을지도 모른다. 짓궂은 내 장난이 완벽하지 못했으니 좀더 잘 생각해 봐야겠다.

이튿날, 거미는 전날 그물을 먹어 버리고 새 그물을 쳤다. 작업을 끝낸 거미가 그물 가운데 자리 잡고 꼼짝 않을 때, 지푸라기로 방사선과 휴게소만 남겨 놓고 그물을 뒤죽박죽으로 만들어 놓았다. 나선 실이 마치 누더기처럼 대롱대롱 매달렸다. 일단 파괴된 거미줄은 쓸모가 없으니 자나방이 그리 지나가도 잡히지 않는다. 이런 재난에 거미는 어떻게 할까?

그녀는 남아 있는 휴게소에서 꼼짝 않고 사냥감이 걸리길 기다릴 뿐, 아무 일도 안했다. 이미 못쓰게 된 그물에서 보람 없는 하룻밤을 보냈음을 이튿날 아침, 어젯밤과 같은 모습의 그물로 확인했다. 지혜의 어머니인 굶주림도 뒤죽박죽인 덫을 원상 복구시키지는 못했다.

어쩌면 내 요구가 지나쳤는지도 모른다. 작업을 끝낸 비단주머니가 비어서 새 줄치기가 불가능했을 수도 있다. 하지만 내 끈기가 통했으니 재료가 바닥났다는 핑계는 없기 바란다.

나선 감기를 지켜보는 동안, 아직 미완성인 올가미에 사냥감이 걸렸다. 거미는 하던 일을 멈추고 달려가서, 덤벙대는 녀석을 휘감아 그 자리에서 먹어 버렸다. 작업 중이던 그물의 일부가 격투 과정에서, 또한 그녀의 눈앞에서 뚫려 큰 구멍이 생겼다. 그물 구실을 못할 것 같은데, 이런 난처한 그물 앞에서 거미는 어떻게 할까?

뚫린 그물을 본래대로 고치려면 지금이 바로 고칠 때이다. 지금 못 고치면 영영 기회가 없다. 사고는 방금 거미의 다리 사이에서 일어났다. 그녀는 확실히 그것을 알고 있으며, 실 짜기가 한창 진행 중이었다. 이 경우는 실 창고가 비었다는 이유가 성립되지 않는다.

자, 그물을 깁기에는 지금이 아주 좋은 조건이다. 그런데 거미는 수리할 생각이 전혀 없다. 그녀는 몇 번 삼켰던 먹이를 버리고, 자나방이 걸렸던 그물로 가서 나선 짜기를 계속했지만 부서진 곳은 그냥 놔두었다. 기계의 톱니바퀴 장치로 작동하는 북은 직물에 흠집이 생겨도 그 위치로 되돌아오지 못한다. 그물을 짜는 거미도 그랬다.

그런 것은 거미가 부주의하거나 무관심해서가 아니다. 아주 유능한 실잣기 아가씨도 모두 수선 능력이 없다. 세줄호랑거미와 누에왕거미도 이 점을 주목해야 한다. 모서리왕거미는 거의 매일 저녁 그물을 다시 치지만, 이 두 종은 그물을 다시 치는 경우가 아주 드물다. 어지간히 심하게 망가지지 않았으면 그대로 사용한다. 즉 누더기로 사냥을 계속하는 것이다. 그러다가 그물의 모습을 알아보지 못할 정도가 되면 비로소 새 그물을 짜기로 작정한다.

자, 망가진 그물 상태는 여러 번 이야기했다. 다음 날 보면 전날에 상한 그대로이거나, 심하게 찢어졌어도 수리할 생각은 없다. 그녀를 그토록 칭찬해 줘도 수선은 절대로 하지 않으니 참으로 유감이다. 마치 심사숙고하는 모습이면서도 찢어진 틈에 헝겊 끼울 생각은 못한다.

다른 거미는 눈이 굵은 그물은 짤 줄 모르고 고운 천만 짠다. 실이 되는대로 엇갈려서 이음매가 없는 천 모양이다. 우리 집 안에 사는 집가게거미(*Tegenaria domestica*)◔도 그런 종류이다. 녀석은 벽의 한쪽 구석에다 넓은 천을 붙여 놓는데, 가장 잘 보호된 귀퉁이의 명주실 대롱이 녀석의 방이며 복도가 원뿔처럼 열려 있다. 거미는 그 안에 숨어서 밖을 내다본다. 다른 부분은 고급의 훌륭한 천으로 감촉이 부드럽다. 사실상 그물은 사냥 도구가 아니라 망루로서, 특히 밤에 제 영토를 돌아다니면서 사정을 살피는 곳이다. 진짜 올가미는 이 헝겊 위에 뒤죽박죽 쳐놓은 넓은 그물이다.

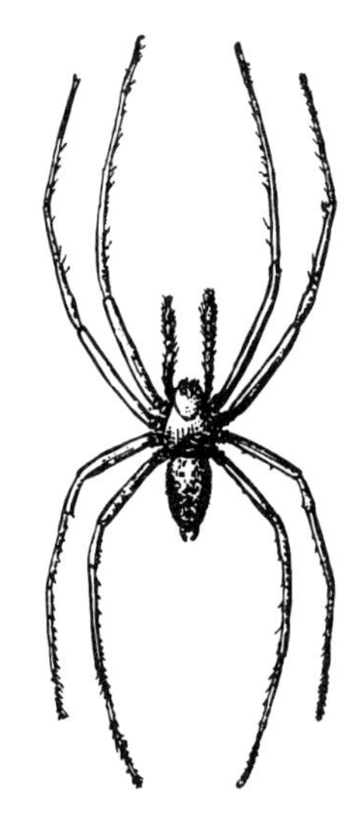

집가게거미

녀석의 올가미는 왕거미의 규칙과 다르게 제작되었고 기능도 다르다. 실은 단지 엉킨 상태의 줄일 뿐 끈끈하지도 않다. 그렇지만 그 수가 많아서 걸려든 녀석이 빠져나가지 못한다. 작은 파리(目) 한 마리가 올가미 속으로 뛰어들다가 실에 걸려, 허우적거리면 점점 더 묶인다. 휘감긴 녀석이 펼쳐진 천 위에 떨어지면 거미가 달려가서 목을 조른다.

이 이야기는 그만하고 실험 이야기나 좀 해보자. 집가게거미의 그물 가운데다 손가락 두 개가 통과할 정도의 구멍을 냈다. 그날은 종일 구멍이 그대로 있었다. 그러나 이튿날은 닫혔다. 틈이 아주 얇은 천으로 막혔는데 하얀 천이 우중충하며 불투명한 주변의 모습과 대조적이다. 이렇게 얇은 천의 존재를 확인하려면 눈으로 보는 것보다 지푸라기로 살짝 건드려 본다. 그러면 천 전체가 떨리는 것 같아서 거기에 무엇이 있음을 느끼게 된다.

여기서 분명한 것은 거미가 밤새 그물을 수리했다는 점이다. 찢어진 헝겊에 작은 조각을 댄 것이다. 이 점은 왕거미 무리에서 볼 수 없었던 재주였다. 더 잘 조사해 보고 다른 결론이 나오지 않는다면 그야말로 이 재주가 이 거미의 특징이다.

앞에서 말했듯이, 집가게거미의 그물은 감시하고 순회하는 초소였다. 동시에 그물에 걸려 떨어지는 곤충을 받는 장소이기도 했다. 게다가 거기는 빈번히 오가는 요지이므로 걸려드는 녀석이 많다. 또한 벽에서 부서진 회반죽 가루가 지나치게 쌓일 염려도 있다. 그래서 그물 주인은 매일 밤 새로운 층을 덧붙인다.

거미가 대롱 같은 은신처를 드나들 때마다 꽁무니에서 나온 실을 통과한 자리에 붙여 놓는다. 그 증거로 표면에 붙은 실의 방향을 보면 된다. 거닐 때의 기분에 따라 직선이든 곡선이든 대롱 입구에 몰려 있다. 아마도 걸음걸이마다 실이 묻은 것 같다.

전에 소나무행렬모충(Processionnaire du Pin: *Thaumetopoea pityocampa*)의 습성[2]에 대해 이야기했는데, 밤에 먹이를 찾으러 비단 그물을 떠날 때나 되돌아올 때, 집 표면에 약간의 실 바르기를 잊지 않아 원정 때마다 둥지가 더 두꺼워졌다.

행렬모충은 가위로 잘라 낸 그물로 드나들면서도 갈라진 것에는 전혀 신경 쓰지 않았다. 마치 흠이 없는 곳처럼 갈라진 곳에 깔개를 깔았다. 녀석들은 어떤 일이 일어나도 무관심하며, 마치 구멍이 뚫리지 않은 집에서처럼 일했다. 시일이 지나면 터진 틈이 막히는데, 이는 실이 늘 깔렸던 결과이다. 즉 저절로 막힌 것이다.

집가게거미에서의 결론도 마찬가지다. 매일 밤 전망대에서 거닐며 구멍이 났든, 안 났든 상관없이 층 위에 새 층을 발랐다. 찢어진 곳에 특별히 헝겊을 덧댄 것이 아니라 그저 매일 똑같은 일을 반복했을 뿐이다. 다

2 『파브르 곤충기』 제6권 18~23장 참조

행히 구멍이 막힌 것은 별도로 신경을 썼기 때문이 아니라 매일 그렇게 일한 결과였다.

한편, 거미가 정말로 천막을 수리하려 했다면 분명히 찢어진 곳에 신경을 집중했어야 한다. 그래서 녀석이 가진 비단을 모두 거기에 소비하고, 그 결과 다른 부분과 별로 다르지 않은 그물이 만들어졌어야 한다. 그런데 우리는 새것 대신 무엇을 보았더냐? 거의 없다. 다만 매우 찾아보기 힘든 헝겊뿐이었다.

거미는 찢어진 구멍이라고 해서 다른 곳보다 작업을 더 하거나 덜한 게 아니다. 그것은 분명하다. 특히 그곳에 몽땅 실을 칠 생각은 없고, 비단을 절약하며 그물 전체를 덮으려 한다. 찢어진 구멍은 날이 가면 점점 새 층이 덮여서 튼튼하게 잘 막히나 시일이 많이 걸린다. 내가 만든 구멍이 두 달 뒤에도 아직 들여다보이는데, 흰 천에서 검은 점처럼 보였다.

따라서 도배장이든 직조공이든, 제가 만든 것을 수리할 줄은 모른다. 그 멋진 제조업자들에게는 추리력이라는 성스러운 불꽃이 전혀 없다. 가장 우둔한 여자라도 헌 양말 뒤꿈치를 기울 줄 아는 저 성스러운 불꽃 말이다. 잘못된 관념을 뿌리칠 정도밖에 못 되었어도 거미들의 그물을 관찰한 것은 그런대로 쓸모가 있었다.

8 왕거미 - 끈끈이 그물

왕거미(Araneidae)의 거미줄에는 놀라운 과학이 들어 있다. 시원한 아침부터 관찰이 가능한 세줄호랑거미(Épeire fasciée: *Epeira fasciata*→*Argiope bruennichii*)와 누에왕거미(É. soyeuse: *E. sericea*→*Araneus sericina*→*Argiope lobata*)에게 특별히 주의를 돌려 보자.

나선을 친 실은 언뜻 보기에도 뼈대나 방사선 실과 다르다. 나선 실은 햇빛에 반짝여 마치 작은 결정처럼 보이기도, 작은 알맹이의 묵주 같기도 하다. 바람이 조금만 불어도 흔들리며 확대경으로는 관찰이 어렵다. 그 줄들을 얇은 유리판으로 들어 올리면 검사할 실이 평행선처럼 유리판에 달라붙는다. 이제 확대경과 현미경으로 관찰할 수 있다.

놀라운 광경이 벌어진다. 보일 듯 말 듯한 경계선을 가진 실이 아주 튼튼하게 꼬였으며, 공업적으로 가는 놋쇠 줄을 탄력성 있게 꼬아 놓은 것과 비슷하다. 더욱 신기한 점은 속이 빈 아주 가늘고 긴 대롱이며, 대롱 안에는 아라비아고무의 진한 용액처럼 끈끈한 액체가 가득 차 있다. 실의 양끝이 잘리면 반투명한 액체가 흘러

나와 퍼진다. 유리판에 올려놓고 약간 압력을 가해서 현미경으로 보면, 꼬인 실이 길어지며 비틀린 리본처럼 되며, 한쪽 끝에서 반대쪽 끝까지 가운데가 어두워 보인다. 즉 가운데가 비어 있는 것이다.

안의 액체가 비틀린 대롱의 벽을 통해서 땀처럼 조금씩 스며 나와 그물을 끈끈하게 하는 것 같다. 그물은 실제로 놀라울 만큼 끈끈하다. 부채 모양의 그물에서 가로대 실 서너 오라기를 가는 지푸라기로 건드려 본다. 아무리 살짝 대도 즉각 달라붙는다. 지푸라기를 당기면 실이 붙어서 딸려와 마치 고무줄처럼 늘어나며, 2~3배나 길어진다. 끝까지 잡아당기면 끊어지는 게 아니라 정확히 제자리로 되돌아간다. 그때는 실이 풀리면서 길어졌다가 다시 꼬이며 짧아지고, 대롱에서 점액이 나와 다시 끈끈해진다.

결국, 나선 실은 하나의 모세관인데 우리 물리학에는 이렇게 가는 실이 없다. 꼬인 실은 붙잡힌 곤충이 날뛰어도 끊어지지 않는 탄력성을 주고, 대롱에 들어 있는 예비 점액은 계속 스며서 공기와 접촉된 실 표면이 약해지는 것을 막아 준다. 솔직히 말해서 정말로 신기하다.

왕거미는 올가미가 아니라 끈끈이로 사냥한다. 그런데 얼마나 대단한 끈끈이더냐! 무엇이든 모두 달라붙는다. 민들레(Pissenlit: *Taraxacum*) 관모(冠毛)를 살짝만 스쳐도 붙는다. 자, 그런데 왕거미는 제 그물을 계속 스치고 다녀도 붙지 않는다. 왜 그럴까?

우선 과거를 좀 회상해 보자. 거미는 그물의 중심부에 거처를 정하는데, 나선은 중앙과 얼마간 떨어진 곳에서 끝나며 거기에는 나선 실이 없다는 이야기를 했었다. 큰 그물이라면 거기가 손바닥만 한 면적이며, 방사선과 보조나선이 시작된 곳에는 지푸라기를 대봐도 달라붙지 않는 중성 그물이 있다.

왕거미는 항상 중앙의 휴게소에 앉아서, 며칠이라도 곤충이 오기를 기다린다. 거기서는 얼마든지 오랫동안 아늑하게 접촉하고 있어도 녀석이 달라붙지 않는다. 또 방사선과 보조나선 전체에도 끈끈한 칠이나 대롱 모양 실은 없고, 다른 부분의 골조처럼 속이 막힌 한 가닥의 직선 실만 있어서 달라붙을 염려가 없다. 하지만 거미는 그물 가장자리에 사냥감이 걸려도 재빨리 달려가 포승줄로 묶어 도망치려는 녀석을 억제해야 한다. 그때는 그물 위를 달

노린재까지 사냥하는 거미
거미는 가리는 사냥감이 없다. 덩치 큰 매미나 메뚜기, 피부가 딱딱한 풍뎅이, 침으로 쏘는 벌, 악취를 풍기는 노린재도 모두가 녀석들에게는 훌륭한 먹잇감일 뿐이다.
태안, 7. VII. 07, 김태우

리지만 다리를 움직일 때 끈끈한 실이 달라붙지 않는다. 그래서 조금이라도 거북하게 걷는 모습을 본 적이 없다.

어린 시절의 어느 목요일, 친구들과 함께 유럽방울새(Chardonneret: *Carduelis*)를 잡으러 삼(Chènevières: *Cannabis sativa*, 대마)밭으로 갔을 때, 막대기에 끈끈이를 바르기 전에 내 손가락에 기름을 발라 끈끈이가 달라붙지 않게 했다. 그렇다면 왕거미가 기름의 비밀을 알고 있다는 이야기일까? 시험해 보자.

지푸라기를 기름종이로 문지른 다음 나선그물에 올려놓았더니 붙지 않았다. 원리를 알았다. 살아 있는 왕거미의 다리 하나를 떼어 내 끈끈이 실에 가져다 대도 중성인 방사선이나 구름다리 줄에서처럼 붙지 않았다. 다리가 붙지 않았다고 해서 기대가 어긋난 것은 아니다.

하지만 그 다리를 지방 용해제인 이황화탄소 용액에 약 15분 동안 담갔더니 결과가 완전히 달라졌다. 또 이 액체를 붓에 묻혀서 다리를 조심스럽게 씻어 냈다. 이 잿물 덕분에 다리가 포획용 실에 잘 달라붙었다. 마치 기름칠하지 않은 지푸라기만큼 잘 달라붙었다.

장미꽃 모양의 위험한 끈끈이 그물에 노출된 왕거미의 예방책을 지방질로 보아도 될까? 이황화탄소의 결과를 보면 인정해도 될 것 같다. 그런데 이런 물질이 동물을 구성하고 있으니, 땀을 흘린 것만으로도 거미의 몸에 아주 조금 기름칠이 되지 않았다고 단언할 수는 없다. 우리는 방울새 잡는 막대기를 다루려고 손에 기름을 조금 발랐었다. 왕거미 역시 그물의 어디서든 끈끈이와 무관하게 작업할 수 있도록 특별한 땀을 몸에 바른 것이다.

자, 그런데 끈끈이 실에 너무 오랫동안 머물러 있으면 불리한 일들이 생긴다. 그런 실과 오랫동안 접촉하고 나면 거미 자신이 붙어서 사냥감이 도망치기 전에 활동 장애가 생긴다. 그래서 쫓아가지 못할지도 모른다. 따라서 한없이 기다려야 할 망루에서는 절대로 끈끈이 실을 사용할 수가 없다.

왕거미가 항상 거처하는 곳은 휴게소뿐이다. 거기서 다리 8개를 쫙 펼쳐 그물의 진동을 포착하려고 꼼짝 않는다. 식당도 그곳이다. 잡힌 녀석의 덩치가 커서 시간이 오래 걸릴 때도 있다. 끈적이지 않은 곳에서 사냥물을 홀가분하게 먹으려고 휘감아 끌어갈 곳은 거기밖에 없다. 거미는 끈적이지 않는 중심부를 사냥터 겸 식당으로 준비해 놓은 것이다.

끈끈이의 화학적 성질을 설명하고 싶어도 양이 너무 적어서 연구를 할 수가 없다. 현미경으로 보면 끊어진 실에서 알맹이 몇 개가 유리알처럼 흘러나오는데, 다음 실험으로 궁금증이 조금은 풀린다.

평행선으로 줄지은 그물을 얇은 유리로 갈라, 유리판에 붙은 끈

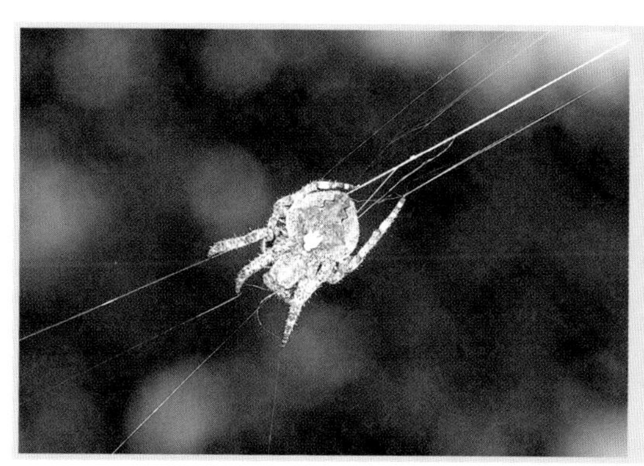

왕거미류와 그물치기
거미가 공중에 그물을 칠 때는 먼저 육교와 뼈대 그물을 치고, 그 다음에 곤충뿐만 아니라 무슨 물체든 아주 잘 달라붙는 끈끈이 그물을 친다.
시흥, 12. VII. '96

끈이 실을 채집한다. 유리판을 물층 위에 놓고 종 모양 뚜껑으로 덮는다. 공중 습기에 포화된 실이 곧 물방울로 둘러싸이다가, 물의 양이 점점 늘어나서 결국은 흐르게 된다. 그러면 실의 모습은 사라지고 대롱 속에서 매우 가는 물방울 행렬이 생겨 투명한 묵주 같아진다.

24시간이 지나면 실의 내용물이 사라지고, 거의 보이지 않는 선의 흔적만 남는다. 유리 위에 물 한 방울을 떨어뜨리면 아라비아 고무의 가는 입자처럼 끈끈한 용액이 된다. 결론은 명백하다. 왕거미의 점성 물질은 습기를 아주 잘 받아들이는 것이다. 습한 공기 중에서는 이 점성 물질이 습기를 충분히 흡수해서 대롱을 통해 땀처럼 스며 나온다.

왕거미가 그물치기 작업에 관한 몇몇 사실을 제공했다. 즉 늙은 세줄호랑거미와 누에왕거미는 동이 트기 전인 아주 이른 아침부터 그물을 짜기 시작한다. 작업 도중 안개가 끼면 미완성인 상태로 남겨 두지만, 습기가 많아도 변질되지 않는 골조, 방사선, 보조나선 따위의 줄은 제작한다. 안개가 끼면 수분을 잘 흡수해서 점성 액체가 되는 끈끈이 실의 올가미그물 작업은 중단했다가 다음 날 새벽에 완성하는 것이다.

포획용 실이 습기를 잘 흡수해서 불편하지만 제법 유리한 점도 있다. 두 종의 왕거미는 대낮에 사냥하며, 메뚜기가 좋아하는 뜨거운 햇볕에서 일광욕에 열중한다. 이런 삼복더위의 열기 속에서 특별한 준비가 없다면, 끈끈이가 말라서 굳어 쓸모없는 막으로 변할지도 모른다. 하지만 실제로는 타는 듯한 더위에서도 항상 부드럽고 탄력성이 있어서 되레 더 잘 붙는다.

어째서 그럴까? 흡습성이 강해서 그렇다. 대기 중의 습기가 천천히 실로 스며들어 대롱 속의 농도를 적당히 낮추면 안쪽의 접착력이 없어져, 낮은 농도의 점액이 땀처럼 스며 나간다. 어떤 끈끈이 막대가 왕거미의 것과 겨룰까? 자나방(Phalène) 한 마리를 잡자고 이다지도 절묘한 재주를 구사하다니!

어쩌면 이다지도 격정적으로 제작했더냐! 동그라미의 지름과 둘러친 실의 수를 알면 끈끈이를 구성한 나선 실 전체의 길이를 계산해 낼 수 있다. 그래서 친구인 모서리왕거미(*A. bicentenarius*)[◓]는 그물을 칠 때마다 매번 약 20m의 끈끈이 실을 만듦을 알았다. 누에왕거미는 솜씨가 더 좋아서 30m가량을 쳤다. 모서리왕거미는 두 달 동안 거의 매일 밤 올가미를 다시 쳤으니, 이 기간에 아주 빽빽하게 끈끈이로 부푼 대롱실을 1km나 짠 셈이다.

나보다 도구를 완비했고, 눈의 충혈도 늦게 오는 해부학자가 이 불가사의한 노끈 제조업자의 작업을 설명해 주기 바란다. 어떻게 비단 재료로 모세관 같은 대롱을 만들었고, 어떻게 이 대롱에 끈끈이를 가득 채웠는지, 또 어떻게 그렇게 조밀하게 꼬았는지? 보통 실을 골조로 쓰는 직조공이 어떻게 모슬린이나 비단처럼 만들어서, 세줄호랑거미의 알주머니를 부풀린 농갈색과 알주머니의 경도선 위에 친 검정 띠까지 만들었을까? 뚱보 왕거미 배 속의 이상한 공장은 얼마나 다양한 상품을 제조하더냐! 나는 그 기계의 작동법은 이해하지 못하고 겨우 결과만 보았는데, 이 문제는 해부기와 미세조직 절단기로 연구하는 대가에게 맡기련다.

9 왕거미 – 전신줄

관찰된 6종의 왕거미 중에서 십자가왕거미(*Araneus diadematus*)와 누에왕거미(*Argiope lobata*)의 2종만 항상 뜨거운 뙤약볕에서 그물에 자리 잡고 늘어져 있다. 다른 종은 대개 그물과 별로 멀지 않은 가시덤불 틈에다 나뭇잎 두세 개를 실로 간단히 묶어서 마련한 은신처에서, 꼼짝 않고 쉬고 있다가 완전히 밤중이 되어야만 나타난다.

대낮의 강한 햇살이 녀석들에게는 불편하겠지만 들에서는 메뚜기(Acridien: Acrididae)가 뛰놀고, 잠자리(Libellule: Odonata)가 날아다니는 환희의 시간이다. 얇은 끈끈이 장막은 전날 밤에 찢어져 구멍이 났어도 대개는 아직 쓸 만하다. 지나던 멍청이가 그것에 걸린다면 먼 곳에 숨어 있던 거미가 이 횡재를 놓칠까? 걱정 마시라. 거미는 순식간에 다가온다. 어떻게 알았을까? 그것을 설명해 보자.

사냥감은 눈으로 보기보다 그물의 진동이 더 빨리 경고한다. 이 현상은 아주 간단한 실험으로 증명된다. 모서리왕거미(*Araneus bicentenarius*)[◦]의 끈끈이 그물에서 거미가 기다리는 가운데 자리의 앞,

뒤, 또는 옆에 이황화탄소로 질식시킨 메뚜기 한 마리를 놓아 본다. 거미가 나뭇잎 사이에 숨어 있는 대낮에는 그것과 멀든 가깝든, 그물의 어디에 놓아도 상관없다.

어느 경우든 처음에는 아무 일도 없다. 사냥감이 아주 가까운 코앞에 있어도 거미는 꼼짝 않으며, 그것이 있다는 것조차 모른 체한다. 녀석은 정말로 모르는 모양이며, 결국은 내가 지쳐 버린다. 조금 뒤로 물러서서 긴 지푸라기로 죽은 녀석을 흔들어 본다.

더 필요한 것은 아무것도 없다. 십자가왕거미와 누에왕거미는 중심부에서 달려오고, 다른 거미는 가지 틈의 잎에서 내려온다. 모두 메뚜기에게 달려와 끈으로 묶어, 마치 보통 때 잡힌 것처럼 살아 있는 사냥감 취급을 한다. 녀석들에게 공격시켜 보려면 그물을 흔들어야 했다.

메뚜기가 회색이라 잘 안 보여서 거미의 주목을 끌지 못했을지도 모른다. 그렇다면 붉은색으로 실험해 보자. 이 색은 우리 눈의 망막에는 확실한 색이니, 혹시 거미도 그럴지 모른다. 왕거미의 먹잇감 중에는 진홍색 복장을 한 녀석이 전혀 없어서 붉은 털 뭉치를 메뚜기만 하게 뭉쳐서 미끼처럼 그물에 올려놓았다.

내 계략이 성공했다. 사냥감이 움직이지 않으면 거미는 가까이 있는 것도 알아채지 못한다. 하지만 그것이 떨리도록 지푸라기로 흔들면 급히 달려든다.

우직한 녀석은 발끝으로 조금 건드려 볼 뿐, 더는 조사도 않고 보통 사냥감처럼 거미줄로 꽁꽁 묶는다. 미리 마비시키는 규칙에 따라 깨무는 녀석도 있다. 이제 속아서 멸시당했음을 알아챈 녀석은 얼마 있다가 성가신 그 물건을 그물 밖에다 버리러 올 뿐 다시

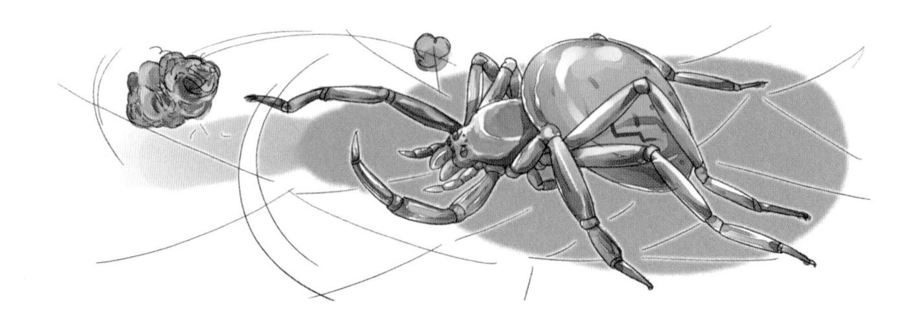

는 안 온다.

개중에는 교활한 녀석도 있는데, 이런 거미 역시 다른 녀석처럼 우선 지푸라기의 속임수에 흔들린 붉은 털 뭉치로 달려온다. 나뭇잎 사이의 은신처나 그물 가운데서 달려 나와 촉수나 다리로 건드려 본다. 곧 가치 없는 물건임을 알아채고 끈으로 묶지도, 실을 낭비하지도 않는다. 잠시 조사해 보고 버려져 내 가짜 사냥감이 녀석을 속이지 못했다.

그런데 녀석이 교활하든 우직하든, 나뭇가지와 잎으로 가려진 먼 곳의 덤불에서 달려와 다리 사이의 물건을 조사하거나 조금 깨물어 보고 확실히 무엇인지 알게 된다. 한편, 손바닥 거리에서도 사냥감이 그물을 흔들지 않으면 눈치 채지 못한다. 게다가 대개는 시력이 좋아도 소용없는 깜깜한 밤중에 사냥한다. 결국 지독히 근시안이라 시각으로는 정확히 알아보지 못한 사냥감이 왔음을 어떻게 알았을까?

비록 가까워도 눈은 안내하지 못하는데, 먼 곳에서 걸려든 사냥감을 어찌 알아낼 수 있겠더냐! 아무래도 멀리 통하는 통신장치가 필수적인데, 그 장치는 어렵지 않게 찾을 수 있다.

어디가 되었든 낮에 숨어 있는 거미의 그물 뒷면을 잘 살펴보자. 실오라기 하나가 그물 가운데서 밖으로 비스듬히 뻗어 거미의 은신처와 연결되었다. 그물의 가운데가 아니고는 어디와도 연결되지 않았고, 뼈대 그물들과 교차되지도 않았다. 결국 이 실은 아무런 방해 없이 그물 가운데서 직접 은신처의 감시초소로 이어졌다. 길이는 대개 팔꿈치(coudée = 52.4cm) 하나 거리였으나 높은 나무에 자리 잡은 모서리왕거미는 2~3m 길이의 실을 보여 주었다.

의심의 여지가 없다. 경사진 이 실은 급한 사건이 벌어졌을 때 거미가 빨리 갈 수 있는 육교이며, 또한 순찰을 끝내고 오두막으로 돌아갈 때의 등산로였다. 거미가 그 길로 왕복하는 것을 실제로 여러 번 보았다. 그게 전부일까? 물론 아니다. 만일 왕거미가 은신처와 그물 사이를 빨리 왕복할 목적으로 그것을 만들었다면 육교를 그물 가장자리와 연결시켰을 것이다. 그랬다면 거리도 짧고 별로 가파르지도 않았을 것이다.

게다가, 그 줄은 왜 다른 곳이 아니라 반드시 그물의 가운데서 시작되었을까? 거기는 모든 방사선이 집합된 곳이며, 그물의 모든 면에서 흔들리는 진동이 전달되는 곳이다. 따라서 그물의 어디에서든 몸부림치는 사냥감의 경고를 멀리 전하는 데는 그물 가운데서 나온 실오라기 하나면 충분하다. 얇은 장막에서 밖으로 비스듬히 나온 실 하나가 대형 구름다리보다 훨씬 훌륭하며, 무엇보다도 확실한 경보장치인 전신줄이었다.

이 점에 관해 실험해 보자. 메뚜기 한 마리를 그물에 올려놓았다. 끈끈이에 잡힌 녀석이 날뛴다. 오두막에서 뛰쳐나온 거미가 육교를 건너와 메뚜기를 공격한다. 잘 묶어서 보통 때의 규칙대로

긴호랑거미의 사냥 시흥, 10. IX. '93

1. 그물에 거꾸로 매달려서 사냥감을 기다린다.

2. 풀밭에서 뛰놀던 섬서구메뚜기가 걸려들었다. 발버둥을 치자 보자기 같은 끈끈이로 감아 버린다.

3. 다른 녀석도 밤사이에 섬서구메뚜기를 낚아 묶어 놓았다.

수술하고, 마침내 방적돌기(紡績突起= 출사돌기)에 매달아 끌어올려서 은신처로 옮긴다. 거기서 오랫동안 먹는다. 사건이 보통 때처럼 진행되었으니 여기까지는 특별한 게 없다.

내가 참견하기 전 며칠 동안은 거미를 그대로 놔두었다. 이번에도 메뚜기를 놓아줄 생각인데, 전신줄을 미리 가위로 살짝 자른 다음 올려놓았다. 완전한 성공이었다. 그물에 얽힌 메뚜기가 발버둥치며 흔들어 댔으나 거미는 무사태평했다.

지금은 육교가 끊겼으니 거미가 갈 수 없어서 오두막에 머물렀다고 생각할지도 모른다. 이런 착각은 빨리 털어 내자. 길이 하나는 잘렸어도 100개는 남아 있으며, 어느 길이든 녀석이 가고 싶은 곳으로 갈 수 있다. 그물의 많은 끈이 나뭇가지와 얽혔으니 어느 끈으로든 쉽게 건널 수 있다. 그런데 왕거미는 차분한 마음으로 꼼짝 않을 뿐 떠날 결심을 하지 않는다.

왜 그럴까? 고장 난 전신줄이 그물의 진동 정보를 보내지 못해서 그렇다. 사냥감인 메뚜기가 붙잡혀 한 시간 넘게 몸부림쳐도 너무 멀어서 알지를 못하니 태평했던 것이다. 그동안은 나도 바라만 보고 있었다. 가위에 잘린 경보 줄은 장력을 끝까지 거미 다리에 전달하지 못했다. 마침내 거미가 사태를 알아보려고 내려오는데, 뼈대 끈을 타고 별 어려움 없이 그물로 건너갔다. 그때서야 메뚜기를 보고 감아 버렸다. 다음, 전신줄을 다시 만들어서 좀 전에 끊긴 것을 대신했다. 거미는 이 길을 통해서 먹잇감을 끌고 제집으로 돌아갔다.

힘센 내 친구 모서리왕거미는 3m나 되는 전신줄을 가져서 내게는 값진 재료였다. 아침 일찍이 그물을 보았더니 망가진 곳이 거의 없다. 지난밤의 사냥이 시원찮았다는 증거이다. 지금 녀석은 배가 고프겠지. 미끼로 유혹하면 높은 은신처에서 내려올까?

특별히 잠자리를 골라서 발을 묶어 그물에 올려놓았더니 절망적으로 날뛰며 그물 전체를 흔들었다. 높은 곳에 우거진 실편백(*Cupressus*) 은신처에서 뛰쳐나온 거미가 전신줄을 따라 성큼성큼 내려왔다. 잠자리를 얽어매 뒤꿈치에 매달고 왔던 길을 되돌아서 집으로 향했다. 녀석은 푸른 잎이 무성한 은신처에서 조용히 식사를 즐겼다.

며칠 뒤, 같은 조건이나 통신용 실은 미리 끊어 놓고 다시 실험했다. 몹시 날뛰는 잠자리를 골랐으나 온종일 아무리 기다려도 거미가 내려오지 않아 실패했다. 녀석은 3m 거리에서 일어난 사건에 대해 통보받지 못했다. 전신줄이 끊긴 그물의 잠자리는 그대로 남아 있다. 사냥감이 안 좋아서가 아니라 몰랐던 것이다. 해질 무렵에 오두막에서 내려온 거미가 황폐해진 그물에서 잠자리를 발견하고 그 자리에서 먹어 버렸다. 그러고는 새로 그물을 쳤다.

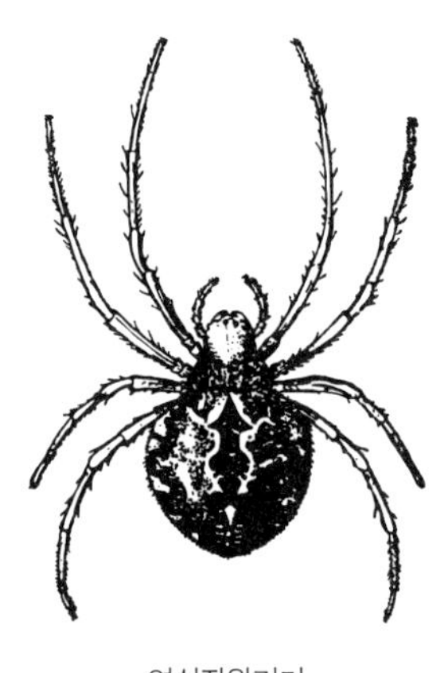
열십자왕거미
실물 크기

우연히 만나 조사된 열십자왕거미(*E. cratera*→ *Agalenatea redii*)도 필수품인 통신장치를 가지고 있었다. 녀석은 봄에 나타나 한창 핀 로즈마리(*Rosmarinus*) 꽃을 찾아오는 양봉꿀벌(Abeille domestique: *Apis mellifera*)◓을 사냥한다.

녀석도 잎이 많은 가지 끝에 비단으로 집을 짓는데 크기와 모양이 도토리 껍질 같다. 거기서 배는 둥지 안에 넣고 다리는 가장자리에 걸쳐서 언제든 뛰쳐나올 준비가 되어 있다. 다른 녀석처럼 가끔 그 집으로 와서 머리를 숙이고 독특한 게으름뱅이 자세로 앉아 있다. 움푹한 분지(盆地) 안에서 편안히 쉬며 사냥감이 오기를 기다리는 것이다.

녀석의 그물도 일반 왕거미의 규칙대로 수직이며 충분히 넓다. 항상 휴게소인 받침대 근처에 위치한 분지 같은 집 안에 앉아 있으면 모든 방사선이 다 이 각도 안으로 들어온다. 어느 그물에서 진동이 일어나든, 중심에서 뻗은 방사선은 역시 거미가 인식하기에 가장 좋은 장소였다. 방사선의 역할은 이중적이어서 하나는 끈끈이 가로대를 받드는 장미꽃 모양(방사상)의 일부이며, 또 하나는 진동으로 경고를 보내는 것이다. 다른 실은 필요치도 않다.

그물 친 거미가 낮에 먼 은신처에서 머물 경우는 항상 빈 그물과 연락할 특별한 실이 있어야 한다. 실제로 모두가 그것을 가지고 있는데, 특히 나이를 먹어 오랫동안 꾸벅꾸벅 졸며 휴식을 즐기는 시대에 가졌다. 아직 젊고 활기찬 시대의 왕거미는 전신술(電信術)을 모른다. 게다가 그물이 다음 날이면 거의 남지 않을 만큼 완전히 부서진다. 그런 것에는 전신줄이 남아 있을 수 없고, 사냥도 못할 올가미에 비용을 들여가며 경보장치를 가설할 필요도 없다. 하지만 덤불 은신처에서 명상에 잠기거나 꾸벅꾸벅 조는 늙은이는 멀리서 보내는 경고를 전신줄을 통해 알아야 한다. 너무 부지런했던 늙은이가 이제는 고달파서 직접 감시는 물리고 조용히 쉰다. 하지만 그물에서 등을 돌리고 있어도 정보를 알 수 있게 전신줄을 계속 발밑에 놓고 목을 지킨다. 내가 관찰한 것 중 다음의 몇몇 사례를 설명하면 잘 이해될 것이다.

모서리왕거미가 두 그루의 티너스백당(Lauriers Tins: *Viburnum tinus*, 인동과) 사이에 1m나 되는 넓은 그물을 쳤다. 날이 밝자 거미가 떠난 올가미를 햇빛이 비춘다. 주간 저택에 머문 거미는 전선

낮에는 그물을 떠나 숨어 있는 왕거미류 인간의 건축물 틈에 숨어 있는 것으로 보아 집왕거미이거나 골목왕거미일 가능성이 있다. 하지만 배 앞쪽의 흰색 무늬가 너무 독특하여 전문가의 판단이 필요하다. 시흥, 5. VIII. 09

을 따라가면 쉽게 찾아낼 수 있다. 명주실 몇 오라기로 잎 끝을 모아 만든 오두막은 아주 깊숙한데, 거미의 뚱뚱한 엉덩이가 입구를 가로막아 몸통은 모두 숨겨졌다.

이렇게 머리를 처박고 있으면 그물이 보일 리 없다. 시력이 좋더라도 사냥감이 왔음을 알지 못한다. 햇볕이 쨍쨍 내리쬐는 이 시간에는 사냥을 단념했을까? 천만에, 기다려 보자.

놀랍구나! 거미는 뒷다리 하나를 잎사귀 오두막 밖으로 뻬쳤는데, 그 발끝에 경보장치의 선이 닿아 있다. 거미가 전신줄을 잡고 있음을 보지 못한 사람은 이 동물이 그렇게도 영리함을 모를 것이다. 꾸벅꾸벅 졸다가도 사냥감이 오면 수신기의 진동에 놀라 후닥닥 달려 나올 것이다. 그물에 메뚜기를 올려놓았더니 녀석은 기분이 좋았던지, 그때의 민첩함에 나도 놀랐다. 거미가 먹잇감에 만족했다면 나는 내가 배웠다는 것에 더 만족했다.

지금 이 좋은 기회에 실편백 주민이 보여 준 것을 좀더 알아봐야겠다. 다음 날 전신줄을 잘랐는데, 어제처럼 오두막 밖으로 내민 다리에 연결된 것으로 길이가 3m나 된다. 그물에 잠자리와 메뚜기를 올려놓았다. 메뚜기는 박차가 달린 긴 다리로 날뛰고, 잠자리도 날개를 파닥이며 떨었다. 그물은 물론 뼈대 실과 연결된 은신처까지 동요가 심했다.

이렇게 근본까지 흔들려도 바로 옆의 거미가 꼼짝 않는다. 무슨 일이 벌어졌는지 조사해 보러 나가지도 않는다. 지금은 통신망이 작동하지 않아 무슨 일이 벌어졌는지 모르니 종일 꼼짝도 안 했다. 저녁 8시경, 새로 그물을 치러 나왔다가 뜻밖의 횡재를 했다.

한마디 보탠다면, 그물이 바람에 흔들릴 때도 많다. 여러 뼈대까지 바람에 나부끼며 흔들리니 전신줄도 흔들릴 수밖에 없다. 이렇게 흔들려도 거미는 개의치 않으며 나와 보지도 않는다. 거미가 가진 장치는 경보기 이상의 무엇이 있다. 이것은 우리가 사용하는 전화선 같으며, 소리의 기원인 분자의 진동을 전한다.[1] 거미는 손가락으로 전화선을 잡고 다리로 전화를 받으며, 사냥감이 일으키는 진동과 바람에 의한 요동을 구별한다.

1 소리의 기원은 분자가 아니라 파동이므로 옳지 않은 말인데, 공기 분자를 진동시켰다는 의미로 이해하자.

10 왕거미 - 그물의 기하학

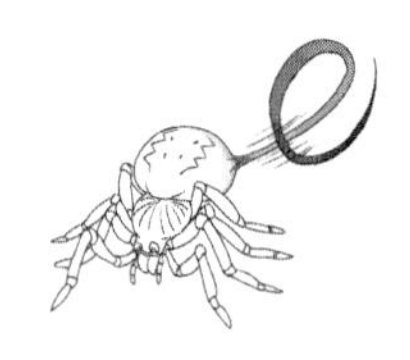

지금 나는 아주 흥미롭기는 해도 이해하기 힘든 글을 써야 하는 장에 직면했다. 주제가 어려운 게 아니라 독자에게 어느 정도의 기하학 지식을 기대해야 하는 것이 문제이다. 기하학은 강력한 영양소인데도 우리는 너무 등한시해 온 것이 문제인 것이다. 하지만 나는 본능 문제에는 별로 관심이 없는 기하학자에게 말을 걸겠다는 것도, 수학의 정리(定理)에 흥미를 느끼지 않는 곤충 채집가에게 호소하려는 것도 아니다. 다만 곤충에 흥미를 가진 지식인을 위해 쓰려는 것뿐이다.

어떻게 할까? 이 장을 빼면 거미의 재능에서 가장 뛰어난 특징을 놓치게 되고, 학문의 형식을 갖춰서 그 재능을 논한다면 가벼운 이 책에 걸맞지 않다. 그렇다면 그 중간을 취해 보자. 이해하기 어려운 진실은 취급을 보류하되, 전혀 모르고 지나치지는 않도록 해보자.

왕거미(Araneidae), 특히 세줄호랑거미(*Argiope bruennichii*)와 누에왕거미(*A. lobata*)의 그물을 주목해 보자. 여기는 가을에 이 두 종이 얼마든지 있고, 그 큰 그물 덕분에 눈에도 잘 띈다. 녀석들의 그물은 방사선 사이의 거리가 같다. 누에왕거미의 방사선은 40개가 넘지만 우리 눈에는 각도들이 서로 같다. 거미가 어떤 기묘한 방법으로 목적을 달성했는지는 앞에서 이야기했다. 그물 평면에 같은 면적으로 뚫린 것이 여러 개의 부챗살 모양으로 나뉜 것도 이야기했다. 그 수는 종에 따라 대체로 일정했다. 작업하는 모습은 질서도 규칙도 없어 보였고, 마치 멋대로 극성스럽게 일하는 것 같았다. 하지만 결과는 우리가 컴퍼스를 사용해서 만든 것처럼 아름다운 장미꽃 모양(방사상) 들창이었다.

부채 안 각 사다리의 가로대, 즉 나선처럼 돌아가는 가로대는 서로 평행하며, 길이는 그물 가운데로 갈수록 조금씩 짧아진다. 이 가로대 실을 두 방사선이 막았는데 한쪽은 둔각, 반대쪽은 예각을 이룬다. 그물이 평행이므로 그 각들은 언제나 일정하다.

더욱이 하나의 부채 모양은 다음 부채와도 각도가 같다. 눈으로만 조심해서 보고 판단하면 둔각이든 예각이든, 그 수치에는 변함이 없다. 전체적으로 보았을 때, 줄로 구성된 이 건축물은 방사선을 값이 불변인 각도로 경사지게 자른 일련의 가로대 실로 되어 있다.

따라서 건축물은 그 성질로 보았을 때 대수나선(spirale logarithmique, 對數螺線)임을 알 수 있다. 극점(pôle, 極點)으로 불리는 중심에서 방사되는 모든 직선, 또는 동경벡터(rayons vecteurs, 動徑벡터)를 불변 값의 각도로 경사지게 자른 곡선을 기하학자는 그렇게 부른다. 따라서 왕거미의 끈끈이 줄은 대수나선처럼 그려진 하나의 다각선이다. 만일 방사선의 수가 무한대라면 직선은 무한히 작아지며, 다각선은 곡선으로 변하므로 이 나선과 일치하게 된다.

이 곡선이 왜 그렇게 과학적 사고를 활발하게 만드는지 독자에게 명확히 설명하고 싶지만, 그 증명은 고등 기하학 책에서나 볼 수 있을 테니 여기서는 몇 가지로 한정하자.

대수나선은 끊임없이 극점과 가까워진다. 그러면서도 거기에 도착하지는 못하고 그 주위에 무한한 수의 회로를 그려 놓는다. 나선이 한 바퀴 돌 때마다 중심점에 가까워지나 끝까지 가도 중심에 도달하지는 못한다. 이런 성질은 우리 감각 세계의 것이 아니다. 아무리 정밀한 기계의 힘을 빌려도 시각(視覺)은 끊임없이 도는 자취를 따라잡을 수 없다. 그래서 시각으로는 느끼지 못하는 공간 따르기를 곧 단념하게 될 것이다. 이것은 우리 정신이 한계를 인정하지 않는 나선이다. 다만 우리 시각으로는 보지 못하는 사물을 우리 망막보다 예민하게 훈련된 추리력만이 똑똑히 볼 수 있는 것이다.

왕거미는 무한회전(無限回轉)의 법칙을 아주 잘 따르고 있다. 나선은 회전하며 극점에 가까워질수록 서로의 간격이 점점 좁아진다. 그러다가 어느 거리에 도달하면 갑자기 멈춘다. 그러나 그때, 중심부가 파괴되지 않고 남아 있는 보조나선이 그 뒤를 따른다. 그리고 눈으로 겨우 알아볼 수 있는 곳까지 점점 다가가서, 계속 극점에 가까워지는 것을 보고 놀라지 않을 수 없다. 물론 수학적 정밀성을 가진 것은 아니다. 그러나 분명 정밀함에 아주 가깝다. 왕거미는 우리네 도구처럼 빈약한 도구가 허락하는 한 차차 극점에 접근하면서 회전한다. 즉 나선의 법칙에 깊이 정통했다고 말할 수 있는 것이다.

이런 기묘한 곡선의 성질 설명은 보류하고 다른 이야기를 계속 하련다. 대수나선을 따라 감긴 유연한 실을 상상해 보자. 만일 감긴 상태의 실을 떼어 내면 자유로워진 끝 토막이 그전처럼 나선을 그릴 것이다. 다만 곡선의 위치는 바뀔 것이다.

야곱 베르누이(Jacques Bernouilli)[1]는 이 훌륭한 정리를 발견하여 기하학에 공헌했는데, 그 영광을 기념하려고 자신의 묘비에 모선(母線)과 그 선을 풀어서 나온 자선(子線)을 새겨 넣었다. 묘비명에는 이렇게 썼다.

나는 같은 방법으로 변해서 되살아난다(*Eadem mutata resurgo*).

저승의 커다란 문제에 대하여 기하학이 이보다 멋진 말을 찾아내기는 어렵겠다.

유명한 기하학적 묘비명은 또 하나가 있다. 키케로(Cicéron)[2]가 시칠리아(Sicile)에서 재무관으로 있을 때, 사람의 무덤을 망각 속으로 묻어 버린 나무딸기와 무성한 잡초를 헤쳐 가며 아르키메데스(Archimède)[3]의 묘를 찾고 있었다. 찾다가 황폐한 폐허 속에서 돌에 새긴 기하 도면을 발견했다. 도면은 공 모양에 외접(外接)한 원통 모양이었다. 아르키메데스는 지름과 원 둘레의 비례를 처음으로 발견한 학자였다. 그는 그것으로 원의 표면적과 둘레, 그리고 공의 표면적과 부피를 계산했다. 공의 표면적과 부피는 외접하는 원통의 표면적과 부피의 2/3임도 증명했다.

1 Jakob Bernoulli. 1654~1705년. 스위스 수학자. '적분'이란 용어를 처음 사용했다.

2 Marcus Tullius Cicero. 기원전 106~43년. 로마 웅변가, 정치가, 문인

3 Archimedes. 기원전 287~212년. 그리스의 수학자. 적분 계산의 아버지

으리으리한 묘비명을 무시한 시라쿠사(Syracuse)의 이 학자는 묘비명 대신 자기의 정리(定理)를 자랑했다. 이 기하학 도면은 알파벳 문자로 쓴 문장처럼 그 인물의 이름을 말해 준다.

끝으로, 대수나선에 대해 또 하나의 특징을 이야기하고 끝내련다. 이 곡선을 무한한 직선 위에서 회전시켜 보자. 그러면 극점이 항상 같은 직선 위에서 이동할 것이다. 무한히 회전함에 따라 직선의 궤도가 생긴다. 항상 움직이는 것이 똑같은 모습을 낳는 것이다.

그런데 이렇게 괴상한 특성을 가진 대수나선은 기하학자가 만들어 낸 하나의 개념일까, 아니면 수와 면적을 멋대로 조합하여 하나의 이해하기 어려운 깊은 구렁을 상상한 다음, 그 상태에서 그들의 측정 방법을 연습한 것일까? 또 아니면 깜깜한 밤중의 어려움 속에서 순수한 몽상으로, 우리의 이해력에 양식이 되도록 던져 주는 추상적 수수께끼일까?

아니다. 그것은 생활에 이용되는 실재이며, 동물의 건축학에서 널리 사용하는 설계도이다. 특히 연체동물(Mollusques: Mollusca)은 박식한 곡선을 참고해야만 조가비층을 감을 수 있다. 이들 중 최초로 태어난 동물은 당시도 오늘날처럼 완전히 그것을 알았고 실천해 왔다.

이 문제를 위해 암몬조개(Ammonites: Ammonoidea)를 연구해 보자. 이 동물은 바닷속 진흙이 드러나 대충 육지의 윤곽이 잡힌 시대의 귀중한 유물이며, 먼 옛날 생물의 최고의 표현이다. 이 화석을 길이로 잘라 윤이 나게 갈면 아주 아름다운 대수나선이 나타난다. 이것은 대롱 하나를 여러 개의 방이 가로지른 나선 모양 궁전

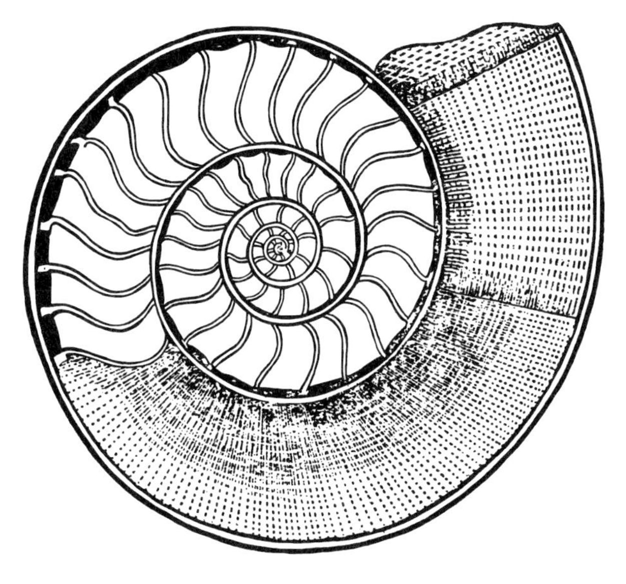

암몬조개의 대수나선

의 일반적 규격품이다.

오늘날 칸막이를 가지고 있는 조개 무리 중 두족류(Céphalopodes: Cephalopoda, 頭足類)의 최종 대표자이며, 인도양에 사는 앵무조개(Nautille: *Nautilus*)도 고대의 설계도를 충실히 간직하고 있다. 아득한 옛날의 조상의 것보다 좋은 것은 없나 보다. 이 조개는 대롱[4]의 위치를 등에서 (몸의) 중앙으로 바꿔서 옮겨 놓았다. 그러나 나선층은 태곳적 암몬조개가 만들었던 것처럼 항상 대수적으로 꼬였다.

이런 왕자급 연체동물만 정통의 곡선을 독차지했다고 생각하면 안 된다. 잡초가 무성하며 조용한 물속, 납작한 껍데기의 초라한 또아리물달팽이(Planorbes)는 렌즈콩보다 작은 주제에 고등 기하학적으로는 암몬조개나

4 사실상 패각을 말한 것이다.

앵무조개 따위가 상대도 안 된다. 예를 들면, 그 중 하나인 또또아리물달팽이(*Planorbis vortex*)도 대수학적 나선을 가진 신기한 달팽이이다.

길쭉한 모양의 달팽이도 구조는 동일한 기본 규정을 따랐는데 훨씬 복잡하다. 누벨칼레도니(Nouvelle-Calédonie)[5]에서 온 송곳고둥(*Terebra*) 표본 몇 개가 내 눈앞에 있다. 무척 뾰족한 원뿔 모양으로 길이는 한 뼘 정도였다. 표면은 매끈하며 주름이나 진주 끈 따위의 장식이 전혀 없는 알몸이다. 하지만 오직 단순성으로만 장식된 나선 건축은 매우 아름답다. 나선이 약 20바퀴를 도는데, 그 고랑이 점점 얇아지면서 끝이 가늘게 사라진다.

연필로 이 원뿔의 모선(母線)을 그었다. 기하학적 측정 방법을 어느 정도 아는 내 시각의 증언만 믿고, 나선의 고랑이 일정 값의 각도 밑에서 모선을 자름을 알아냈다.

결론은 쉽게 끌어낼 수 있다. 고둥 껍데기의 축과 수직을 이루는 면을 투영하면 원뿔의 모선은 방사선이 되며, 밑에서 꼭대기로 회전하며 올라가는 나선의 고랑은 곡면(曲面)으로 바뀐다. 이것은 방사선들과 불변의 각도 밑에서 교차하는 것으로, 다름 아닌 대수나선이다. 거꾸로 나선의 고랑을 원뿔 표면 위에 투영하는 나선으로 생각해도 좋다.

더 좋은 게 있다. 고둥 껍데기의 축과 수직을 이루며 정점을 통과하는 평면을 생각해 보자. 또 나선 고랑에 감겨 있는 실을 상상해 보자. 그 실을 긴장시킨 상태에서 풀어 보자. 그 끝은 평면에서 떨어지지 않고 대수나선을 그리게 된다. 이것

5 태평양 남서부에 있는 프랑스의 해외준주(海外準州)로서 뉴칼레도니아(New Caledonia)라고도 한다.

은 좀더 복잡한 베르누이[6]의 변형(*Eadem mutata resurgo de Bernouilli*)으로, 원뿔 대수곡선이 평면 대수곡선으로 바뀐 것이다.

비슷한 기하학이 원뿔 모양인 다른 고둥에서도 보인다. 꼭지가 늘어난 나사고둥(Turritelle: *Turritella*), 긴고둥(Fuseaux: *Fusinus*), 짜부락고둥(Cérithes: *Cerithium*), 꼭지가 짧은 트로쿠스밤고둥(Troques: *Trochus*), 툴보밤고둥(Turbo)도 그렇다. 둥근 공 모양이나 소용돌이처럼 감긴 것도 예외는 아니다. 별로 귀하지 않은 달팽이까지도 수학적 질서로 만들어졌으니, 기하학자 사이에 유행한 나선은 바위를 기어오르는 연체동물이 취한 보통 설계에 불과했다.

이런 점액질 덩이의 어디서 그런 지식이 나왔을까? 사람들은 연체동물이 벌레(Ver)에서 분화했단다. 어느 날 따듯한 햇볕에 도취한 벌레가 즐거운 나머지 꼬리를 휘둘렀다가 몸이 병따개처럼 뒤틀렸다. 그 바람에 미래의 고둥 껍데기인 나선 설계도가 만들어졌을 것이란다.

이 말은 오늘날 최종의 과학적 진보의 결과로서 엄숙하게 가르치는 내용이다. 남은

6 Daniel Bernoulli. 1700~1782년. 네덜란드 태생 스위스 수학자

달팽이류 나뭇잎을 갉아먹는 이 달팽이 종류도 아주 뚜렷한 나선을 보인다. 추자도, 7. IX. 08, 한태만

문제는 이 설명을 어디까지 받아들이는가에 달렸다. 거미는 제 나름대로 이 말을 절대로 인정하지 않는다. 거미는 벌레의 친척도 아닐뿐더러 병따개처럼 뒤틀기에 알맞은 부속품 따위도 갖추지 않았다는 것이다.[7] 그래도 거미는 대수나선을 알고 있으며, 이 유명한 곡선의 뼈대만 가졌다. 뼈대가 좀 간단하긴 해도 연체동물이 하는 소용돌이 원칙에 따라 작업했으며, 이상적 건축인 것만은 증명된다.

연체동물은 나선 제작에 여러 해가 걸리며, 감는 기술도 완벽하다. 왕거미는 한 시간이 조금 넘으면 그물 한 바퀴를 끝낸다. 일을 빨리 끝내야 하는 거미는 아주 단순한 작품을 만들 수밖에 없어서, 연체동물이 완전하게 긋는 곡선을 약도로 그리고도 만족해야 한다.

왕거미는 암몬조개나 앵무조개[8]의 기하학적 비밀에 정통하고 있다. 거미는 그것을 단순하게 만들고 달팽이가 좋아하는 대수의 선을 긋는다. 무엇이 거미를 안내할까? 연체동물이 되려는 야심을 가진 벌레(윤형동물)가 몸을 비튼다는 이야기는 꺼내지도 말자. 거미는 아무래도 제 몸속에 나선의 잠재적 설계도를 가졌어야 한다. 우연이란 녀석이 아무리 놀라운 일을 일으킨다는 가정하에서라도 이 고등 기하학을, 즉 지성인도 충분한 소양이 없으면 바로 이해하지 못하는 일을, 결

7 벌레가 앞 문단에서는 윤형동물(Rotifera, 輪形動物)을, 이 문단에서는 환형동물(Annelida, 環形動物)을 뜻한 것이며, 거미[Arthropoda, 절지동물(節肢動物)]는 환형동물에서 태어날 수 없다고 말한 내용이다. 하지만 20세기 말까지 정통성 있게 인정되어 온 동물의 계보에 따르면, 연체동물과 환형동물은 윤형동물의 후손 중에서 분화했고, 거미와 같은 절지동물은 그런 환형동물에서 분화했다. 따라서 파브르는 거미를 빗대서 당시의 과학적 정론을 부정한 셈인데, 이유는 그가 이 가설이 형성된 과학적 근거를 몰라서였을 것이다. 한편, 21세기에 들어서며 시작된 분자 생물학적 분석 방법의 결과에서는 환형동물과 절지동물의 계보가 서로 다른 것 같다는 견해가 나오고 있다.

8 원문은 대모벌(Pompile)로 잘못 표기했다.

코 우연이 만들어 낼 수는 없다.[9]

왕거미가 가진 기술을 단지 몸의 구조와 관련된 것만으로 볼 수 있을까? 여기서 곧 녀석의 다리가 생각난다. 다리를 길게도 짧게도 뻗을 수 있어서 컴퍼스 구실을 한다. 다리를 조금 또는 많이 구부리기도, 약간 또는 활짝 뻗기도 하면서 방사선과 나선이 만나는 각도를 기계적으로 정한다. 그래서 각 부채 모양의 가로 긋는 실들을 평행이 되게 한다.

몇몇 이의가 제시되어 도구는 작품을 규제하는 유일한 조절자가 아님을 단정했었다. 만일 다리 길이가 실의 배치를 결정한다면 실을 잣는 아가씨의 다리가 길면 길수록 나선의 둘레도 그만큼 사이가 벌어져야 한다. 세줄호랑거미와 누에왕거미가 실제로 그 예를 보여 준다. 즉 세줄호랑거미는 다리가 길어서 좀 짧은 누에왕거미보다 가로대 사이의 간격이 넓다.

하지만 다른 거미는 이 규정을 너무 믿지 말란다. 모서리왕거미(*Araneus bicentenarius*)◔, 십자가왕거미(*A. diadematus*), 와글러늑대거미(*Pardosa wagleri*) 등의 3종은 사실상 좀 땅딸막한데, 끈끈이 줄 사이의 공간은 날씬한 세줄호랑거미에 뒤지지 않는다. 특히 후자의 두 종은 가로대 실 사이를 넓게 친다.

다른 면에서도 몸의 체제가 작품의 구조를 결정하지 않는 것으로 알려졌다. 왕거미는 나선 모양인 끈끈이 실을 짜기 전에 발판이 되는 뼈대를 먼저 만든다. 뼈대는 보통 실일 뿐 끈끈이는 아니며 중심부에서 시작된다. 이것이 밖으로 나가면서 간격이 급하게 넓어지며 둘레에 도달하는 임시 건물인데, 그물치기가 끝나면 거

9 인간의 능력을 왜 이렇게 우연의 범주까지 초월할 만큼 과대평가했는지 의문이다.

미가 자리 잡는 중심부만 남는다. 반대로, 끈끈한 가로대 실은 둘레에서 중심부로 가면서 간격이 점점 좁게 그어진다. 이 두 번째 나선이 올가미의 중요한 부분이다.

그렇게 두 종류의 나선이 잇달아 만들어지는데, 기계의 운행이 갑자기 변해서 방향, 회전 수, 교차 따위가 전혀 달라진다. 길든 짧든 둘 다 대수나선인데, 나는 이런 변화를 설명할 다리의 구조를 알 수가 없다.

혹시 왕거미가 미리 그렇게 계획했을까? 각도를 측정하고 평행을 확인하는 일 따위를 눈으로 보거나 다른 방법으로 계산했을까? 이에 대하여 나는 선천적 성향밖에 없는 것으로 믿고 싶다. 마치 꽃이 윤생(輪生) 배열을 통제할 수 없듯이 동물인 왕거미도 선천적인 작용을 통제하지 못한다. 왕거미는 고등 기하학이 무엇인지 모르면서 선천성을 이용한 것이며, 선천성은 원래 부과된 본능에 의해서 움직이는 것이다. 즉 그것은 독자적으로 작동하는 것이다.

돌을 던지면 어떤 곡선을 그리다 땅에 떨어진다. 바람에 날려 떨어지는 낙엽도 나무와 땅 사이에 곡선을 그리며 떨어진다. 양쪽 모두 떨어지는 것을 통제하려는 원동력은 전혀 개입되지 않았다. 그렇지만 낙하는 학술적으로 포물선(parabole, 拋物線)이라는 경로를 통해서 이루어진다. 원뿔을 평면으로 자른 이 포물선의 원형이 기하학자의 명상록 재료이다. 처음에는 단순히 순수이론적 개관의 도형에 불과했으나 돌이 수직선 밖으로 떨어지자 현실이 되었다.

같은 명상 재료 중 포물선을 다시 생각해 보자. 그것이 무한대의 직선 위를 굴러갈 때, 이 곡선의 중심점이 통과하는 길을 보자. 해답은 포물선의 중심점이 현수선(chaînette, 懸垂線)을 그린다는 것이다. 이 선이 보기에는 아주 단순해도 그것을 대수기호로 표시하려면 아주 신비스런 수에 의존해야만 하는데, 어떤 계산법으로도 뒤죽박죽이 된다. 나눗셈을 아무리 끝까지 해봐도 값(답)이 나오지 않는다. 그것을 e수라고 부르며, 그 값은 다음처럼 끝이 없다.

$$e = 1 + \frac{1}{1} + \frac{1}{1.2} + \frac{1}{1.2.3} + \frac{1}{1.2.3.4} + \frac{1}{1.2.3.4.5} + \cdots\cdots$$

자신한계(自身限界)를 갖지 않은 이 자연수의 계열을 독자께서 끝이 없는 급수의 첫째 몇 항을 끈기 있게 계산해 보면 다음과 같은 답이 나온다.

$$e = 2.7182818\cdots\cdots$$

이렇게 이상한 숫자라면, 이번에는 우리가 엄격한 공상의 세계에 격리된 것일까? 천만에, 그게 아니다. 무게와 유연성이 함께 작용하는 곳에서는 언제나 현수선이 현실로 나타난다. 현수선이란 동일한 수직선상에 위치하지 않는 두 지점을 이어서 그려지는 곡선을 말한다. 이것은 양끝을 들고 늘어뜨리면 순순히 휘는 실이 만드는 모습이다. 현수선은 바람에 부푼 돛대의 윤곽을 지배하는 선이며, 젖을 가득 채우고 집으로 돌아오는 암염소(Bique: *Capra ibex*)의 아래로 처진 젖통을 나타내는 곡선이기도 하다. 이런 것 모두를 e수라고 부른다.

가는 실 한 가닥이 왜 이렇게도 이해하기 어려운 과학이더냐! 하지만 놀랄 것은 없다. 실 끝에 매달려서 흔들리는 작은 납덩이,

지푸라기를 따라 흘러내리는 이슬방울, 바람이 만져 주자 주름지는 물결, 요컨대 별것도 아닌데 그것을 계산하려면 거인들(Titans)의 발판이 필요하다. 파리 한 마리를 죽이려 해도 우리는 헤라클레스의 몽둥이가 필요한 것이다.

확실히 우리네 수학적 연구 방법은 교묘하다. 그것을 발견한 탁월한 두뇌들을 칭찬하지 않을 수가 없다. 하지만 별것 아닌 현실 앞에서는 얼마나 느리며, 얼마나 힘들더냐! 좀더 간단한 방법으로 진리를 탐색할 수는 없을까? 우리 지혜가 공식의 거대한 병기창을 요구하지 않으면서 그런 것을 해낼 수는 없을까? 왜 아닐까?

해괴한 e수가 거미줄에 나타나 있다. 안개가 자욱한 날 아침, 어젯밤에 쳐놓은 그물을 관찰해 보자. 습기에 예민한 끈끈이 실에 작은 물방울이 매달려 그 무게로 늘어진 현수선이야말로 그네의 곡선에 매달린, 즉 아름답게 줄지어 늘어진 싱싱하고 아름다운 보석 묵주 같다. 햇빛이 안개를 뚫고 들어오면 전체가 각가지 광채로 화려하게 반짝이는 촛대 같다. 이때 e수는 영광의 절정을 나타낸다.

공간의 조화인 기하학은 모든 것을 지배한다. 그것은 솔방울에서 비늘의 배치에도, 왕거미에서 그물의 배치에도 존재한다. 또 달팽이의 나선 껍데기에도, 거미줄 묵주에도, 행성의 궤도에도 존재하며, 원자의 세계에도, 무한한 세계의 어디에나 역시 예지(叡智)로 존재한다.

그리고 우주 기하학은 모든 것을 컴퍼스로 신처럼 측정하는 우주 기하학자 이야기를 해준다. 나는 꼬리를 뒤트는 벌레(윤형동물)보다 암몬조개와 왕거미의 대수를 설명하는 게 더 좋다. 이것이 오늘날의 교육과는 일치하지 않을지 몰라도 더 높은 비약은 된다.

11 왕거미 - 짝짓기, 그리고 사냥

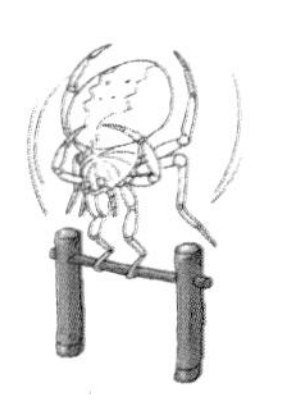

이 장의 제목을 보면 중요한 내용일 것 같지만 혼례 이야기는 간단히 해야겠다. 혼례는 거칠어서 신비한 밤중의 연애가 자칫하면 비극으로 끝난다. 녀석들의 짝짓기는 한 번밖에 보지 못했다. 내 친구 모서리왕거미(*Araneus bicentenarius*)[◐]가 보기 드문 그 광경을 보여 주었다. 여느 때처럼 초롱불을 들고 종종 방문하던 거미였다. 그 이야기를 좀 해보자.

8월 첫 주 저녁 8시경, 하늘은 맑고 잔잔하며 무더운 날이었다. 거미줄에서 꼼짝 않는 거미가 아직 그물을 치지는 않았다. 한창 작업 중일 이 시간에 이렇게 쉬고 있어서 나는 놀랐다. 무슨 색다른 일이 있으려나?

실제로 일이 생겼다. 근처의 덤불에서 달려온 난쟁이 수컷이 줄을 타고 올라간다. 초라한 수컷이 뚱보 암컷에게 경의를 표하러 온 것이다. 혼기에 달한 아가씨가 이런 외진 구석에 있음을 어떻게 알았을까? 거미는 이런 조용한 밤에 서로 부르지도 않았고, 신호를 보내지도 않았는데 어떻게 아는지 모르겠다. 어쨌든 녀석들은 스스로 알아낸다.

옛날에 공작산누에나방(Grand-Paon : *Saturnia pyri*) 수컷은 사육장에서 은둔생활 중인 암컷이 내뿜은 발산물 냄새를 맡고 수 킬로미터 밖의 멀리서 찾아온 일이 있다. 오늘 밤 또 하나의 야간 순례자인 난쟁이가 얽힌 나뭇가지 사이에서 길을 잃지 않고 빠져나와 줄타기 곡예사를 곧장 찾아왔다. 녀석은 자신을 어김없이 그녀에게 데려다 주는 나침반을 안내자로 삼았다.

수컷이 늘어진 줄을 타고 경사진 길을 기어올랐다. 한 발 한 발 조심스럽게 전진하다 얼마큼 떨어진 곳에서 멈춘다. 망설인다. 좀 더 가까이 갈까? 내가 적당한 때를 잘 맞춰서 온 것일까? 아니야. 그녀가 다리를 들자 놀라서 도로 내려간다. 흥분을 가라앉히고 다시 올라간다. 조금씩 가까이 다가간다. 다시 깜짝 놀라서 후퇴했다가 다시 오는데, 그때마다 조금씩 더 접근한다. 이렇게 불안하게 왔다 갔다 하는 것이 사랑에 들뜬 사나이의 고백이었다.

끈질긴 녀석에게는 행운이 찾아온다. 둘이 서로 마주 본다. 그녀는 신중한 자세였으나 수컷은 아주 흥분되어 있다. 발끝으로 대담하게, 하지만 그녀의 배를 가볍게 건드렸다. 좀 지나쳤다. 당황한 녀석이 구명줄에 매달려 곤두박질친다. 순식간의 일이었으며 다시 올라간다. 무슨 표시가 있었는지, 수컷은 자신의 간청에 굴복했음을 이해한 것 같다.

다리와 특히 촉수로 배뚱뚱이에게 장난을 친다. 그녀는 몸을 이상하게 뒤로 젖히면서 응답한다. 앞발 끝으로 나뭇가지를 잡은 암컷이 재주넘기를 한다. 마치 체조 선생이 철봉에서 그네를 뛰는 자세이다. 난쟁이에게 배의 아랫면을 보여 주며 그가 촉수로 적당한 곳을 살며시 토닥거리게 한다.[1] 그것뿐, 끝났다.

원정 목적을 달성한 난쟁이는 마치 복수의 여신에게 쫓기듯 급히 물러난다. 만일 그 자리를 떠나지 않았다면 그녀에게 먹혔을 것이다. 팽팽하게 쳐진 그물 위에서 두 번 다시 이런 체조는 없다. 그 뒤, 나는 매일 밤 지켜보았으나 허사였다. 녀석을 다시는 보지 못했다.

녀석이 떠난 뒤, 새색시는 줄을 타고 내려와 그물을 치고 여느 때처럼 사냥할 자세를 취했다. 실 재료를 만들려면 무엇인가 먹어야 한다. 사냥할 때도, 특히 태어날 자식들

1 촉수란 각수(脚鬚)를 말한 것이다. 거미는 교미 기구가 수컷은 각수에, 암컷은 배의 복면 앞쪽에 있는데, 이것들끼리 교접하는 모습을 나타낸 내용이다.

교미 중인 접시거미
접시거미류는 세계적으로 4,000여 종이 알려졌고, 국내에서는 약 80종이 기록되어 우리나라의 거미 중 가장 많다. 수컷이 다른 종류처럼 유난히 작지는 않으나 몸통이 대개 호리호리한 원통형에 가깝다. 김태우 사진

의 알주머니를 짤 때도 비용을 들인 명주실이 확보되었어야 한다. 그래서 신혼의 기쁨도 한때일 뿐, 헛되이 놀고만 있을 수는 없다.

왕거미는 끈끈이 실로 만든 덫에서 놀랍도록 끈질기게 꼼짝 않고 망을 본다. 편편한 그물 가운데의 경보 수신소에서 머리는 아래로 숙이고, 다리 8개는 쫙 벌리고, 방사선에서 오는 보고를 기다린다. 앞뒤 어디에서든 사냥감이 걸려들었다는 진동이 일어나면 눈의 힘을 빌리지 않고도 그것을 느껴서 곧 달려간다.

그때까지는 마치 최면술에 걸린 것처럼 꼼짝 않고 기다렸다. 하지만 무슨 이상한 것이 나타나면 그물을 흔들어 댄다. 이 행동은 귀찮게 구는 녀석에게 위협하는 왕거미의 수단이다. 무섭게 보이려는 짓은 겁쟁이가 더 잘하는 법이다. 혹시 이런 희한한 경고를 발동시켜 보고 싶으면 지푸라기로 약을 올리면 된다. 그네를 흔들려면 먼저 도움닫기가 필요할 텐데 거미는 그것 없이도 끈의 구조를 이용해서 스스로 장단을 맞춘다. 뛰거나 뚜렷하게 노력하지도, 움직이지도 않는데 그물 전체가 흔들린다. 겉보기에는 몸을 전혀 안 움직이는 것 같은데 크게 흔들린다. 정지 상태에서 요동치게 한 것이다.

주위가 조용해지면 여느 때의 모습으로 돌아간다. 거미는 고달픈 생활고에도 지칠 줄 모르며 깊은 생각에 잠긴다. 먹게 될까? 못 먹을까? 거미는 식량문제를 고민하지 않아도 될 만큼 확실한 특권을 가지고 살아간다. 먹잇감을 잡으려는 투쟁 없이도 풍족하게 사는 것이다. 구더기의 경우는 녹은 뱀(Couleuvre, 구렁이) 수프 속에서 한가로이 헤엄친다. 하지만－천부의 재질을 타고난 녀석들이 인간을 비웃으면서－기교와 인내로 식사에 초대된다.

배노랑물결자나방 몸통이 노란색이며 흰색 날개에는 화려한 무늬가 있다. 초여름에 산이나 들에서 흔히 볼 수 있는 종이다. 오대산, 6. VIII. '96

오, 부지런한 내 왕거미들아, 너희도 여기에 속한다. 식사에 초대받고 싶은 너희지만 매일 밤 참고 견뎌도 아무것도 얻지 못하는 날이 많다. 너희 역경을 동정한다. 나도 너희처럼 매일 먹을 빵 걱정을 하며 끈덕지게 그물을 친다. 내 그물은 보아미자나방(Phalène: *Boarmia cinctaria*) 사냥보다 더 힘들고 더 고통스러운 빵인 사상을 낚는 그물이다. 희망을 갖자. 생활에 가장 좋은 것이 현재는 없고 과거에는 더욱 없었다. 그것은 희망의 나라에, 다시 말해서 미래에 있는 것이다. 자, 기다려 보자.

하루 종일 하늘이 온통 회색이다. 폭풍을 머금은 하늘에서 소나기가 한바탕 쏟아질 것 같다. 그래도 날씨를 잘 알아맞히는 이 아줌마가 실편백나무(*Cupressus*)에서 나온다. 밤하늘이 활짝 갤 것이니라. 언제나 그랬듯이 그녀는 제 시간에 새로 그물을 쳤다. 날씨를 귀신같이 맞췄다. 숨 막힐 듯했던 비구름이 갠 지금은 신기하게도 그 갈라진 틈으로 달이 내려다본다. 나도 초롱을 들고 바라본다. 한 번 불어 준 삭풍에 상공이

보아미자나방
실물의 1.3배

깨끗이 씻겨 하늘이 맑아졌다. 땅은 완전히 적막이 지배한다. 밤일을 하려는 자나방이 어지럽게 날기 시작한다. 멋지다! 한 마리가 걸렸다. 근사한 녀석이다. 거미의 밤참감이다.

그 시간에 일어나는 일을 희미한 초롱불로 정확히 관찰하기란 쉽지 않다. 아무래도 낮에 사냥하며 그물을 거의 떠나지 않는 녀석에게 도움을 청해야겠다. 로즈마리(*Rosmarinus*) 울타리의 나그네인 세줄호랑거미(*Argiope bruennichii*)와 누에왕거미(*Argiope lobata*)는 밝은 대낮에 극적인 장면을 아주 세세한 부분까지 보여 줄 것이다.

선정된 사냥감이 끈끈이 실에 놓이자 6개의 다리가 모두 끈끈이 올가미에 얽혔다. 다리 하나를 끌어 올리면 엉클어진 올가미가 조금 풀리지만 곤충이 결사적으로 몸부림쳐 봐야 떨어지지도, 실이 끊어지지도 않는다. 다리 하나가 벗어나면 다른 다리가 더 달라붙는다. 격렬한 힘으로 함정을 부수지 않는 한 도저히 도망칠 방법이 없다. 힘센 사냥감이라도 함정을 부술 수는 없을 것이다.

호랑거미 그물에 지그재그 띠를 새겨 놓은 호랑거미가 닥치는 대로 사냥했다. 몸이 길고 날개가 긴 잠자리(위)도, 살찐 여치(아래)도 모두 끈끈이 보자기로 감싸 놓았다. 시흥, 5. VII. '96

그물의 진동을 감지한 왕거미가 즉시 달려온다. 사냥감과 조금 거리를 두고 주위를 빙빙 돌며, 얼마나 위험한 녀석인지 조사하여 그 힘에 따라 수단을 결정한다. 우선 예상해 보자.—대개는—자나방, 곡식좀나방

(Tineidae), 쌍시류(Diptera) 따위가 평범한 먹잇감이다.

거미는 잡힌 녀석을 마주 보고 배를 조금 아래로 구부려 출사돌기 끝을 살짝 댄다. 다음, 앞다리로 재빨리 돌린다. 조롱 안의 다람쥐(Écureuil: Sciuridae)가 쳇바퀴를 돌릴 때도 그보다 맵시 있고 빠른 솜씨를 보여 주지는 못할 것이다. 끈끈이 나선이 바퀴의 굴레가 되어, 쇠꼬챙이에 꿴 통닭처럼 돌고 또 돈다. 그렇게 재빨리 돌리는 것은 좋은 눈요깃감이 된다.

그렇게 회전시키는 목적이 무엇일까? 출사돌기가 잠깐의 접촉으로 실 하나에 먹잇감을 붙인다. 그러고는 비단 창고에서 실을 끌어내 점점 감아서 전혀 힘을 쓰지 못하게 수의(壽衣)를 입혀 버린다. 이 방법은 우리네 철사 공장에서 하는 것과 아주 닮았다. 실패가 모터의 힘으로 회전한다. 회전함에 따라 실패는 철강판의 작은 구멍을 통해서 철 실을 끌어내는 동시에 구멍 크기에 맞추어 가늘어진 철사를 감는다.

왕거미의 작업도 그렇다. 거미의 다리 끝은 모터, 잡힌 곤충은 감기는 실패, 출사돌기는 강철 구멍인 셈이다. 사형수를 빨리 정확하게 묶으려면 경제적인 이 방법이 가장 좋다.

드물게 제2의 방법도 쓰인다. 도망치지 못하는 사냥감의 주위를 돌다가 그물 표면에서 뒷면으로 재빨리 뚫고 들어가면 녀석이 포장된다. 끈끈이 실은 탄력성이 강해서 거미가 그물을 부수지 않고도 그 코를 통해 반대쪽으로 통과할 수 있다.

이번에는 아주 위험한 사냥감, 가령 갈고리와 이중톱날의 다리를 마구 휘두르는 황라사마귀(Mante religieuse: *Mantis religiosa*)◔, 흉악한 창으로 난폭하게 찔러 대는 말벌(Frelon: *Vespa crabro*)◔, 강장한 갑옷에 무적의 뿔을 숨긴 둥글장수풍뎅이(Pentodon: *Pentodon*)[2] 따위를 보자. 이런 종류는 대개 왕거미에게 알려지지 않아 사냥감이 아니다. 내 농간질로 그것들을 주어 보면 과연 거미가 접수할까?

그런 종류를 받아들이긴 해도 대단히 조심한다. 가까이 다가가서 위험을 감지한 거미는 마주 보는 대신 뒤로 돌아서서 끈 제조기가 녀석을 향한다. 그러고는 전과 달리 제조기가 일제히 작동하여 뒷다리가 튼튼한 실을 한 묶음씩 빨리 끌어낸다. 뒷다리를 부채처럼 크게 펼치고 사냥감을 향해서 진짜 넓은 띠의 헝겊을 던진다. 발버둥 치는 녀석을 조심하면서 앞뒷다리, 날개, 여기저기에 포승줄을 한 아름씩 아낌없이 던진다. 마치 눈사태처럼 퍼부어서 아무리 힘세고 극성스러운 녀석이라도 굴복당하게 마련이다. 황라사마귀는 톱날 달린 팔을 벌리려 해도 소용이 없고, 말벌은 쓸데없는 단도를 휘두를 뿐이다. 딱정벌레도 넓은 등과 다리를 뻗쳐 봐야 소용이 없다. 실이 계속 새로 밀려 나와 모든 것을 마비시켜 버린다.

낭비를 초래하는 리본(헝겊 띠) 던지기는 실공장을 빨리 바닥낼 염려가 있으므로 실패 감는 방법이 더 경제적이다. 하지만 기계를 돌리려면 근접해서 다리로 돌려야 하는데, 거미가 그런 위험을 무릅쓰지는 않고 안전거리에서 헝겊을 계속 던진다. 작업이 끝나도 비단은 사실상 남는다.

그렇지만 왕거미도 막대한 소비를 걱정하는지, 사정이 허락하면 실패 돌리기 식으로 돌아간다. 뚱뚱한 유럽둥글장수풍뎅이(*P. punctatus*→ *bidens punctatum*)를 상대하다 갑자기 작전을 바꾸는 것을 실제로 보았다. 녀석은

2 뿔이 없는 풍뎅이인데 보강 설명이 과장되었다.

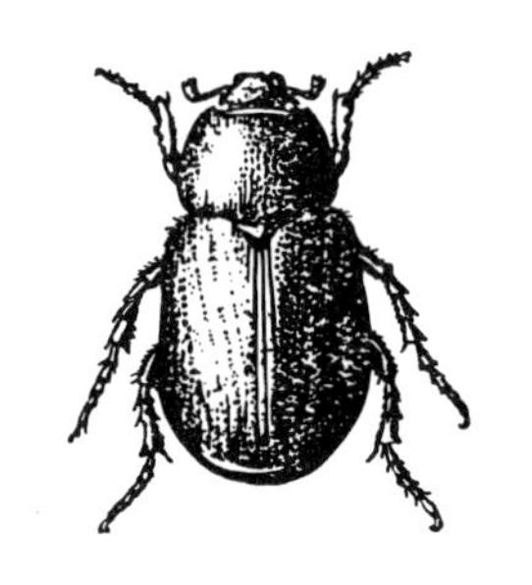

유럽둥글장수풍뎅이
거의 실물 크기

유럽둥글장수풍뎅이 우리나라에는 둥글장수풍뎅이가 없었으나 1990년대 초부터 서식함을 발견한 옮긴이가 학회에 보고한 일이 있다. 채집: Firenze, Italy, 29. VIII. '96, 김진일

몸집이 뚱뚱해서 돌리기가 좋았다. 거미가 다가가 한 아름의 끈으로 꼼짝 못하게 하고는, 맛있게 살찐 먹잇감을 마치 작은 자나방 다루듯 빙글빙글 돌렸다.

그러나 긴 다리와 폭넓은 날개를 가진 황라사마귀한테는 회전식을 쓰지 못한다. 비단 창고가 바닥날망정 녀석이 철저히 정복될 때까지 끈끈이 실을 계속 던져야 한다. 이런 사냥은 비용이 너무 드는데, 나의 조작 없이 이렇게 큰 사냥감을 잡는 경우는 한 번도 보지 못했다.

사냥감은 힘이 세든 약하든, 오로지 잘 묶어야 할 뿐이다. 전략은 언제나 같다. 묶인 녀석을 상처가 보이지 않을 만큼 살짝 깨문 다음 물러서서, 물린 상처의 효과가 나타나기를 기다린다. 마침내 효과가 나타나며 거미도 다시 돌아온다.

잡힌 녀석이 작으면, 예를 들어 곡식좀나방 따위라면 그 자리에서 먹어 버린다. 하지만 엄청나게 커서 잔칫상을 차리는 데 시간이 많이 걸리고, 때로는 며칠이 걸릴 정도로 크면 끈끈이 실이 없는 식당이 필요하다. 식당으로 가려면 회전의 축이었던 방사선을 먼저 풀어야 한다. 방사선은 그물의 기본 구성 요소이므로 가로대를 희생시킬망정 그대로 보존해야 한다. 그래서 처음에 말았던 방향과 반대로 돌린다.

이 작업이 끝나면 꼬인 실이 본래의 모습으로 되돌아간다. 단단히 묶인 먹잇감을 그물에서 떼어 내 엉덩이에 매달고, 감시초소인 동시에 식당인 휴게소로 가져간다. 혹시 광선이 싫은데 전신줄을 가진 왕거미라면 사냥물을 매달고 오두막으로 올라가서 숨는다.

포박한 사냥물을 미리 살짝 깨문 경우는 그것을 빨아먹는 동안 무슨 일이 벌어질지 생각해 보자. 먹는 동안 갑자기 발작을 일으켜 날뛰는 것을 피하려고 미리 죽이지는 않을까?

여러 이유로 정말 죽였을 것이라는 생각이 든다. 우선 공격은 처음 맞이한 곳을 짧은 키스처럼 살짝 깨무는 정도로 소극적이었다. 살육 지식이 많은 녀석은 아주 정밀한 방법으로 목덜미나 뒷덜미를 노린다. 이런 살육자는 힘의 원천인 목신경[3] 찌르기에 깊은 해부학 지식을 보유했다. 이런 마취사는 운동신경절의 수와 위치를 잘 알고 있어서 거기를 중독시킨다. 그렇게 놀라운 지식을 갖지 못한 왕거미는 마치 꿀벌(*Apis*)이 쏘듯 무턱대고 아무 데나 찌른다. 특별히 어떤 장소를 선정하는 게 아니라 그냥 만나는 곳을 깨무는 것이다.

그렇다면 거미는 깨문 곳이 어디든 즉시 시체처럼 허탈해지는 엄청난 독성을 가졌어야 한다. 그런데 저항력이 강한 곤충은 즉사하지 않는 것 같았다.

자, 왕거미가 원하는 게 시체일까? 녀석은 살보다 피에서 영양분을 취하므로 등혈관(= 심장)이 박동하여 피가 흐르는, 즉 살아 있는 육체를 빠는 것

3 곤충은 목이나 목신경이 없다.

이 더 유리할 것이다. 거미가 몽땅 마시려는 먹잇감은 아직 살아 있을지도 모르는데, 그런지를 확인하기는 쉬운 일이다.

다양한 곤충을 기르는 사육장에서 메뚜기(Criquet: Acrididae)를 꺼내 그물 여기저기에 얹어 놓았다. 거미가 달려와서 실로 감고 가볍게 깨문 다음 물러나 하회를 기다린다. 이때 메뚜기를 가로채 수의를 조심스럽게 벗긴다. 가로챈 녀석을 확대경으로 세밀히 조사했으나 상처의 흔적도, 죽었다는 증거도 찾지 못했다. 어쨌든 곤충은 죽지 않았다.

겨우 키스 정도 한 먹잇감에는 별 탈이 없을까? 내 손에 들어온 녀석이 심하게 버둥대면 누구나 기꺼이 수긍하겠지만, 땅바닥에 내려놓으면 겨우 움직일 뿐 뛸 생각이 없다. 어쩌면 그물에 묶여서 혼비백산했다가 아직 정신을 못 차린 일시적 현상이며, 후유증은 곧 사라질지도 모른다.

시련당한 메뚜기를 위로해 주려고 상추(Laitue: *Lactuca*) 잎과 함께 사육장에 넣었다. 그런데 장애를 전혀 극복하지 못하고 하루 이틀을 그대로 지난다. 식욕을 완전히 잃어 상추 잎에 손도 대지 않는다. 돌이킬 수 없는 마비 현상이 왔는지 운동은 더더욱 미덥지 못하다. 다음 날은 죽었다. 모두가 다 죽었다.

왕거미는 먹잇감을 가볍게 깨물었을 뿐, 그 자리에서 죽이지는 않았다. 천천히 쇠약해지도록 중독시킨 것이다. 그러면 녀석이 죽어서 체액의 흐름에 지장이 생기기 전에, 또한 아무런 위험 없이 피를 빨 시간이 충분하다.

먹잇감의 몸집이 클 때는 먹는 데 24시간가량 걸린다. 살해당한 녀석은 그때까지 목숨이 붙어 있어서 체액을 모두 빨아내기에 좋은 조건이 된다. 일반적인 살육자의 방법과는 다른 이런 마취법 역시 똑똑한 도살 방법이다. 여기에는 해부학 기술이 전혀 없다. 왕거미는 포로의 몸 구조에 능통하지 못해서 닥치는 대로 찌르며, 뒷감당은 접종된 독이 한다.

물린 녀석이 급사하는 일은 아주 드물다. 내 노트에는 이 지방에서 가장 힘센 원별박이왕잠자리(*Aeschna*→ *Aeshna grandis*)와 모서리왕거미의 격투 이야기가 적혀 있다. 실은 내가 왕잠자리를 그물에 올려놓은 것이지, 거미가 그런 녀석을 잡는 일은 아주 드물다.

별박이왕잠자리 주로 구대륙과 신대륙의 북부 지방에서 살며, 우리나라에서도 함경도 지방에서는 많이 볼 수 있으나 남한에서는 무척 보기가 어렵다.
오대산, 6. VIII. '96

잠자리를 사냥한 무당거미 무당거미는 식욕이 대단하며 수컷은 새끼거미처럼 작은데, 짝짓기를 하려고 암컷에게 접근하다가 잡아먹히는 일이 많다.
강원 춘성군, 3. X. 06, 김태우

그물이 무섭게 흔들려 밧줄이 뿌리째 뽑힐 것 같다. 거미가 덤불의 오두막에서 껑충 뛰어나와 거물 앞으로 과감하게 달려간다. 실 한 뭉치를 한 번만 던지고는 별로 경계도 않고, 다리로 휘감아 잠자리를 제지시키려고 애쓴다. 그러다가 등에 칼을 꽂는다. 놀랍도록 짧은 시간이었으나, 늘 보아 왔던 것처럼 살짝 하는 키스가 아니라 악착스럽게 찌르는 깊은 상처였다. 다음, 녀석은 저만치 물러서서 독의 효과를 기다렸다.

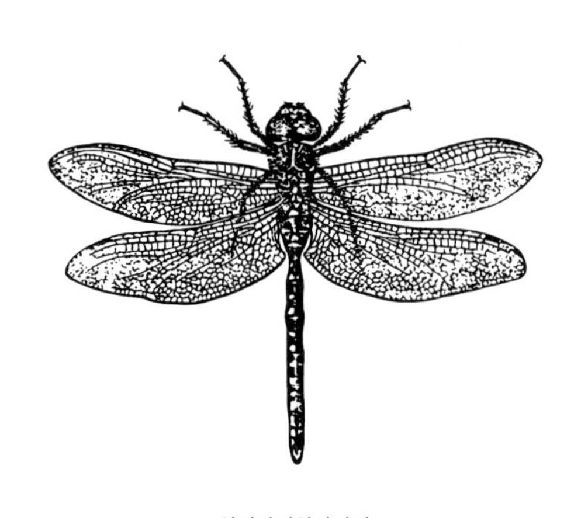

원별박이왕잠자리
1/2로 축소

잠자리를 즉시 가로챘으나 이미 죽었다. 소위 말해서 시체였다. 24시간 동안 탁자 위에서 쉬게 했으나 전혀 움직임이 없었다. 확대경으로 상처를 샅샅이 뒤져 보았으나 찔린 자리를 찾진 못했다. 결국 왕거미의 무기는 힘센 녀석도 능히 죽일 만큼 날카로운 창날이었다. 두 동물의 크기 차이를 생각하면 방울뱀(Crotale: *Crotalus*), 뿔뱀(Céraste: *Crotalus cerastes*), 살무사(Trigonocéphale: *Bothrops lanceolatus*)[4], 기타의 밉살스런 뱀(Serpents: Squamata)이라도 이렇게 벼락처럼 빠른 효과를 보이지는 못한다.

곤충이 그토록 무서워하는 왕거미를 나는 전혀 겁 없이 손으로 만진다. 내 피부가 녀석의 마음에는 안 드는가 보다. 내가 녀석에게 물리면 어떤 일이 벌어질까? 거의 별일이 없다. 내게는 왕거미[5]의 치명적인 칼보다 쐐기풀(Ortie: *Urtica*)이 더 무섭다. 같은 독이라도 생물에 따라 달리 작용한다. 벌레를 죽이는 독이 우리에게는 해롭지 않은 경우가 많다. 그렇다고 해서 거미 독을 너무 우습게 여겨서도 안 된다. 역시 열렬한 곤충 사냥꾼인 나르본느타란튤라(*Lycosa narbonnensis*)는 조심해야 하며, 자칫하면 큰 봉변을 당할 수도 있다.

왕거미의 식탁을 구경하는 것도 재미있

4 3종 모두 살무삿과이다.
5 원문에서는 잠자리로 잘못 쓰였다.

다. 오후 3시경, 뜻밖에도 방금 메뚜기를 잡은 세줄호랑거미를 만났다. 그물 가운데의 휴게소에 자리 잡고 사냥물의 넓적다리 관절을 공격하고 있었다. 하지만 거미는 꼼짝 않는다. 내가 보기엔 입틀조차 움직이지 않는다. 맨 처음 문 곳에 입을 꼭 붙이고 이빨조차 움직이지 않아, 계속 키스하는 모습이다.

녀석을 가끔씩 찾아갔으나 입의 위치가 그대로였다. 늦게, 밤 9시경에 찾아갔어도 계속 같은 상태였다. 6시간의 식사에도 입은 변함없이 오른쪽 허벅다리를 물고 있었다. 포로의 체액이 식인귀(食人鬼)의 위장으로 옮겨지고 있는 것이다.

이튿날 아침, 녀석은 아직도 식탁에 머물렀는데 먹는 것을 빼앗았다. 메뚜기는 껍질밖에 남지 않았다. 겉은 겨우 제 모습이었어도 속은 몽땅 빨렸고, 몇 군데는 구멍이 뚫렸다. 밤사이에 모양새가 바뀐 것이다. 거미는 추출이 안 되는 찌꺼기인 내장과 근육을 꺼내려고 딱딱한 껍질을 뚫고, 남은 누더기는 모두 압착기 같은 이빨로 빠개서 씹고 또 씹었다. 배를 가득 채운 녀석이 마지막에는 그것을 환약처럼 뭉쳐서 내버린다. 더 늦기 전에 메뚜기를 가로채지 않았다면 이것 역시 환약 모양이 되었을 것이다.

왕거미는 상처를 내든 죽이든, 먹잇감의 아무 데나 깨문다. 먹잇감의 종류가 매우 다양한 거미에게는 이것이 좋은 방법이다. 녀석이 제 손에 들어온 것은 무엇이든 다 접수하는 것을 보았다. 나비(Papillions: Lepidoptera), 잠자리(Libellules: Odonata), 파리(Mouches: Diptera), 말벌(Guêpes: Vespidae), 작은 풍뎅이(Petit Scarabée; Scarabaeoidea), 메뚜기 따위를 접수했다. 녀석에게 황라사마귀, 뒤영벌(*Bombus*), 시골왕풍뎅이→ 원조왕풍뎅이(Hanneton vulgaire: *Melolontha vulgaris→ melolontha*), 그 밖에 거미가 처음 보았을 법한 종류를 주어도 모두 접수했다. 덩치가 크든 작든, 무르든 갑옷을 입었든, 걸어 다니든 날아다니든, 가리지 않고 받아들여 못 먹는 게 없다. 기회만 있으면 심지어 동족인 거미마저 잡아먹었다.

만일 왕거미가 먹잇감의 구조를 해부하려 들면 해부학 백과사전이 필요할 것이다. 본능이란 원래 보편성 밖의 것이며, 그 지식은 언제나 한정된 것에 갇혀 있다. 노래기벌(*Cerceris*)은 바구미(Charançons: Curculionoidea)와 비단벌레(Buprestes: Buprestidae)에 대해서 몽땅 알고 있으며, 조롱박벌(*Sphex*)은 민충이(Éphippigères: *Ephippigera*), 귀뚜라미(Grillons: Gryllidae)와 메뚜기에 대해, 배벌(Scolies: *Scolia*)은 꽃무지(Cétoines: Cetoniidae)와 장수풍뎅이(Oryctes: *Oryctes*)에 대해 아주 잘 알고 있다. 그 밖의 마취사 벌레들 역시 나름대로의 희생자가 있지만 다른 종류에 대한 것은 모른다.

살육자 중에는 입맛이 아주 편협한 녀석도 있다. 진노래기벌(Philanthes apivores: *Philanthus apivorus→ triangulum*)과 게거미(Thomise: *Thomisus*)는 특별히 양봉꿀벌(Abeille domestique: *Apis mellifera*)만 좋

왕풍뎅이 녀석은 몸길이가 3cm나 되며 단단한 피부를 가졌음에도 불구하고 사냥감을 기다리는 왕거미의 그물에서는 헤어나지 못한다. 시흥, 10. VII. '96

아한다. 게거미는 꿀벌의 뒷덜미나 턱 밑에 치명적으로 일격을 가하는 재주의 전문가이다. 녀석의 활동 범위는 꿀벌로 한정되었으나 왕거미에게는 이런 지식이 없다.

동물도 우리와 조금은 닮아서 어떤 기술에 숙달하려면 전문화해야 한다. 왕거미는 잡식성이므로 심오한 방법을 포기한 대신 보편화할 수밖에 없다. 깨물 장소 따위의 문제가 아니라 어디를 깨물든 마비시키거나 죽이는 독을 증류하게 된 것이다.

왕거미가 상대하는 먹잇감의 종류가 다양함을 알고 나니 녀석이 왜 그렇게 망설임 없이 사냥감에 달려드는지를 알 것 같다. 예를 들어, 메뚜기부터 모양새가 아주 다른 나비에 이르기까지, 이렇게 광범위한 동물학 지식을 그 초라한 지능에서 기대하기란 현실과 너무 동떨어졌다는 생각이다. 움직인다. 그래서 잡아먹는다. 한 마디로 그것이 거미의 지혜였다.

12 왕거미 - 소유권

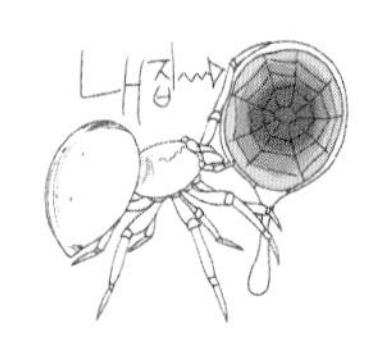

뼈 한 조각이 개(Chiens: *Canis lupus familiaris*)의 눈에 띄었다. 녀석은 응달에 엎드려 두 발로 누르고 혀로 핥다 다정한 눈길로 들여다본다. 그것은 녀석의 재산이며 아무도 손댈 수 없다. 왕거미(Araneidae)가 친 그물은 그 거미의 재산이다. 진정한 의미에서 개의 뼈다귀보다 분명한 재산이며, 더 가치 있는 소유물이다. 개는 행운과 후각 덕분에 투자나 노력 없이 횡재했으나, 거미는 우연한 횡재가 아니라 스스로 재산을 만들었다. 제 내장에서 재료를 꺼내, 제 기량으로 제작한 것이다. 녀석에게 신성한 재산이 있다면 바로 그 그물이다.

사상을 수집하는 사람의 업무는 이보다 훨씬 위에 있다. 그가 거미그물과 비슷한 책 한 권을 엮어서 그 사상이 우리를 가르치는 동시에 감동까지 준다. 개가 뼈를 지키듯, 인간은 자신을 지키려고 특별히 헌병(憲兵)을 생각해 냈다. 책을 지키기엔 정말로 웃음거리인 수단이다. 우리는 명상의 건축물을 지어 보자. 큰 방해 없이 건축자재인 돌을 꺼내서 마음대로 건물을 지을 수 있을 것이다. 회반죽으로 돌을 하나씩 쌓아 올리면 법이 그 담을 보호해 준다. 토끼(Lapin: *Oryctolagus*)에게 굴은 하나의 소유물이나 사상의 작품은 그런 게 아니다. 만일 동물이 남의 것에 대해 야수성을 가졌다면 인간 역시 우리 것에 대해 그런 습성을 가졌다.

프랑스 우화 작가가 '언제나 강자의 도리가 첫째 도리이다.'라고 말했다가 평화주의자에게 크게 분노를 산 적이 있다. 시구, 운율, 각운(脚韻)을 좋아하는 라 퐁텐(La Fontaine)[1]은 자기 의중을 엄청나게 뛰어넘어, 개 사이의 난투극이나 잔인한 인간 사이의 싸움에서 언제나 강자가 재산의 주인이 된다고 말하고 싶어 했다. 악당은 인류에게 해를 끼쳐 가며 야만스런 방식의 법, 즉 힘이 법보다 강하다는 법을 만들었다. 그런 자도 세상 돌아가는 모습을 보면서 성공이 우수성을 증명하지는 않음을 알게 될 것이다.

인류는 피부색이 차차 바뀌는 애벌레이다. 그래서 힘보다 법이 우위인 사회로 천천히, 아주 천천히 행진한다. 숭고한 이 탈바꿈이 언제나 끝나려나? 야수의 야만성에서 해방되려면 남반구에 몰린 대양의 여러 섬이 유럽으로 흘러와, 이 대륙의 얼굴을 바꾸어 놓고 순록(Renne: *Rangifer tarandus*)과 매머드(Mammouth: *Mammuthus*)가 살던 빙하시대가 다시 오기를 기다려야 할까?[2] 그럴지도 모른다. 도덕의 진보란 그렇게 느린 것이다.

우리는 자전거, 자동차, 비행기, 그리고 우리의 뼈를 부수기에 놀라운 수단을 가졌으나, 이런 것 모두가 도덕성의 단계를 높여 주지는 못한다. 도덕은 우리가 물질의 노예가 되면 될수록 점점 퇴보하게 되어 있다고 한다. 우리 발명품 중

1 유머 작가. 『파브르 곤충기』 제5권 36쪽 참조

2 대륙 이동 전이나 빙하시대, 즉 인류가 태어나기 전 시대로 되돌아가야 할까라는 뜻이다.

가장 진보한 것은 추수하는 농부가 밀을 베는 속도만큼 빨리 기관총과 폭탄으로 사람을 베어 넘기는 물건이다.

강자의 진리가 아름답다는 것을 직접 보고 싶은가? 그렇다면 왕거미와 몇 주일을 함께 지내보면 된다. 녀석은 그물의 소유주이며, 자신이 만든 합법적인 작품이 그 그물이다. 첫번째 질문이 나온다. 녀석은 제품의 어떤 표시로 제 것을 알아서 친구의 것과 구별할까?

서로 이웃인 왕거미끼리 그물을 바꿔치기했다. 남의 그물로 옮겨 놓자 즉시 각각 중심부로 가서 머리를 아래로 향했다. 제 것과 같은 모양인 다른 거미의 그물에서 만족한 듯, 거기에 자리 잡았다. 밤이나 낮에 이사해서 모든 것을 그전처럼 만들려 하지도 않았다. 두 녀석은 정말 제집으로 아는가 보다. 그물이 너무 닮았으니 나도 그럴 줄은 알고 있었다.

이번에는 다른 종끼리 그물을 바꿔 보자. 세줄호랑거미(*Argiope bruennichii*)와 누에왕거미(*A. lobata*)를 상대의 그물로 옮겼다. 그물 모양이 서로 다르다. 누에왕거미의 그물 나선이 훨씬 조밀하고 회선 수도 많다. 낯선 곳의 각 거미는 과연 어떻게 처신할까?

두 거미 중 하나는 다리 밑의 그물눈이 지나치게 좁은 것을, 다른 녀석은 너무 넓은 것을 느끼고 당황해서 도망칠 것이라고 생각했었다. 하지만 아니다. 조금도 당황한 기색 없이 그 자리에서 사냥감을 기다린다. 그물 중심에 자리 잡았을 뿐 아무 일도 없다. 그뿐이다. 며칠이 지나 덜 익숙한 그물이 쓸모없어지지 않는 이상 제 방식으로 수선하지도 않았다.

결국 왕거미는 제 그물을 분간하지 못한다는 이야기였다. 다른 녀석의 그물도, 다른 종의 그물도 제 것으로 생각하는, 이런 착오에서 일어나는 비극적인 면을 살펴보자.

연구 재료를 항상 내 손안에 놔두되 확실성이 없는 문제는 개입시키지 않으려고 들에서 각종 왕거미를 채집하여 울안의 가시덤불에 풀어 놓았다. 바람맞이가 아니며 햇볕이 잘 드는 로즈마리(*Rosmarinus*) 울타리가 여러 거미의 서식처가 되었다.

각각 종이봉투에 담아서 옮겨 온 거미를 별도의 준비 없이 덤불 위에 놓아주었을 뿐, 적당한 장소를 찾아가 그물을 치는 일은 녀석들의 몫이다. 녀석들은 놓아준 자리에서 거의 하루 종일 움직이지 않고 밤이 오기를 기다렸다가 적당한 장소를 찾았다.

개중에는 참을성이 약한 녀석도 있었다. 지금까지는 개울가 골풀(Jonc: *Juncus*)이나 털가시나무(Yeuse: *Quercus*) 사이에 그물을 쳤던 녀석인데, 지금은 작업하지 않고 제 소유물을 되찾거나 남의 재산을 가로채러 떠난다. 거미도 이 점에서는 인간과 마찬가지였다.

새로 옮겨 온 세줄호랑거미 한 마리가 며칠 전부터 우리 집에 자리 잡은 누에왕거미 그물로 걸어가는 게 눈에 띄었다. 제 그물 가운데 자리 잡고 있는 누에왕거미는 겉보기에 태연하며, 낯선 손님이 다가오기를 기다린다. 눈 깜짝할 사이에 맞붙어서 필사적인 격투가 벌어진다. 집주인이 졌다. 침입자가 포로를 재빨리 묶어 끈끈이가 없는 곳으로 끌고 가, 조금도 거리낌이 없이 먹어 버린다. 24시간 뒤에는 모두 씹히고 체액까지 모두 빨렸다. 그렇게 해서 말라 버린 시체는 한낱 비참한 알갱이로 바뀌어 버려졌다. 비정하게 정복당한 그물은 침입자의 소유가 되었고, 황폐해서 쓸 수 없어질 때까지 사용되었다.

타종 간의 생존경쟁 싸움은 하나의 관례로 되어 있으니, 타종끼리인 이 경우는 변명이라도 할 수 있겠다. 만일 두 거미가 서로 같은 종이었다면 어땠을까? 정상의 자연조건에서는 이런 침입이 절대로 없을 것 같아, 내가 세줄호랑거미를 제 친구 그물로 옮겼다. 곧 맹렬한 공격이 시작된다. 한때는 전세가 백중인 것 같더니 침입자에게 승리가 돌아갔다. 패한 자매는 승자에게 거리낌 없이 먹혔고, 물론 그물도 빼앗겼다.

강자의 도리를 보여 주는 공포 속에서 동족을 잡아먹고 재산을 빼앗았다. 옛날 인간도 그랬다. 동족을 습격해 죽이고 잡아먹었다. 국가 사이도 개인 사이처럼 서로 파괴했다. 그래도 양(*Ovis*)의 갈빗살이 더 맛있음을 알게 되어, 그런 짓을 멈추고 잡아먹지는 않게 되었다.

그렇지만 왕거미는 동족끼리 싸우지도, 남의 재산을 빼앗으러 나서지도 않으니 녀석들을 계속 비방하지는 말자. 이런 악랄한 행위에는 어떤 특별한 환경이 필요한데, 남의 그물로 옮긴 것은 나였다. 그 순간 녀석은 제 것과 남의 것을 분간하지 못했고, 그저 다리에 닿는 것을 진짜 제 것으로 알았을 뿐이다. 이때 침입자가 강하면 집주인을 먹어 버리는 게 반항을 간단하게 처리하는 방법일 뿐이다.

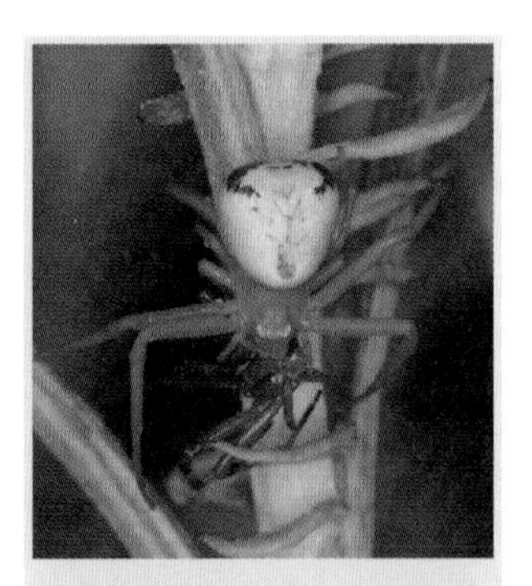

동족도 포식하는 게거미 한여름에 접어 놓은 풀잎 안에다 산란한 뒤 알을 보호하는 꽃게거미인 것 같다.
가평, 21. V. 07, 김태우

왕거미는 나로 인해 생긴 분규나 오랫동안의 갈등에서 생긴 분쟁이 아닌 이상 제 그물을 소중히 여길 뿐, 남의 그물에 함부로 손대지는 않는다. 거미는 제 그물이 없을 때, 특히 그물을 짜지 않는 대낮에만 강도질에 열중한다. 생활 도구를 잃어버린 거미는 제힘이 더 강하다고 판단했을 때 비로소 이웃을 공격한다. 그때는 내장까지 들어내서 먹어 버리고 재산도 빼앗는다. 이제 그만 너그러이 봐주자.

이제는 습성이 판이하게 다른 종을 조사해 보자. 세줄호랑거미와 누에왕거미는 서로의 형태나 색깔이 완전히 다르다. 전자는 올리브 열매처럼 뚱뚱한 배에 흰색, 선명한 노랑, 검정의 찬란한 띠무늬를 새겨 놓았다. 후자는 작고 하얀 바싹 마른 배 가장자리가 꽃처럼 장식되었다. 겉모양만 보면 두 종을 서로 친척인 왕거미로 보기조차 어려울 판이다.

하지만 형태 위에 소질이 군림한다. 형태를 아주 세세하게 따지는 분류학은 중대한 특징인 소질을 깊이 참고해야 한다. 겉모습이 다른 두 종의 왕거미가 생활양식은 같다. 두 종 모두 낮에 사냥을 즐기며 그물을 떠나는 일이 없다. 그물 모양도 거의 같고, 거기에다 지그재그를 그려 넣는 것도 같다. 세줄호랑거미는 누에왕거미를 잡아먹은 다음 그 그물을 계속 사용할 정도였다. 후자 역시 힘이 셀 때는 전자를 잡아먹고 재산도 접수한다. 남의 그물에서 분쟁이 일어났어도 승리한 강자는 제집에 머문 것처럼 마음이 편하다.

이제 십자가왕거미(*Araneus diadematus*)를 보자. 털과 적갈색에 변이가 심하며 등에는 세 개의 흰색 십자가 무늬가 있다. 특히 밤에 사냥하며 낮에는 햇빛이 싫어서 근처 관목의 어두운 은신처에 숨어 있다. 전신줄과 연결하고 있는 그물도 겉모습은 앞의 두 종과

거의 같다. 세줄호랑거미가 그 그물을 찾아가게 해보면 어떤 일이 벌어질까?

햇볕이 쨍쨍한 대낮에 십자가왕거미가 침략을 받았다. 주인은 나뭇잎 은신처에 숨어 있어서 빈 그물이다. 물론 전신줄이 작동해서 주인이 즉시 달려나와 성큼성큼 걸어 다니며 영토를 점검한다. 침입자에게 위험을 느낀 주인이 아무 반응도 보이지 않고 은신처로 후퇴했다.

한편 침입자는 별로 흥미가 없는 것 같다. 그물에 동족이나 누에왕거미가 머물렀다면 살생을 끝내고 중앙에 자리 잡았겠지만 빈 그물이니 싸움이 없다. 주요 전략 기지인 중앙을 점령했어도 막을 자가 없는데, 녀석은 내가 올려놓은 자리에서 움직일 생각이 없다.

지푸라기로 가볍게 찔러 보았다. 제집 안의 세줄호랑거미를 이렇게 귀찮게 하면 공격자를 위협하려고 그물을 세차게 흔들어 댄다. 그런데 지금은 아니다. 계속 귀찮게 해도 반응이 없다. 공포에 질려 멍청해졌다. 주인이 망루에서 동정을 살피고 있으니 그럴 만도 하겠지.

거미가 멍청한 데는 무슨 이유가 있을 것 같다. 지푸라기로 녀석의 다리를 쿡쿡 찔러도 쳐드는 게 좀 힘들어 보이고, 발판의 실이 끊길 정도로 딸려 온다. 녀석은 이제 재빠른 줄타기 곡예사가 아니라, 발이 무엇인가에 휘감겼을 때의 걸음걸이였다. 끈끈이 실이 제 것보다 훨씬 끈끈한데, 샌들에는 그것에 대처할 만큼 기름이 충분히 발리지 않았나 보다.

몇 시간이 지나도 계속 그 상태였다. 세줄호랑거미는 그물 가장

자리에서 꼼짝 안 했고, 주인은 오두막에 숨어 있다. 두 녀석이 모두 불안했던 것이다. 해가 지자 어둠이 친구였던 주인이 용기를 되찾았다. 침입자 따위는 아랑곳하지 않고 그늘의 저택에서 나와 그물 중앙으로 직행한다. 세줄호랑거미는 혼비백산하여, 껑충 뛰어내려 로즈마리 덤불로 사라졌다.

각종 거미로 여러 번 반복실험을 했으나 결과는 매번 같았다. 그물의 구조는 문제가 아니라도 끈끈이의 차이에서는 자신을 잃었다. 그토록 대담한 세줄호랑거미가 겁을 먹고 십자가왕거미를 공격하지 않았다. 십자가왕거미 역시 나뭇잎 사이의 집에서 나오지 않았다. 아니면 침입자를 힐끗 보고 재빨리 돌아가 밤이 오기를 기다렸는지도 모른다. 어둠이 용기와 원기를 북돋아 다시 무대로 올라온다. 하지만 모습만 나타냈다가 다시 사라지기도 한다. 때로는 팔을 조금만 휘둘렀는데 침입자가 도망쳐, 권리를 억압받았던 녀석에게 승리가 돌아온다.

타관 출신이 집주인을 존경한 것에는 중대한 이유가 있었으니,

제법 도덕적으로 보였던 거미라도 칭찬할 수는 없다. 우선 어떤 함정이 있는지 모르는 성채에 숨은 적(주인)과 싸워야 하며, 혹시 녀석을 정복하더라도 끈끈이의 성질이 달라 그물을 사용하기가 곤란하다. 가치가 있을지 모르는 물건이라고 해서 제 몸을 내던지는 것은 그야말로 어리석은 짓이다. 세줄호랑거미는 그것을 알고 있었기에 단념했던 것이다.

그러나 제 그물이 없는 세줄호랑거미가 동족이나 끈끈이 성질이 같은 누에왕거미의 그물을 만났을 때는 사납고 조심성 없이 주인의 배를 가르고 재산을 빼앗았다.

동물은 힘이 법을 이긴다고 말한다. 더 정확히 말해서, 동물의 세계에서 법이란 없다. 다만 혼잡한 식욕의 세계로서 상대를 억제하는 것은 무력뿐이다. 본능의 근본을 드러낼 수 있는 인류만 법을 만든다. 양심이 천천히 냉정해짐에 따라 만들어 내는 것이다. 아직은 뒤뚱거리는 인류가 해를 거듭하면서 신성한 빛이 더해져, 아주 미약하고 희미한 빛으로 번쩍이는 횃불을 만들 것이다. 이 불꽃이 우리 속에 내재하는 짐승 같은 법을 송두리째 근절시켜, 언젠가는 사회의 모습을 바꿔 줄 것이다.

13 수학의 기념-뉴턴의 2항정리

왕거미(Araneidae)의 그물 문제는 정말로 당당했다. 나는 이 문제를 그것에 어울리게 자세히 마음껏 이야기하고 싶었으나 독자가 지루해할까 봐 염려되었다. 혹시 먼저 이야기한 분량만으로도 한도를 넘었는지 모르겠다. 진짜 그랬다면 독자에게 손해배상을 해야겠으나 나는 이런 이야기를 하고 싶은 것이다. 내가 어떻게 대수학(Algèbre)의 그물을 정확하게 이해할 만큼 수학 실력을 양성하게 되었을까? 혹시 독자도 그러길 원하는지? 내가 거미그물의 측량가가 된 방법을 이야기하면 피곤했던 벌레 이야기에서 잠시 회복될지도 모르겠다.

내 느낌에 여러분은 분명히 동의했다. 병아리와 새끼돼지가 찾아오던 옛적 시골, 내 학교 이야기를 얼마간은 너그러운 여러분의 마음이 받아들였겠지. 오직 혼자서 무리하게 공부하던 내 방법을 쓸모없는 짓이라고 해야 할까? 그 이야기를 좀 해보자. 누가 또 아나? 나처럼 지식을 갈망하며 내 방법을 상속받고 싶은 사람에게 얼마큼 용기를 줄지도 모르지 않은가.

나는 선생님 밑에서 공부해 본 적이 없으나 그것에 불만을 갖지는 않았다. 독학에도 장점이 있다. 공교육처럼 사람을 동일한 거푸집에 집어넣지 않아서 좋고, 개인의 독창력도 충분히 발휘시켜주어서 좋다. 야생 열매가 익으면 온실의 과일과는 다른 맛이 난다. 그 열매의 맛을 아는 사람은 쓴맛과 단맛이 섞인 뒷맛을 알고, 그것을 비교해서 장점을 더 잘 알게 된다.

혹시 아직도 가능하다면, 나의 유일한 충고자인 책, 언제나 잘 이해되는 것은 아니지만 그런 책과 대면하고, 기꺼이 밤샘을 하면서 끈질긴 탐구를 다시 한 번 해보고 싶다. 그 과정에서 가까스로 한 줄기의 어렴풋한 빛이 비치는 저 어려운 문제와의 싸움을 다시 해보고 싶다. 옛날의 힘겨웠던 공부를 반복하고 싶은 것이다. 공부가 결코 나를 저버리지 않았던 단 하나의 내 소원이 다른 사람에게 변변치 못한 지식을 전하려는 소원 덕분에 북돋아졌다.

사범학교를 졸업했을 때의 내 수학 실력은 정말로 형편없었다. 제곱근을 풀거나, 공의 표면적을 계산하는 정도가 지식의 정점이었다. 우연히 대수표(代數表)를 펼쳤을 때는 숫자가 잔뜩 쌓여 있는 것을 보고 현기증이 났었다. 존경심 섞인 두려움으로 그 입구의 문턱에 서서 움직이지 못했었다. 대수에 대한 개념이 전혀 없었던 그때, 과목 이름은 알고 있었지만 그저 말만 들어도 어렵다는 생각이 내 빈약한 머릿속에서 소용돌이치고 있었다.

그렇지만 거의 마법서 같은 그 대수를 탐색하는 데 망설이고 싶지는 않았다. 되레 소화불량거리인 음식에 수저도 대보지 않고 맛있다고 칭찬할 정도였다. 베르길리우스(Virgile)의 아름다운 시구를 감상하기 시작했던 그 시절이야말로 얼마나 즐거웠더냐! 나중에 공포 대상인 그 공부에 오랫동안 내가 몰두하게 된다고 말해 주는 사람이 있었다면, 나는 대단히 놀랐을 것이다. 그런데 행운은 나에게 처음으로 대수 과목을 맡겼다. 물론 대수를 가르치는 것이지 배우는 게 아니었다.

어느 날, 내 또래 청년이 찾아와 대수를 배우고 싶단다. 토목학교에 들어가려고 입시 준비를 했던 것이다. 순박한 그는 나를 매우 유식한 학자로 알고 찾아왔다. 아아! 이 천진난만한 수험생은 번지수를 잘못 찾아오지 않았더냐!

그의 요청을 듣고 흠칫 놀랐다. 하지만 곧 감정을 억누르고 생각했다. 자문자답을 했다. '이것이야말로 정말 난센스이다. 나는 대수의 대 자(字)도 모르지 않더냐!' 잠시 어찌해야 좋을지 망설였다. 승낙해야 하나? 아니, 거절할까? 내 마음속에서 계속 망설였다.

그래, 승낙하자. 헤엄치는 법을 배우려면 용감하게 바다로 뛰어들어야 한다. 대수라는 이름의 깊은 연못으로 머리부터 뛰어들어라. 곧 익사할 것 같아 머리를 끌어내려는 노력이 생길 것이다. 내게 무엇을 가르쳐 달라는 건지 전혀 모르겠지만 앞으로 가 보자. 어둠 속에 머리를 처박아 보자. 가르치면서 공부하자.

아아! 내가 깊숙이 빠져들 생각은 꿈에도 없었던 영역으로 껑충 뛰어들다니, 정말 대단한 배짱이다. 아아! 스무 살짜리 사나이의 자신, 이 얼마나 멋지더냐!

나는 대답했다. "네, 알았습니다. 모레 오후 5시에 오십시오. 그때 시작합시다."

이제부터 24시간이란 여유 시간을 내 계획에 맞추어 몰래 숨겼던 것이다. 내일은 목요일이라 한숨을 돌릴 수 있는 휴일이니, 이날 하루는 어떻게 해서든지 수단을 생각해 낼 여유가 있을 것이다. 자, 이제 목요일이다. 하늘은 회색으로 약간 추웠다. 이런 고약한 날씨에는 코크스(coke)를 지핀 난로 옆이 좋다. 몸을 녹이면서 이리저리 궁리해 보자.

그런데 너는 정말로 엄청난 모험을 했구나! 내일 어찌할 작정이냐? 교과서만 있다면 밤새워 열심히 공부해서 그럭저럭 수업치레를 할 수 있겠지. 다시 말해서 저 무서운 시간에서 헤어날 준비를 할 수 있겠지. 뒷일은 그날그날 노력하면 될 테니 그럭저럭 해결될 것이다.

하지만 너는 책이 없지 않더냐. 책방에 달려가 봐도 소용없다네. 대수학 개론은 어느 책방에나 있는 게 아니라네. 주문해야 하는데 빨라도 반달은 걸리지. 하지만 나는 약속을 했고, 내일 당장 책이 필요하다. 게다가 지갑이 이미 바닥났으니 핑계조차 댈 수 없는 판이다. 서랍 구석에 굴러다니는 몇 푼을 세어 보니 12수(sous)였다. 이것으로는 모자란다.

약속을 취소할까? 아아! 천만의 말씀! 수단 하나가 머리에 떠올랐다. 거의 도둑질 수준이라 말하기가 쑥스럽다. 준엄한 각하, 대수학이시여, 나의 가벼운 죄를 용서하시겠지요. 그때 잠시의 횡령을 고백하렵니다.

사범학교 안에서의 생활은 수도원 냄새를 풍겼다. 월급이 적어서 교원 대부분이 교내에서 생활했으며, 식사는 교장의 책상에서 했다. 하지만 학교에서 요직을 맡은 이과(理科) 담당교사는 시내에 살았다. 더욱이 우리 학교처럼 교실 두 개와 테라스 한 개를 가지고 있었다. 화학실험 때 들이마시면 안 되는 가스는 그 테라스에서 공중으로 날려 보냈다. 그래서 그는 연중 대부분의 강의를 편하게 자기 집에서 했다.

겨울에는 거기에도 내 교실처럼 코크스를 가득 채운 난로가 있고, 그 앞에서 학생을 만났다. 또 거기서는 흑판(칠판), 기체 수집기, 벽난로 위의 플라스크, 벽에 걸린 구부러진 시험관, 그리고 책장 몇 개도 보인다. 교사가 강의할 때 신탁(神托)으로 참고할 책 한 줄이 진열된 것도 본 적이 있다.

그 중에는 대수학 책이 있을 텐데, 담당자에게 부탁해서 빌려 달라고 하기에는 마음이 내키지 않았다. 친애하는 동료들이 나를 얕잡아 보고 내 야심을 비웃겠지. 혹시 요구를 거절당할지도 모른다. 아마도 틀림없이 그럴 것이다. 세상에는 편협하거나 시시하게 질투하는 자가 얼마든지 있으며, 장차 나의 이런 경계심이 당연함을 증명할 날이 올 것이다.

오늘은 휴일이라 그 친구가 방을 비웠다. 내 교실 열쇠는 그 교실의 열쇠와 거의 닮았으니, 빌려 달라고 했다가 혹시 거절당할지도 모를 그 책을 직접 가지러 가자.

사방을 두리번거리며, 또 귀를 기울이며 접근했다. 내 열쇠가 그 교실 자물쇠와 잘 맞지 않았다. 다시 잘 꽂고 힘을 주었다. 이번에는 열렸다. 책장을 살펴보니 과연 대수 책 한 권이 있었다. 옛날에 쓴 책은 대체로 두꺼운데, 이 책도 세 손가락 두께였다. 다리가 후들후들 떨렸다. 아아! 불쌍한 빈집털이, 만일 이 장면이 발각되는 날이면 어쩌겠더냐! 하지만 모든 일이 잘 되었다. 빨리 문을 잠그고 훔친 책을 내 교실로 가져왔다.

지금 나는 이해하기 어려운 헌책과 마주했다. 아라비아 어로 대수라고 쓰인 책이름이 신비스러운 냄새를 풍겼다. 옛 천문 관측 기록서나 연금술서의 냄새와 잘 어울렸다. 너는 내게 무엇을 보여 줄 것이냐? 아무렇게나 책장을 넘겨 보자. 풍경에서 한 곳에만 눈을 집중하기보다는 전체를 조망해 두자. 책장을 빨리 넘겼으나 흥밋거리가 별로 보이지 않았다. 책 중간쯤 가다가 장 하나가 눈을 끌었다. '뉴턴의 2항정리(*Binôme de Newton*)' 라는 제목이었다.

제목이 흥미로웠다. 더욱이 지구의 무게를 쟀다는 영국의 대학자 뉴턴의 2항정리란 어떤 것일까? 천체역학이 어째서 이런 것과 관계가 있을까? 어디 읽어 보자. 그리고 이해하도록 노력해 보자. 팔꿈치를 책상에 괴고, 엄지는 귀 뒤로 가져가 모든 주의를 집중시켰다.

놀랍게도 그게 이해되었다. 거기의 글자 몇 개와 일반기호가 여러 양식의 그룹과 합동해서 이번에는 여기, 다음은 저기, 그리고 순서대로 다른 곳에 배치된다. 책에 쓰인 대로 거기에는 배열, 결합, 치환(置換)이 있었다. 나도 펜으로 배열하고, 결합하고, 치환했다. 그야말로 재미있는 계산이다. 나온 결과는 논리가 예상한 대로 증명했고, 모자란 생각을 도와주었다.

'대수가 이 정도밖에 어렵지 않다면 정말 식은 죽 먹기다.' 라고 생각했다. 그러나 얼마 후, 식은 죽이던 2항식 다음에 소화되지 않는 죽이 나타났을 때는 이런 환상을 버려야 했다. 하지만 아직까지는 어렵다는 전조도, 몸부림칠 만큼 말려드는 어려운 문제도 없었다.

아아! 난로 앞에서 배열이니 결합이니 하며 곰곰이 생각하던 그날 오후는 정말로 얼마나 즐거웠더냐! 저녁때까지는 가르칠 주제를 파악하게 되었다. 7시, 종이 교장실 탁자에서의 공동 식사 시간을 알렸다. 그때 나는 명예 입학을 허락받은 신입생의 기쁨으로 가득 차서 내려갔다. a자, b자, c자들이 서로 얽혀 나를 위한 행렬을 만들었다.

이튿날, 학생이 찾아왔다. 칠판과 분필도 준비되었다. 부족한 것은 선생뿐이다. 하지만 내가 용감하게 처음 손댄 것이 그 공식이었다. 청강생이 결합된 문자에 흥미를 느꼈다. 나는 순서를 뒤바꿔서, 즉 황소 앞에 쟁기를 놓고 뒤에 해야 할 일을 먼저 시작했다. 이렇게 터무니없이 혁신적인 것이었음을 그는 전혀 의심하지 못했다. 이번에는 좀 쉬운 문제를 곁들여서 머리를 쉬게 했다. 새로운 도약을 위해 생각을 가다듬게 한 것이다.

우리는 함께 생각했다. 답을 찾아낸 공로를 학생에게 돌리려고 머리에 떠오르는 것을 조심스럽게 한두 마디씩 말해 준다. 답이 나온다. 학생이 의기양양해진다. 나도 그렇다. 나는 내색을 안 했지만 마음속 깊이 외쳤다. '너는 이해했다. 그리고 학생에게도 이해시켰다.' 그에게도, 내게도 시간은 빨리, 그리고 즐겁게 지나갔다. 나의 학생, 그 젊은이는 만족해서 돌아갔다. 나도 그랬다. 그리고 독특한 교육 방법을 어렴풋이 알게 되었다.

2항정리를 교묘하고 쉽게 배열한 이 대수 교과서는 처음부터 내게 손댈 여유를 주었다. 사나흘 동안 내 무기를 닦아 놓았다. 가감법은 문제없다. 이것은 간단해서 한 번만 들으면 알 수 있다. 하지만 곱셈은 사정이 달랐다. 마이너스(-)에 마이너스(-)를 곱하면 정수가 나온다는 부호의 규칙이 있다. 이 괴상한 종류의 문제에서 내가 얼마나 괴로움을 당했더냐!

그 책의 다음 부분은 좀 서툴러서 너무 추상적으로 설명되었다. 아무리 읽고, 또 읽으며 생각해 보아도 소용이 없었다. 이해하기 어려운 문장은 끝내 이해되지 않는 법이다. 이것은 책들의 일반적인 결점으로서, 인쇄된 활자만 보여 줄 뿐 이해하지 못하는 독자를 상대해 주지는 않는다. 다시 말해서, 독자를 광명의 길로 안내하지 못한다. 말은 단 한 마디로도 충분히 독자를 바른 길로 데려다 줄 수 있는데 책은 쓰인 그대로 굳어 있다.

글에 비하면 말이 얼마나 좋은 것이더냐! 말은 앞으로 갔다가 되돌아올 수도, 고쳐서 하거나 장애물을 피해서 가기도, 공략 방법을 바꿀 수도 있다. 그래서 이해하기 어려웠던 것을 나중에는 밝힐 수 있게 된다. 하지만 내게는 인정받은 말, 확실한 등대 같은 말이 없었다. 구원받을 희망도 없는 배가 기호의 법칙이라는 불신의 늪에서 파선당하고 있었다.

학생도 그렇게 느꼈을 것이다. 내가 어렴풋이 예감한 것을 모아서 설명하고는 물었다. "이해했습니까?" 별로 도움이 안 되는 질문이다. 내가 이해하지 못했으니 학생도 모를 것은 뻔하다. 하지만 나는 시간을 벌 수 있다. 그가 대답했다. "모르겠습니다." 그 순진한 학생은 이런 선험적 진리를 이해하지 못하는 게 자신의 머리 탓이라고 생각했을 것이다.

"그럼, 다른 방법으로 해봅시다." 그러고는 이렇게도, 저렇게도, 다른 방법으로도 시도했다. 학생의 눈빛이 내게 온도계 역할을 하며, 내 공략 방법이 진보했음을 나타낸다. 만족의 표시로 눈을 조금만 깜짝거려도 나는 성공했음을 알았다. 우리는 기뻐서 어쩔 줄 몰랐다. 비법을 알아낸 것이다. 마이너스에 마이너스를 곱한 결과가 그 비밀을 밝혀 준 것이다.

우리의 공부는 이런 식으로 계속되었다. 그는 수동적인 수신기이며, 거기에는 아무 노력도 없이 얻어진 관념이 머물렀다. 나는 열렬한 개척자이며, 진리라는 보석을 캐려고 밤새워 책이라는 바위를 폭파했다. 이에 못지않게 더 어려운 역할까지 떠맡고 있었다. 이해하기 어려운 것을 발견하고, 그 거친 표면을 매끈하게 다듬어서 사납지 않은 모습으로 바꾸어, 그의 정신 속에 선물해야 했다. 돌멩이를 갈아서 한쪽에 약간의 빛을 내는 세공사의 일이 휴식 시간에 하는 나의 즐거운 일과였다. 이런 것들이 내게 큰 도움이 되었다.

마침내 학생이 시험을 통과했다. 몰래 빌려 온 책은 벌써 옛날에 제자리에 가져다 놓았다. 그리고 다른 책 하나가 더 있었다. 물론 내 책이다.

사범학교 시절, 나는 교장에게 초등 기하학을 조금 배웠는데 첫 과부터 수업에 흥미가 있었다. 그것이 사고의 가시덤불을 지나서 이성으로 안내하는 하나의 길이라고 생각했었다. 도중에 별로 비틀거림 없이 진리를 탐구하는 방법임을 어렴풋이 느꼈던 것이다. 한 걸음, 또 한 걸음이 이미 내디딘 한 발걸음에 견고한 뒷받침이 되었기에 그렇게 느꼈었다. 나는 무엇보다도 기하학을 훌륭한 지적 논술의 학교라고 판단했었다.

증명된 진리를 응용하는 것은 신경 쓰지 않아도 된다. 내가 열중한 것은 그것을 증명하는 과정이다. 아주 밝은 점에서 출발하여 점점 암흑으로 들어갔다가, 이번에는 거기서 점점 밝아져 새로운 빛을 발산하며 더 높은 곳으로 올라간다. 이미 아는 세계에서 미지의 세계로 전진하며, 이제 오는 것을 앞선 빛으로 신중하게 비추는 초롱불임이 내 성격에 잘 맞았다.

기하학은 논리적 사고의 진보를 내게 가르쳐 주었다. 어떻게 하면 어려운 것을 하나하나 동강 내고, 그 동강이가 차례대로 밝혀지면 그것들이 모여서 하나의 지렛대가 됨을 알려 주었다. 그래서 직접 움직일 수 없었던 돌덩이를 움직이게 해준다. 또한 명석함의 기초는 어떻게 해서 질서가 태어나는지를 이야기해 준다.

만일 독자께서 내 글 몇 장을 힘들이지 않고 읽었다면, 그것은 사고를 조절하는 기술을 가르쳐 준 놀라운 교사, 기하학 덕분이다. 물론 기하학이 관념을 주는 것은 아니며, 아무 데서나 번창하지 않는 꽃이 어떻게 멋지게 필 수 있는지를 알려 주는 것도 아니다. 하지만 기하학은 뒤얽힌 것을 정리해 주고, 무성한 가시덤불을 잘라 주며, 소란한 것을 조용하게 만들고, 흐린 것을 걸러서 명석하게 만들어 준다. 이 명석함은 수사학(修辭學)의 비유보다 훨씬 우월하다.

펜대 굴리기가 직업인 나는 기하학에게 많은 은혜를 입었다. 따라서 나의 회상은 자연히 그것을 막 배우기 시작했을 때의 즐거웠던 시절로 거슬러 오르기 마련이다. 쉬는 시간이면 뜰 한쪽 구석에서 작고 네모난 종이를 무릎에 올려놓고, 몽당연필로 직선의 모임에서 이 성질, 저 성질을 정확하게 추론하는 연습을 했다. 주위에서는 모두가 뛰놀았으나 나는 각뿔대(tronc de pyramide, 角錐臺)를 즐기고 있었다. 삼단뛰기로 정강이를 튼튼하게 키우거나, 운동장에서 뛰어넘기를 해서 허리 힘을 강화시키는 것이 차라리 좋았을지도 모른다. 뛰어넘기를 잘해서 사물을 생각하는 사람보다도 출세한 사람도 알고 있다.

내가 막 선생이 되었을 무렵에는 벌써 기하학의 원리를 잘 이해하고 있었다. 누군가가 부탁이라도 해왔다면 나는 삼각자, 측량사의 푯대 따위를 주물렀을 것이다. 내 실력이 그보다 높지는 못해서, 나무 밑동의 면적을 재거나, 나무통의 부피를 알아내거나, 가까이 갈 수 없는 지점의 거리를 재거나, 그런 것이 기하학 지식의 최고의 경지인 줄 알았다. 그보다 높이 비약할 수 있을까? 그런 생각은 해본 일조차 없다. 마침내 막연히 열어 놓은 이 조그마한 구석이 넓고 넓은 영토 안에서는 얼마나 하찮은 것인지를 깨달았다.

그 무렵에는 이미 내가 2년 전부터 선생이었다. 그 사이 공립학교가 학급을 두 배로 늘리고, 교사도 많이 늘어났다. 새로 부임한 교사는 모두 나처럼 학교 안에서 침식하며, 식사는 교장선생님 테이블에서 함께 했다. 우리는 일종의 벌통(둥지)을 만들어 놓고 수업이 없을 때는 각 방에서 대수학, 기하학, 역사, 물리, 특히 그리스 어, 라틴 어라는 꿀을 반죽하고 있었다. 즉 수업 준비인 동시에 자격시험 준비이기도 했다. 동료 모두가 문과대학 입학 자격밖에 갖지 못해서, 가능하면 더 잘 자립할 수 있는 구멍을 뚫을 수 있도록 무장할 필요가 있었다. 모두가 한눈팔지 않고 열심히 공부했다. 나는 동료 중 가장 나이가 어렸다. 그래도 그들에게 뒤지지 않으려고 내 빈약한 지식 늘리기에 애를 썼다.

서로 남의 방을 오가며 모르는 것을 상의하고, 돌봐 주기도 했다. 내 옆방에는 보급 부대 하사관 출신이 있었는데, 그는 막사 생활이 싫증나서 학교로 도망쳐 왔다. 자기 중대에서는 문서 계장을 했었기에 숫자에는 좀 밝았다. 그래서 대학 수학과 입학 자격을 따려는 야심이 있었다. 소문에는 그의 머리가 군대 생활로 굳어 버렸단다. 동료들은 다른 사람의 불행을 퍼뜨리고 다녔다. 벌써 두 번이나 시험을 보았는데 모두 낙방했다는 것이다. 그는 두 번이나 실패하고도 끈기 있게 책과 노트에 다시 매달렸다.

그가 수학의 아름다움에 매혹되어 그런 것은 결코 아니다. 원하는 자격을 얻으면 계획 중인 일을 실현하는 데 편리해서 그런 것이다. 그는 야채나 버터 따위로 돈벌이가 되는 일을 원했다. 단지 먹을거리를 입에 넣기에 유리한 자격증 사냥에 골몰한 사냥꾼인 셈이다. 오로지 아는 것에 만족하려고 공부에 열중한 사람과 그런 사냥꾼이 서로 이해해 가며 어울리지는 못한다. 하지만 우연한 기회가 우리를 연결시켰다.

그 사람이 밤마다 촛불 밑에서 마법의 검은 부호로 가득 찬 노트를 펼쳐 놓고, 팔꿈치는 책상에 올려놓은 채 머리를 받치고, 열심히 생각 중인 것을 여러 번 보았다. 가끔 생각이 떠올랐는지, 펜을 들어 황급히 한 줄을 쓴다. 거기에는 크고 작은, 그리고 문법적인 의미는 없는 글자가 모여 있었다. x자와 y자가 여러 숫자와 함께 섞여 있었다. 그 행렬 뒤에는 항상 에갈리떼와 제로(égalité et zero, =와 0) 부호가 붙어 있었다. 다시 눈을 감고 생각에 잠긴다. 순서는 약간 다르지만 끝에는 역시 '= 0'이 붙어 있었다. 여러 페이지를 이렇게 묘한 부호로 가득 채웠다. 각 부호의 행렬 끝은 언제나 '0'였다.

어느 날 그에게 물었다. "이렇게 제로 값만 늘어놓고 어찌 하시렵니까?" 군 출신의 이 수학자는 나를 비웃듯이 힐끗 쳐다본다. 그의 눈주름이 내가 얼마나 무식한지, 불쌍히 여김을 비춘다. 그래도 제로의 이 동료가 자신이 우월하다는 태도는 보이지 않았다. 그러면서 지금 해석기하학(Géométrie analitique)을 공부하는 중이라고 했다.

내게는 이 술어 자체가 이상했다. 잠자코 그것을 되새김질해 보았다. 해석기하학이라는 게 있는데, 그것은 특히 x와 y자가 많이 나오는 문자의 결합이다. 옆방의 동료가 팔로 이마를 괴고 오랫동안 생각했던 것은 바로 이 어려운 문제의 숨은 의미를 찾아내려는 것이다. 그는 자신의 계산이 도형으로 변하여 공간에서 춤추는 것을 보며 무엇을 발견했을까? 어떻게 해서 알파벳 부호를 이렇게, 또는 저렇게 나열해서 그 방법에 따라 모습의 형상, 정신적 눈에만 보이는 형상을 나타낼 수 있을까? 뭐가 뭔지 나는 모르겠다.

나도 해보고 싶어서 물었고, 그는 대답했다.

"어차피 해석기하학을 공부해야 하는데, 좀 도와주렵니까?"

"자네가 원한다면."

그는 또 내가 무엇인가 할 것 같은 기분을 읽고 씽긋 웃었다.

좋을 대로 함세. 그날 밤 약속이 이루어졌다. 어쨌든 우리는 함께 수학과 대학 입학 자격시험의 기초가 되는 대수와 해석기하학 밭을 개척할 것이다. 그리고 그가 명상한 경험에다 나의 젊은 열기를 함께 쏟아부을 것이다. 그 무렵에 가장 관심사였던 문학 과목 대학 입학 자격시험이 끝나면 함께 시작하기로 했다.

당시는 과학을 공부하기 전에 문학상의 어떤 진지한 연구를 먼저 하는 것이 관례로 되어 있었다. 화학 영역의 독물학이나 역학의 지렛대에 손대기 전에 옛날의 훌륭한 분들과 가까이, 즉 호라티우스(Horace)[1], 베르길리우스[2], 테오크리토스(Thécrite)[3], 플라톤(Platon)[4] 등에 정통할 필요가 있었다. 그런 준비의 결과로 사고하는 방식이 섬세해졌다. 지식이 늘어나자 우리의 욕구가 더욱 많아져서 번민하게 되었고, 그에 따른 생활고는 더욱 극심해져 갔다. 그래서 모든 것이 변하고 말았다. 제기랄! 정확한 언어 따위가 다 뭐냐, 실용적인 게 우선이 아니더냐!

이렇게 서둘렀음은 당시 나의 안타까운 심정을 잘 나타낸 것인지도 모른다. 사실대로 고백하자면, 라틴 어와 그리스 어 문학을 의무적으로 해야만 사인(sinus)이나 코사인(cosinus)에 접근할 수 있다는 규정을 저주하고 싶었다. 이제 나이도 먹고 경험도 쌓여 세상 물정을 잘 이해하게 된 지금은 당시의 생각과 많이 달라졌다. 문학이 빈약한 내가 그것을 좀더 오랫동안 공부하지 못한 것이 정말로 후회된다.

이제 와서 그 커다란 공백을 조금이라도

1 Quintus Horatius Flaccus. 기원전 65~8년. 베르길리우스의 영향을 받은 로마의 시인.

2 Publius Vergilius Maro. 기원전 70~19년. 로마의 가장 위대한 시인

3 Theocritos. 기원전 330~260년경. 시라쿠사 출신의 그리스 전원시인

4 기원전 427~347년경. 소크라테스와 피타고라스학파의 영향을 받은 철학자. 아테네에 아카데미를 설립했다.

메워 보고자 옛날 양서, 지금은 거의 읽히지 않고 헌책방으로 넘어간, 다시 말해서 한물간 책들을 다시 읽기로 했다. 젊었던 시절, 밤샘을 하면서 연필로 주(註)를 달아 놓았던 귀한 책들아, 너희는 이제 다시 나와 만나게 되었다. 그리고 옛날보다 더욱 친한 친구가 되었다.

너희는 학문에 열중하는 사람에게 의무 하나가 강요됨을 가르쳐 주었다. 이야기할 수 있는 무엇인가를 갖게 하고, 그 무엇이란 것에 흥미를 갖게 해 주었다. 자연과학 분야라면 언제나 흥미가 보장된다. 어려운, 아주 어려운 것은 가시를 쳐내서 잘 어울리는 모습을 보여 준다.

진리는 우물 바닥에서 알몸으로 올라온다고 한다. 그럴지도 모른다. 하지만 그것이 얌전히 옷을 걸쳤다면 더욱 좋겠다. 진리가 수사학(修辭學)의 옷장에서 야한 옷을 빌려 입고 꾸밀 필요는 없어도, 적어도 포도 잎 하나쯤은 지녀야겠다. 오로지 기하학자만 진리에게 수수한 옷일망정 안 입힐 권리가 있다. 정리(定理)는 명석하다는 것 하나면 충분하기 때문이다.

다른 사람, 특히 박물학자는 진리의 허리에 얇은 베일 윗도리를 우아하게 입힐 의무가 있다.

"어이, 바티스트(Baptiste)[5], 내 실내화 좀 주게."라고 내가 말했다면, 나는 명석한 말로 표현을 한 것이다. 이것을 다른 말로 표현할 방법은 별로 없다. 나는 내가 한 말을 잘 이해했음을 알고 있다. 누구나 이 방법이 좋다고 하며, 그것도 무척 많은 사람이 좋단다. 그들은 바티스트와 실내화 이야기를 나누듯, 독자에게 과학 이야기를 한다. 카프라

5 바보 역을 맡은 배우 이름

리아(Cafre)[6] 사람의 어법을 가져와도 독자는 놀라지 않는다. 그들에게 놓일 자리에 놓이도록 선택된 단어의 값 따위를 논할 필요는 없다. 소리가 겨우 울리고 박자도 좀 모자라는 구조라면, 그들에게 어린애의 말 같다고 하시라. 그러면 그들은 이렇게 답할 것이다. 근시안적 정신의 부질없는 트집이로다!

어쩌면 그들이 옳을지도 모른다. 바티스트식 표현법은 시간과 노력이 크게 경제적이다. 하지만 그 이익이 나를 유혹하지는 못한다. 사상을 부각시키려면 꾸밈없는 명석한 표현이 필요하다는 생각이다. 적당한 말을 놓여야 할 자리에 놓고, 이야기하고 싶은 내용을 과장하지 않고 표현하기에 적당한 용어를 택하는 것도 필요하다. 이렇게 하려면 고생해야 할 때도 많다. 세상의 연설문에는 진부함의 초석이 되는 회색 이야기가 많다. 반면에 광채가 풍부하며 회색 그림의 배경에 붓으로 빛을 도금한 것처럼 그려진 말도 있다. 모습을 불쑥 나타내 주는 말, 사람을 자연스럽게 이끄는 뛰어난 어구 따위를 어떻게 발견할 수 있을까? 또 어떻게 그것들을 문법에도 맞고 듣기에도 편한 말로 연결시킬 수 있을까?

이 기술은 아무도 내게 가르쳐 주지 않았다. 그러면 학교에서 배웠을까? 대단히 의심스럽다. 만일 혈관 속에 타고난 불씨가, 또는 영감의 도움이 없었다면 아무리 말을 찾아다녀도 소용없다. 찾고 싶은 말은 나타나지 않을 것이다. 우리 속에 숨어 있는 빈약한 싹을 길러서 꽃을 피우려면 어떤 선생에게 매달려야 할까? 그것은 독서이다.

어렸을 때는 책을 열심히 읽었지만, 아무리 정교한 언어로 잘 꾸며졌어도 나를 감동

6 남아프리카 희망봉의 한 지방

시키지 못했었다. 그것을 이해하지 못했던 것이다. 아주 늦게, 15살이 되어 글자마다 어떤 상(相)이 있음을 막연하게 알게 되었다. 어떤 글은 의미와 아름다운 음률을 나타내는 방법이 다른 글보다 더 마음에 들었다. 그런 글은 내 머리에 깨끗한 모습을 그려 주었다. 그 나름대로 그려진 대상의 그림을 보여 준 것이다. 명사는 그 형용사 덕분에 빛이 나고, 동사 덕분에 생명력을 얻어 생생한 현실이 된다. 그런 글을 나는 보았다. 선생을 섬겨 보지 못한 나는 독서를 반복했다. 훌륭하고 이해하기 쉬운 글 몇 장을 읽고 나서 아주 좋아졌다.

14 수학 공부의 기념물 - 나의 작은 탁자

이제 우리는 해석기하학(Géométrie analitique) 공부를 시작할 시간이다. 수학 공부를 같이 했던 동료가 오려는지 모르겠다. 그의 말을 이해할 것 같아서 나 혼자 책을 펼쳤다. 그리고 우리가 취급하는 주제가 방법은 재미있고, 너무 어려운 문제투성이가 아닌 것도 알았다.

시작은 내 교실 흑판(칠판)에서 했다. 밤의 휴식 시간까지 연장해 가며 몇 차례 모임을 가진 다음, 이런 마법서 같은 책의 베테랑이 내 선생이기보다는 곧잘 학생인 내 쪽이었음을 안 나는 깜짝 놀랐다. 그는 가로 좌표와 세로 좌표의 결합을 잘 이해하지 못하고 있었다. 나는 대담하게 앞에 나서서 분필을 들고, 선생 역할을 하면서 대수학이라는 작은 배의 키를 잡았다. 책을 설명하고, 내 방식으로 해석하고, 그 원천을 캐냈다. 가닥이 잡힐 때까지 암초를 더듬다가 해결의 연안에 도착했다. 게다가 밝은 논리성으로 명쾌하게 척척 진행시켰다. 대개는 학문을 새로 배운다기보다 과거의 지식을 회상하고 느끼는 정도였다.

이제 우리의 역할이 바뀐 채 공부가 계속되었다. 나는 응회암을 곡괭이로 찍어 내 잘게 부숴서 사상이 빠져들도록 부드럽게 했다. 동료는 —지금은 그와 나를 동급으로 불러도 좋겠다.— 듣고, 이견을 제시하고, 우리의 노력을 집중시켜 해결책을 찾아내야 할 어려운 문제를 제기했다. 두 지렛대가 틈바구니에 꽂히면 바윗덩이가 흔들리다 떨어져 곤두박질친다.

처음에는 내게 빈정대는 듯이 눈주름을 보였던 병참 부대 하사관의 눈가에서 이제는 그런 것이 보이지 않았다. 서로의 마음을 터놓고 솔직한 성의와 성공을 가져올 열의에 차 있었다. 조금씩 동이 트기 시작한다. 아직은 구름이 많이 끼었어도 희망에 차 있었다. 우리 둘은 모두 놀라서 어쩔 줄 몰랐다. 나는 두 곱으로 만족했다. 남의 눈을 열어 주는 것은 사물을 두 배로 보는 셈이다. 그렇게 즐거운 시간으로 밤을 절반이나 보냈다. 졸음이 눈꺼풀을 무겁게 짓누를 때가 되어서야 비로소 공부를 끝냈다.

각자 자기 방으로 돌아간다. 그는 지금 두 사람의 머릿속에 떠올렸던 환상은 아랑곳 않고 잠이 든다. 그러고는 잠을 잘 잔다고 털어놓는다. 나는 그렇지 못했다. 나로서는 빈약한 머릿속에 써 놓은 것을 칠판에 써 놓은 것 지우듯이 지워 버릴 수가 없었다. 내 관념의 거미줄이 머리에 끈질기게 남아서 움직이는 거미줄을 만들어 놓는다. 휴식이 그 줄에 얽혀서 안정된 균형을 찾을 수가 없었다.

잠이 와도 대개는 반수면 상태였고, 두뇌 활동이 정지되기는커녕 되레 깨어 있을 때보다 더 맑아진다. 머리는 밤이 아닌 이 혼수 상태에서, 전날 풀지 못했던 어려운 문제를 풀 때도 있다. 의식하지 못했던 비상한 투시력의 등대가 내 정신 속에 있었던 것이다.

그때는 침대에서 후닥닥 뛰어내려 급히 등불을 켜고 기록해 두었다. 잠을 자면 그 기억이 사라져 버릴지 모른다. 마치 폭풍우 때 번개처럼 비쳤던 빛의 속도로 지워질 것이다.

그 빛은 어디서 왔을까? 아마도 내가 아주 어렸을 때부터 가졌던 습관에서 왔을 것 같다. 정신에는 항상 양식을 주고 사상의 등잔이 마르지 않도록 기름을 부어야 한다. 지능의 세계에서 성공하고 싶은가? 분명한 방법은 항상 생각해야 하는 것이다.

나는 이 방법을 동료보다 열심히 실천했다. 아마도 이 점이 나와 그의 입장을 뒤바꾸어 학생이 선생으로 된 것 같다. 자, 그런데 이것이 못 견딜 만큼 귀찮은 것도, 너무 고된 일도 아니었다. 반대로, 그야말로 아름다운 시(詩)의 잔치라 할 만큼 기분 전환이 되었다. 위대한 서정 시인은 『빛과 그늘(*Les Rayons et les Ombres*)』[1]이라는 시집의 머리말에서 이렇게 말했다.

> 수(數)는 예술의 세계에도 과학의 세계와 똑같이 존재한다. 대수는 천문학에도 있고, 천문학은 시와 함께 만나며, 대수는 음악 안에 있고, 음악은 시와 만난다.

이것은 시인의 과장일까? 물론 아니다. 빅토르 위고(Victor Hugo)[2]는 사실을 말했다. 질서의 시인 대수학은 화려하게 약진했다. 나는 대수 공식의 시구에서 매우 훌륭한 것을 찾아냈다. 다른 의견을 가진 사람이 있더라도 물론 나는 놀라지 않

---

1 빅토르 위고가 1840년에 발행한 시집

2 1802~1885년. 프랑스 낭만파 시인. 소설 『레 미제라블(*Les Misérables*)』로 유명하다.

는다. 내가 기하학에서 벗어난 것에 대한 흥분을 털어놓았더니 동료는 눈 옆에 주름을 지으며 이렇게 말했다. "그렇게 하는 것은 부질없는 짓이야. 정말로 부질없는 일이야. 곡선에다 우리의 접선(tangente, 接線)이나 그음세."

그의 의견도 일리는 있다. 머지않아 우리가 치러야 할 각박한 시험은 그런 공상의 비약 따위를 허용하지 않는다. 그러면 내 생각이 틀렸을까? 냉랭한 계산을 이상(理想)의 난로로 다시 데워서 공식보다 높은 곳에 사상을 올려놓고, 추상의 동굴에다 생생한 빛을 비춰 주면 미지의 세계로 돌진하는 짐이 덜어지지 않을까? 그는 이런 내 성공 수단을 비웃으며 괴로워했지만, 나는 즐겁게 여행하고 있었다. 대수학이라는 지팡이가 나를 지탱해 준다면, 나는 안내자로서의 마음을 사로잡는 내면의 소리까지 가지게 된다. 내게 공부는 일종의 향연이었다.

각진 직선들을 짝 맞춘 다음 아름다운 곡선을 그리는 법을 배우기 시작했을 때는 흥미가 더욱 커졌다. 컴퍼스의 특성이 이렇게 많을 줄은 몰랐었다. 방정식 안에 심오한 법칙이 싹의 상태로 얼마나 많이 들어 있는지도 몰랐다. 불가사의한 나무의 열매처럼 풍요로운 알맹이 속에 들어 있는 정리를 방정식이 그 공식으로 집어내려면 얼마나 솜씨 있게 다뤄야 하더냐! 이 항(項) 앞에 플러스(+) 기호를 놓아 보자. 그러면 그것은 행성의 타원형 궤도가 된다. 두 초점(焦點)이 동시에 서로의 동경(動徑) 값이 일정해지며 떨어지는 궤도 말이다. 거기에 마이너스(-) 기호를 붙이면 초점들이 서로 반발하는 쌍곡선, 즉 공간에서 사방으로 끝없이 흘러가는 절망적인 곡선이 점점 직선에 가까워지는 곡선으로 된다. 그러나 영원히 직선이 되지는 않는다. 이 항을 지워 버리면 포물선이 되어 잃어버렸던 제2의 초점을 공연히 끝까지 찾게 된다. 그것은 포탄의 탄도이며, 또한 어느 날 우리 행성을 찾아왔다가 다시는 돌아오지 않는 혜성의 길, 즉 혜성이 창공으로 도망치는 길이다. 이렇게 천체의 궤도들을 공식으로 나타낸다는 것은 경이로운 일이 아닐까? 나는 그렇게 믿었고, 지금도 그렇게 믿는다.

이 과목을 15개월이나 공부한 우리는 몽펠리에(Montpellier) 대학에서 시험을 보고, 둘 다 수학과 대학 입학 자격을 받았다. 동료는 몹시 지쳤는데 나는 해석기하학을 즐기고 있었다.

원뿔곡선(원추곡선, 圓錐曲線) 공부에 지쳐 버린 동료는 이런 일을 다시는 안 하겠단다. 고등 계산법의 멋진 세계로 들어가서 천체역학의 비결을 전수시켜 줄 새 자격인 수학사(數學士)의 전망을 보여 주며 유혹했으나 허사였다. 그를 끌어들여 함께 나처럼 대담하게 일할 수가 없었다.

그는 미친 짓이라고 생각했다. 우리는 피가 말라 죽을 뿐 실현은 안 된단다. 물길을 아는 안내자의 충고도 없고, 일정 술어로 고정된 간결한 표현 때문에, 또 초라한 우리 쪽배는 가끔 불명확한 책이란 나침반밖에 없어서, 제일 먼저 만나는 암초에 부딪쳐도 틀림없이 침몰할 텐데, 마치 호두 껍데기를 타고 대양의 넘실거리는 파도로 용감하게 도전하는 격이란다.

이 말대로는 아니더라도, 어쨌든 너무 힘든 일임을 인식시키려고 실망적인 말만 늘어놓는다. 이제부터는 나와 함께 공부하지 못하겠다는 설명인 것이다. 내가 불편한 벽지로 가서 고생하는 것은 자유지만, 자기는 조심성이 많아서 나를 따르지 않겠단다.

이 변절자가 속마음을 털어놓지 않는 이유를 나는 안다. 자기 계획에 이용될 자격은 이미 땄는데 왜 또 다른 게 필요할까? 왜 아는 기쁨을 맛보겠다고 밤샘으로 고생해 가며 건강을 해치겠나? 이득도 없는 미끼로 지식의 유혹에 빠지는 자는 미치광이다. 각자 제 껍데기 속으로 들어가자. 그리고 일기가 나쁘면 연체동물(Mollusques: Mollusca)처럼 뚜껑을 닫고 각자의 생활을 하자. 그것이 행복의 비결이다.

그것은 내 철학이 아니다. 내 호기심은 저 멀리 아득한 미지에 대한 과정의 준비일 뿐, 완성된 과정이 아니다. 결국 그는 떠났다. 이제부터 나는 혼자, 불쌍하게도 혼자였다. 주위 사람들은 나를 이해하지 못한다. 밤늦도록 공부하다 연구 중인 문제로 재미나게 대화할 사람이 이제는 없다. 비록 소극적이나마 자기 의견으로 내게 반대하면서 토론할 사람마저 없어졌다. 마치 조약돌 두 개가 부딪히면 불꽃이 튀듯 빛을 발하는 토론 말이다.

어려운 문제가 깎아지른 절벽처럼 앞을 가로막았을 때, 기어오를 발판이 되어 줄 친절한 어깨가 전혀 없다. 오직 나 혼자 험난한 길을 기어오르다 몇 번씩 떨어져서 상처를 입는다. 다시 일어나 재공격을 시도한다. 격려의 메아리 하나 없이 단독으로 산봉우리에 도달하려는 노력으로 지친다. 끝내는 겨우 벌판을 바라볼 여유가 생기고, 그때서야 혼자 승리를 외친다.

수학을 정복하는 데는 끈질긴 사색의 낭비가 많았다. 책 첫 줄에서 그것을 느끼며 추상의 세계로 들어갔다. 거기는 인내심 강한 사색의 쟁기만이 개척할 수 있는 황무지였다. 동료와 함께 해석기하학을 공부할 때 곡선을 그리기 좋았던 흑판도 지금은 아무렇게

나 방치되었다. 나는 흑판보다 표지가 있는 25장짜리 노트가 더 좋았다. 이 친구(노트)와 함께 편히 앉아서 글을 썼다. 오금이 저리지는 않았다. 그래서 매일 밤늦도록 등불 밑에서 차분히 생각했다. 어려운 문제를 망치로 두들기듯, 사상의 대장간 노릇을 계속할 수 있었다.

내가 공부하던 탁자는 커다란 손수건만 했다. 오른쪽에 1수(sou)짜리 잉크병 하나, 왼쪽에 펼쳐진 노트를 놓으면 펜을 움직이기에 빠듯할 정도의 넓이였다. 이것은 내가 젊었을 때 처음으로 산 물건이며, 이 작은 탁자를 나는 무척 좋아했다. 날씨가 좀 어두우면 창가로, 햇빛이 눈부시면 조금 어두운 구석으로, 쉽게 들어서 옮길 수 있다. 또 겨울에는 장작이 타고 있는 난로 옆으로 가져다 놓을 수도 있어서 아주 편리하던 것이다.

작고 불쌍한 호두나무(Noyer: *Juglans*) 판자야, 그래도 나는 너를 반세기 이상 충실하게 지켜왔다. 잉크 얼룩, 상처 입은 칼자국투성이인 너는 그 옛날에 방정식을 지탱해 주었듯이, 지금은 내 산문을 지탱해 주는구나. 쓰임새가 달라졌어도 너는 언제나 태연하구나. 참을성 강한 네 등판은 대수학의 공식도, 사상의 표현도 똑같이 맞아 주는구나. 나는 너처럼 평온하지 못했다.

하는 일이 달라져도 마음이 편해지는 것은 아니더구나. 사상의 사냥꾼은 방정식의 근(根) 사냥꾼보다 훨씬 더 머리를 괴롭힌다.

친구야, 네 눈을 회색이 된 장발로 돌려 보면 나를 알아보지 못할 것이다. 열의와 희망으로 가득 찼던 옛날의 행복한 모습은 도대체 어디로 갔느냐? 너도 상점에서 내게 왔을 때는 반들반들하게 빛났고, 밀랍 칠 덕분에 감촉도 좋았는데 이제는 얼마나 변했더냐! 너도 주인처럼 주름투성이구나. 내가 저지른 짓임을 인정한다. 더럽혀진 잉크병에 꽂힌 금속 펜촉이 잘 안 써지면, 나는 참을성 없이 얼마나 여러 번 네게 그것으로 상처를 입혔더냐!

너의 한 귀퉁이가 떨어져 나가고, 널빤지가 뿔뿔이 흩어지고 있다. 헌 가구의 판자 속에서 분탕질치는 가구빗살수염벌레(Vrillette: *Anobium punctatum*)가 가끔씩 대패질하는 소리도 들린다. 해마다 새 구멍이 뚫리고 있으니 너도 이제는 내구성에 위협을 받는구나. 오랜 동굴이 작은 구멍을 밖으로 열어 놓았다. 밖에서 찾아온 녀석이 거기를 점령했는데, 녀석에게는 훌륭하면서도 손쉽게 차지할 수 있는 집이다. 이 대담한 녀석이 내가 글을 쓰고 있을 때 살짝 내 겨드랑이 밑을 지나서 빗살수염벌레가 살다 버린 구멍으로 자맥질하는 것을 보았다. 검정 복장의 날씬한 사냥꾼인데, 새끼의 식량으로 진딧물을 한 광주리 가득 잡는다.[3] 무더기가 너의 낡은 옆구리를 파먹는구나. 벌레들이 우글거리는 판자 위에서 글을 쓰고 있지만, 『곤충기(*Souvnirs Entomologiques*)』를 쓰기에는 너만큼 편리한 받침대도 없단다.

네 주인인 내가 없어지면 너는 어떻게 될까? 가족은 얼마 안 되는 유산을 나누려고

3 『파브르 곤충기』 제8권 13장의 검정꼬마구멍벌(*Psenulus atratus*) 이야기인 것 같다.

고물상에 팔아넘겨 1프랑이나 받을까? 혹시 부엌 수채 가에서 물동이 받침대로 쓰일까? 가족이 어쩌면 반대로 이렇게 말할지도 모르지. "이것은 유품으로 남겨 두자. 할아버지가 이 탁자에서 일생동안 열심히 고생하며 공부하셔서 사람들을 가르치게 되셨잖아. 정말 오랫동안 뼈를 말리며 이것에 매달려 우리를 부양하셨지. 신성한 판자니까 보존해야 되잖아?"

나는 이런 장래를 믿고 싶지 않다. 오, 나의 오랜 친구. 너는 네 과거에 관심이 없는 사람에게 넘어가, 밤에 탕약 사발이나 얹어 놓을 머리맡 탁자나 되겠지. 그러다 결국은 낡아서 다리를 절다가 허리가 꺾이고, 마침내 분해되어 감자 냄비 밑의 땔감이 되겠지. 그래서 연기를 피우고, 또 하나의 연기인 내 작품과 합쳐져서 덧없는 우리 활동의 최후의 안식처인 망각 속으로 사라지겠지.

나의 젊었던 시절로, 즉 행복한 장래의 환상으로 가득 찼던 시대로, 그리고 네게 방금 밀랍이 칠해졌던 시대로 돌아가 보자. 오늘은 일요일, 쉬는 날이다. 수업이 없으니 몇 시간이라도 계속 공부할 수 있는 날이다. 일요일보다는 조용히 공부할 수 있는 공휴일인 목요일을 더 좋아했다. 하지만 정신을 흩뜨릴 만큼 야단법석을 칠 망정, 신성한 일요일 역시 조용한 휴식을 마련해 주었다. 1년에 일요일이 52일이니 긴 휴가와 맞먹는다. 될수록 이날을 이용하자.

오늘은 굉장한 케플러(Képler)[4]의 3법칙에 도전키로 했다. 이 법칙은 계산으로 규명되어 천체의 근본 운동을 보여 줄 것이다. 제1법칙은 한 행성의 동경(動徑)에 의해 그려지는 면적은 경과하는 시간과 정비례한다고 했다. 거기서 나는 행

4 Johannes Kepler. 1571~1630년. 독일의 천문, 물리, 수학자. 행성 운동의 세 가지 법칙을 발견했다.

성을 그 궤도상에 유지하는 힘은 태양을 향했다고 추론해야 한다. 공식은 이미 미분 방정식과 적분의 방법으로 보여 주고 있다. 내 명상은 두 배로 늘어났고, 사상은 진리의 아름다운 개화를 잡겠다고 응결했다.

갑자기 멀리서 부릉, 부릉, 부릉! 소리가 점점 크게 다가온다. 이런 제기랄! 또 중국관(Pavillon chinois, 中國館)이로군.

말하자면 이런 이야기이다. 나는 시끄러운 거리를 떠나서 페른(Pernes) 거리의 입구 근처인 변두리에 살았다. 우리 집에서 열 발작 정도 떨어진 맞은편에 요즈음 '중국관'이라는 간판을 건 술집이 생겼다. 일요일 오후에는 근처의 공장에서 일하던 젊은 남녀들이 그리 밀려와서, 팔딱팔딱 뛰며 콩트르당스(Contredanse)를 춘다. 무도회를 주최한 사람은 손님을 더 끌어들여 시원한 음료수를 팔려고 춤이 끝나면 경품권을 나누어 준다.

두 시간 전부터 한길에서 피리와 북을 앞세우고 경품을 돌리기도 한다. 붉은 털 허리띠를 두른 건장한 청년이 리본 달린 막대기를 들고 있는데, 그 끝에는 은빛 잔, 리옹(Lyon)산 비단 스카프, 촛대 한 쌍, 담뱃갑 따위가 매달려 있다. 이런 미끼를 내놓았는데 누군들 그 선술집으로 가고 싶지 않을까?

부릉, 부릉, 부릉! 행렬이 움직인다. 내 집 들창 밑으로 왔다가 비스듬히 바른쪽으로 구부러져 회양목(Buis: *Buxus*)으로 장식한 널찍한 가건물 마루로 들어간다. 법석 떠는 게 싫으면 멀리 도망갈 수밖에. 밤새도록 나팔(ophicléide)이 고래고래 소리 지르고, 피리와 코넷이 울어 댄다. 이런 카프라리아(Cafre = Cafrerie) 사람들 같은 합주 속에서 케플러의 법칙을 풀려는 것은 미친 짓이 아니더냐! 빨리 도망치자.

2km쯤 떨어진 곳에 딱새(Motteux: *Oenanthe*)와 메뚜기(Criquet: Acrididae)가 좋아하는 자갈투성이 황무지가 있다. 거기는 아주 조용하고 그늘을 인색하게 빌려 주는 털가시나무(Yeuse: *Quercus*) 덤불 몇 군데가 있다. 책과 종이 서너 장, 연필 한 자루를 가지고 한적한 그곳으로 달려간다. 어쩌면 이렇게도 고요하고 평온하더냐! 덤불이 엉성한 곳은 햇볕이 너무 따갑다. 힘을 내게, 젊은이. 청날개메뚜기(C. à ailes bleues: *Sphingonotus caerulans*)를 벗 삼아 케플러의 법칙을 곡괭이로 파내게. 너는 계산을 풀고 돌아가겠지만 피부는 붉게 타겠지. 네 목덜미가 햇볕에 그을린 것은 케플러의 면적의 법칙을 이해한 덕분이란다. 탄 것으로 보상을 받은 것이다.

주중에는 목요일이 있다. 그날 밤은 잠에 떨어질 때까지 공부에 열중했다. 학교에 얽매이긴 했어도 시간이 부족하지는 않았다. 근본적인 문제는 피할 수 없는 처음의 난제 앞에서 용기를 잃지 말아야 하는 것이다. 나는 칡(Liane: *Smilax*)덩굴이 얽힌 숲속에서 곧잘 길을 잃었다. 그것을 도끼로 찍어 쓰러뜨려야 길을 밝힐 수 있다. 다행히 돌파구를 찾아 큰길로 나간다. 또 길을 잃는다. 고집스럽게 도끼로 찍으면 언제나 만족하는 것은 아니어도 돌파구가 마련된다.

책은 책일 뿐이다. 간결한 문장으로 아주 박식함은 인정한다. 하지만 유감스럽게도 이해되지 않는 곳이 많다. 저자는 자신을 위해서 책을 쓰는 것 같다. 자기는 이해했으니 다른 사람도 알겠지. 불쌍한 독학의 초보자여, 그대는 어떻게든 거기서 탈출해야 한다.

자네에겐 난제를 다른 각도에서 보여 줄 퇴로가 없다네. 험한 길을 걷기 쉬운 지름길로 안내해 주는 것도, 광명이 조금 비쳐들

보조창도 없다네. 말로 하면 다른 공격 방법을 써서 재공격을 시도할 수도, 광명으로 접근할 만한 길로 바꿀 수도 있다. 그에 비해 책은 쓰인 것만 말할 뿐, 그 자체가 전부이다.

책은 설명이 끝나면 상대가 이해했건 못했건, 그 고견이 냉혹하게 입을 다물어 버린다. 상대는 책을 반복해서 읽어 보고, 끈기 있게 생각할 것이다. 계산의 실타래 사이에 북을 꽂아 보기도, 다시 빼내 보기도 할 것이다. 하지만 그렇게 노력해 봐도 전혀 효과가 없으며, 어려운 곳은 그대로 남아 있다. 이럴 때 광명을 주려면 어떻게 해야 할까? 아무것도 아니다. 단 한 마디면 된다. 그런데 책은 이 한 마디 말을 해주지 않는다.

선생님의 말씀을 따라 공부하는 사람은 행복하다. 그의 다리는 제자리걸음이 신경을 건드리는 쓰라림을 느끼지 못한다. 가끔 우뚝 선 장벽이 앞을 가로막을 때는 어떻게 해야 할까? 나는 달랑베르(d'Alembert)[5]가 젊은 수학자에게 충고한 격언을 잘 지켰다. 즉

> 자신을 가지고 앞으로 돌진하라.

나도 자신을 가지고 용감하게 돌진했다. 그랬더니 장벽 앞에서 찾던 빛을 저쪽에서 찾게 되어 좋았다. 몰라서 내버려 두어 발길에 차였던 돌멩이를 폭파시키는 폭탄을 줍기도 했다. 처음에는 그것이 하찮은 알맹이이며 조그만 실타래였다. 그런데 정리(定理)의 비탈을 굴러 내리는 실타래가 큰 덩어리가 된다. 다음은 그것이 강력한 탄환으로 변한다. 그래서 길을 거꾸로 돌려놓아도 어둠을

5 Jean Le Rond d'Alembert. 1717~1783년. 프랑스 수학자, 철학자

뚫고 가서, 거기에 널따란 빛의 평면을 전개시켰다.

그분의 교훈이 함부로 쓰이지만 않으면 정말로 훌륭했다. 까다로운 책장을 성급히 넘겼다가 잘못 이해할 때도 있다. 어려운 곳은 놓아 버리기 전에 손톱과 이빨이 닳도록 대결해야 한다.

작은 내 탁자와 함께 12개월을 사색한 끝에 드디어 수학사 학위를 받았다.[6] 그때부터 반세기를 지난 지금에 와서 거미줄 측량가라는 뜻 있고 훌륭한 직무를 수행하기에 이르렀다.

6 파브르가 24세 때인 1847년의 일이며, 다음 해에 역시 몽펠리에 대학에서 물리학사 학위를 땄다.

15 대륙풀거미

왕거미(Araneidae)는 그야말로 그물 치는 재주가 훌륭한 숙련공이었다. 다른 거미도 생물의 기본법칙인 배불리 먹고 자손을 후세에 남기는 솜씨가 훌륭하다. 그 중에는 옛날부터 잘 알려졌고 모든 책에서 언급된 유명한 거미도 있다.

한 예로, 나르본느타란튤라(Lycose de Narbonne: *Lycosa narbonnensis*, 일명 독거미 검정배타란튤라)와 같은 땅거미(Mygales)는 땅굴에 산다. 하지만 프랑스 남부 지방의 황무지에 사는 이 녀석은 우리가 알지 못하는 멋지고 기발한 재주로 굴 어귀에 조약돌이나 나무토막을 명주실로 둥글게 얽어매 대단찮은 방호벽을 만든다. 어떤 땅거미는 둥글며 자유자재로 여닫히는 문에 경첩과 그 홈, 그리고 자물쇠 장치까지 갖췄다. 녀석이 집으로 돌아오면 둥근 문이 홈 안으로 꽉 빠져들어 틈새를 알 수가 없다. 외적이 뚜껑을 열려 하면 거미가 안에서 자물쇠로 잠근다. 경첩과 반대쪽 구멍에 발톱을 꽂고, 몸은 벽에 바싹 붙여서 문이 움직이지 못하게 하는 것이다.[1]

1 프랑스에서는 3과 20종가량의 땅거미가 알려졌는데, 그 중 어느 종을 말한 것인지 모르겠다.

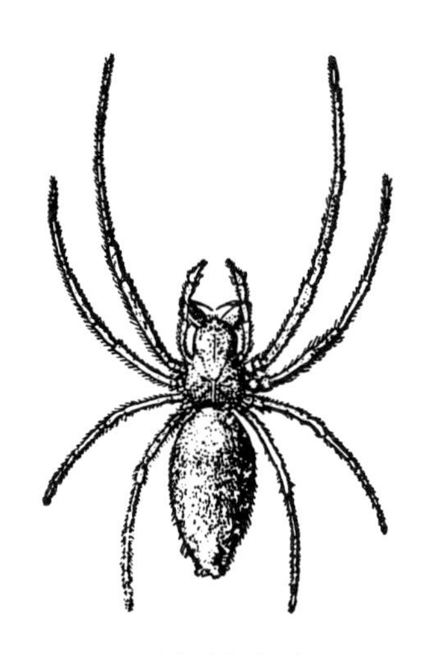

물거미 실물의 2배

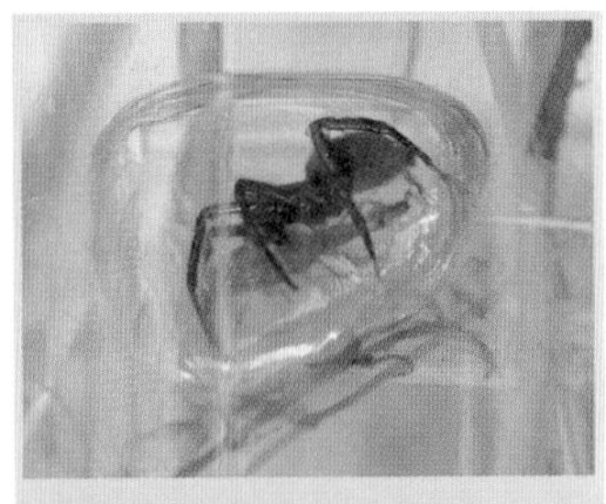

물거미 지구상에서 알려진 4만여 종의 거미 중 유일하게 습원의 물속 수초 사이에 집을 짓고 모든 생활을 영위하는 거미이다. 연천, 3. V. '98, 김태우

또 다른 거미 물거미(Argyronète: *Argyroneta aquatica*)◔는 물속에 비단으로 멋진 물속 망을 짜 놓고, 그 안에 공기를 담아 둔다. 호흡에 필요한 공기를 이런 식으로 마련하고 시원한 물속에서 사냥감이 걸려들기를 기다린다. 무더운 여름에는 그야말로 사치스럽고 게으른 시바리스(sybarite) 사람들의 주택인 셈이다. 간혹 대리석으로 물속에 그런 집을 지은 몰상식한 인간도 있었다. 티베리우스(Tibère)[2]의 수중 궁전이 바로 그런 것이며, 지금은 반갑지 못한 이야기에 불과하다. 하지만 물거미의 정교한 돔 지붕은 언제나 번영하고 있다.

내가 이 재주꾼을 개인적으로 관찰한 기록이 있다면 기꺼이 녀석 이야기를 했을 것이다. 그뿐만 아니라 알려지지 않은 몇몇 사실도 이야기에 덧붙였을 것이다. 하지만 여기는 물거미가 살지 않아 단념할 수밖에 없다. 한편 경첩 달린 문을 가진 땅거미는 이곳에도 사는데, 너무 드물어서 정원 울타리를 따라 통하는 샛길

2 Tiberius Claudio Nero, 기원전 42년~기원후 37년. 로마 제2대 황제

에서 딱 한 번밖에 보지 못했다. 누구나 잘 알듯이 기회는 도망치기 쉬운 법이다. 관찰자는 무엇보다도 기회를 놓치지 말고 꼭 붙잡아야 한다. 그런데 다른 연구에 마음이 쏠렸다가 모처럼 주어진 기회인 그 훌륭한 재료를 놓치고 말았다. 그 뒤로는 기회가 모습을 감춰 두 번 다시 나타나지 않았다.

그렇다면 자주 만나는 평범한 거미 이야기로 대충 꾸려 보자. 흔하니까 시시하다고 할 수는 없는 일이니, 게으름을 피우지 말고 지켜보자. 보고 그냥 지나친 것도 쓸모가 있다. 이것도 차후의 연구에 도움이 될 것이다. 참을성 있게 캐다 보면 가장 시시한 생물도 삶이란 조화 속에서 나름대로의 역할이 있다.

오늘, 근처 들판을 한 바퀴 돌았더니 다리가 좀 피곤했다. 눈을 크게 뜨고 여기저기를 주의 깊게 살폈으나 어디서나 흔한 대륙풀거미(Araignées Labyrinth: *Agelena labyrinthica*)◔밖에 발견되지 않았다. 어느 산울타리든 나무 밑, 수풀 사이, 햇살이 잘 비치며 고요한 구석에는 꼭 이 거미가 몇 마리씩 있었다. 녀석은 펀펀한 땅의 표면보다는 나무꾼이 벌목해서 기복이 심한 곳, 양(*Ovis*)의 이빨에 짧

들풀거미 풀잎 사이에 얼기설기 쳐 놓은 그물에 개미와 벌 따위가 걸려들었다. 대전, 20. VII. '95

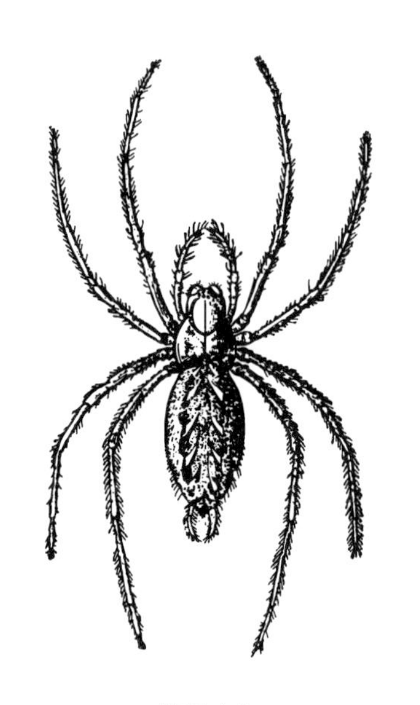
대륙풀거미
실물의 2배

게 잘린 관목 시스터스(*Cistus*)와 라벤더(*Lavandula*) 따위의 두상화서, 로즈마리(*Rosmarinus*) 덤불 등에 자리 잡기를 좋아한다. 내가 찾아다닌 장소도 바로 그런 곳이며, 거기는 방해물도 별로 없고 길가의 나뭇가지나 잎을 마음대로 구부릴 수 있어서 울타리를 잔인하게 망치지 않아도 되었다.

7월에 들어 햇살이 아직 목덜미에 쨍쨍 내리쬐기 전인 이른 아침, 일주일에 몇 번씩 나가서 거미를 조사했다. 집의 아이들은 목마를 때 먹으려고 귤을 준비하여 따라나선다. 밝은 눈과 경쾌한 다리로 나를 도와주니 원정은 성공을 약속할 것 같다.

곧 눈앞에 실로 짠 건물이 나타난다. 아침결에는 실이 이슬로 반짝거려 멀리서도 잘 보인다. 반짝이는 이슬의 장관에 넋을 잃은 아이들이 귤 따위는 잠시 잊는다. 나도 마음이 끌리기는 마찬가지였다. 밤사이 이슬로 축 처지고, 아침 햇살을 받아 반짝이는 대륙풀거미의 미궁(迷宮)은 참으로 아름답다. 게다가 지빠귀(Merles: *Turdus*)가 소나타로 반주를 곁들여 준다면 이른 아침에 나온 것에 더 보람이 있다.

아침 햇살이 30분만 비춰도 불가사의한 보석 세공품은 이슬과 함께 사라진다. 그래서 그물을 조사하려면 지금이 제일 좋은 시간

이다. 거미는 넓은 시스터스 다발 위에 손수건만 한 상보를 펼쳐 놓았다. 덤불에서 앞으로 불쑥 내밀린 가지에다 아주 넓게 친 그물을 고정시킨 것이다. 덤불에서 가지가 조금만 내밀렸어도 모두 그물을 묶는 데 이용한다. 서로 얽어매서 둘러쳐진 그물에 둘러싸인 덤불은 마치 하얀 모슬린 천으로 덮인 것 같다.

잔가지들이 불규칙하게 뻗은 곳에 펼쳐진 그물의 가장자리는 편평해도, 점점 술잔처럼 우묵해져서 마치 사냥꾼의 뿔피리 나팔 같다. 가운데는 원뿔 모양의 깊은 구렁이다. 깔때기처럼 구멍이 점점 가늘어지며 수직으로 내려가다 덤불 속으로 숨어드는 깊이가 한 뼘 정도이다.

음침한 살육장인 구멍 입구에서 거미가 지키고 있다. 접근해도 도망칠 기색은 없이 우리를 쳐다본다. 회색인데 가슴에는 검은 띠 두 줄이 세로로 쳐졌고, 배는 흰 점과 갈색 점이 교차한 두 줄의 장식으로 꾸몄다. 배 끝에서 움직이는 작은 돌기 두 개가 매우 길어서 마치 꼬리 같아, 거미치고는 아주 희귀하며 이상한 모습이다.

깔때기 모양인 거미줄이 질적으로는 전체가 고르지 못해서 가장자리는 얇고 성글다. 가운데로 들어갈수록 발이 얇은 모슬린 천 같고, 다음은 융단 같고, 좀더 깊이 가파른 곳에서는 거칠면서 마름모꼴 코의 그물이 된다. 거미가 늘 거처로 삼는 깔때기의 목 부분이 나중에는 튼튼한 호박단처럼 된다.

거미는 항상 망루의 융단을 손질한다. 밤마다 나와서 돌아다닐 때나 잠복해서 먹이를 기다릴 때는 새 실로 영토를 넓힌다. 공사는 돌아다닐 때 출사돌기에서 나오는 실로 하는데, 깔때기의 목 근처와 술잔의 경사진 부분은 가장 많이 왕래해서 제일 두꺼운 융단이 된다. 어떤 규칙적인 방사 줄이 넓죽하게 벌어진 구멍을 조절하는데, 엉덩이를 흔들며 걸어가는 동시에 출사돌기의 지시로 마름모꼴 그물이 방사상으로 펼쳐지는 것이다. 이 근처는 매일 밤의 순찰로 튼튼해지며, 잘 돌아다니지 않는 곳은 양탄자의 두께가 빈약하다.

덤불 속에 숨겨진 가늘고 긴 복도의 구석에 은신처가 있어서 누구나 거기에 거미가 숨어 있을 것으로 생각하지만 실은 전혀 아니다. 언제나 텅 빈 채 열려 있는 깔때기의 목 밑은 거미가 외부에서 추격을 당했을 때 덤불로 도망쳤다가 땅 밑으로 사라지는 비상구이다.

둥지의 이런 구조를 잘 알아 두면 거미에게 상처를 입히지 않고 쉽게 채집할 수 있다. 정면에서 공격하면 쫓기던 거미가 즉시 내려가서 어두운 뒷길로 도망친다. 뒤덮인 덤불을 뒤져 봐야 소용없

들풀거미 그물 풀잎이나 나뭇잎 사이에 넓은 천막을 둥글게 또는 얼기설기 쳐놓고 그 안에 다면체의 흰색 알주머니를 만들어 놓는다. 이 그물에도 개미가 걸려들었다.
순천, 4. IX. 05. 김태우

다. 그렇게 재빠른 녀석을 아무렇게나 찾았다가는 벌레를 불구자로 만들 뿐이다. 성공률이 낮은 폭력은 쓰지 말고 지략으로 잡아보자.

거미가 구멍 입구에 있다. 덤불 밑에 숨겨진 깔때기 목 부분을 두 손가락으로 잡으면 거미가 분명히 잡힌다. 도주로가 막혔음을 눈치챈 녀석은 내놓은 종이봉투 안으로 쑥 들어간다. 필요하다면 지푸라기로 위협해도 좋다. 이런 식으로 실험실에 모아 놓은 거미 중에서 타박상을 입었거나 사기가 저하된 녀석은 전혀 없다. 컵 모양의 그물이 정식 함정은 아니다. 거기를 거닐다 그물눈에 발이 휘감기는 녀석이 절대로 없다고 말할 수는 없겠지만, 거기서 산보를 즐길 멍청이 역시 거의 없다. 거미한테는 날뛰는 사냥감을 잡을 함정이 필요한데, 왕거미는 끈끈이 그물을 가졌다. 하지만 덤불의 대륙풀거미도 그에 못지않은 미로를 가졌다.

거미줄의 위쪽을 보자. 마치 밧줄을 동여맨 밀림 같지 않더냐! 폭풍에 난파당한 배에서 부러진 돛대의 줄들 같다. 의지한 나뭇가지에서 나온 각각의 줄이 서로 얽혔다. 거의 1m 높이까지의 긴 것, 짧은 것, 아래쪽으로 또는 비스듬하게 늘어진 것, 팽팽하거나 느슨한 것들이 모두 얽혀서 풀 수 없을 만큼 헝클어진 줄들이다. 거기는 정말로 힘차게 뛰지 않고는 도저히 돌파할 수 없는 미로였다.

거기에 왕거미의 끈끈이 실 같은 것은 없고, 다만 실오라기가 많이 얽힌 것으로 한몫한다. 이 올가미의 효과를 보고 싶으면 그 물 사이로 작은 메뚜기(Criquets: Acrididae) 한 마리를 던진다. 건들건들 흔들려 몸을 의지할 수 없는 녀석이 그물에서 날뛴다. 발버둥 치면 칠수록 다리가 더욱 휘감긴다. 거미는 구멍 입구에서 사정을 알아보며 기다릴 뿐, 필사적으로 몸부림치는 녀석을 제압하러 가지는 않는다. 얽어맨 실이 비틀려 줄에 꼬인 녀석이 떨어진다.

떨어지면 그때서야 거미가 달려든다. 사냥감은 묶인 게 아니라 매우 지친 것뿐이라, 지금도 위험이 없는 것은 아니다. 끊어진 실 몇 오라기가 다리 끝에 겨우 남아 있는데, 대담한 거미가 그런 것에는 개의치 않으며, 왕거미처럼 수의로 감싸거나 마비시키지도 않는다. 희생물을 만져 보고 맛이 좋다고 판단되면 뒷발질 따위는 아랑곳 않고 날카로운 칼로 푹 찌른다.

깨무는 장소는 대개 넓적다리 기부 근처였다. 거기가 연해서 쉽게 상처를 내려는 게 아니라 맛이 있어서 그럴 것이다. 거미의 식성을 알아보려고 여러 거미줄을 조사했다. 조사 결과 여러 종의 파리(Diptères: Diptera), 작은 나비(Papillions: Lepidoptera)[3], 메뚜기 따위의 먹힌 시체가 남아 있었는데 상처는 없었다. 다만 모

3 원문에는 Pavillions(정자, 별채)로 잘못 쓰였다.

두 뒷다리가 적어도 하나는 떨어져 있었다. 가끔 도살장의 갈고리인 그물 가장자리에 내용물이 빠진 메뚜기의 넓적다리가 걸려 있기도 했다.

내가 장난꾸러기였던 시절, 음식에 대한 편견 없이 다양한 이것저것을 가리지 않고 맛있게 먹을 줄 알았었다. 아주 작은 것도, 가재(Écrevisse)의 집게다리도 먹었다.[4]

지금 올가미를 쳐놓은 거미 역시 던져 준 메뚜기의 넓적다리 기부를 공격한다. 악착같이 물고 늘어지며, 한번 깨물면 전혀 놓지 않고 빨아들여 마신다. 다 빨고 나면 다른 쪽 넓적다리로 옮아간다. 끝내는 곤충의 형태가 변하지 않은 껍질만 남는다.

전에 이야기했듯이 왕거미도 같은 방식으로 먹었다. 즉 먹이를 씹지 않고 피를 빨았다. 그러나 먹은 것을 조용히 소화시키는 시간의 마지막에는 껍질만 남은 것을 다시 잡아 되씹었다. 입 놀리기 후식인 셈이며 결국은 모양 없는 뭉치로 만들어 버린다. 대륙풀거미는 식탁의 이런 심심풀이를 모른다. 씹지는 않으며 빨아먹다 남은 껍질은 줄 밖으로 던져 버린다. 시간은 오래 걸려도 식사를 무사히 끝낸다. 메뚜기는 한번 물리면 꼼짝 못하고 웅크린다. 거미의 독이 눈 깜짝할 사이에 메뚜기를 사정없이 죽여 버린 것이다.

대륙풀거미가 잔꾀는 있어도 고등 기하학을 가미한 왕거미의 거미줄 예술품에는 미치지 못한다. 그저 멋대로 건축하여 보기 흉한 비계 모양뿐이라, 녀석의 건축에는 관심을 갖지 못하겠다. 이 건물을 세운 목수는 별로 규칙이 없는 것 같으나 아름답게 짜인 컵의 가장자리를 보면 왕거미처럼 짜임새와

4 이 문단이 들어간 진정한 의도가 무엇인지 의심되는데, 혹시 억척스럽게 먹는다는 다음 문단과 관련된 것인지도 모르겠다.

아름다움의 원칙은 있겠다는 생각이 든다. 사실상 어미거미의 가장 자신 있는 걸작품인 새끼의 둥지가 틀림없는 아름다움의 원칙을 잘 증명해 주려 한다.

산란기가 가까워진 거미는 거처를 옮긴다. 그런데 아주 멀쩡한 그물을 버리고 옮긴 다음 다시는 돌아오지 않는다. 누구든 원하면 이 부동산을 가지시오 하는 격이다. 새끼의 둥지를 틀 때가 와서 그런 것인데 어디에다 틀까? 그곳을 거미는 잘 알아도 나는 모른다. 며칠 동안 계속해서 아침나절에 찾아보았으나 허사였다. 그물을 지탱할 만한 덤불을 거의 모두 돌아다녀 보았으나 역시 허사였다. 내 기대에 답변해 주는 것이 하나도 없었다.

마침내 비밀을 알아냈다. 빈 그물 하나가 눈에 띄었는데, 주인은 없어도 그물이 멀쩡하니 녀석이 조금 전에 집을 버렸다는 표시였다. 그물을 지탱하는 덤불 속을 찾을 게 아니라 그 주변의 몇 걸음을 더 찾아보자. 약간 높은 덤불이 빽빽한 곳에 숨어 있으면 사람 눈에 잘 띄지 않으며, 그런 곳에 둥지가 있는 법이다. 둥지는 그것을 지은 주인의 진짜 신분증이다. 따라서 어미는 틀림없이 거기에 있을 것이다.

이렇게 찾아서 호기심을 충족시킬 만큼 많은 대륙풀거미의 둥지를 수집해, 녀석들의 함정과는 먼 내 집에 모아 놓았다. 하지만 어미거미의 재주를 보여 줄 것으로 생각했던 녀석들이 답변을 주지 않았다. 녀석들의 작품이 둥지는 맞는데 낙엽을 실로 끌어모은 조잡한 주머니에 불과했다. 이 서툰 솜씨의 덮개 밑에 곱게 짜인 주머니, 즉 알을 담은 컵이 있었다. 덤불에서 이것을 통째로 꺼내려면 손상을 면할 수 없을 정도로 형편없는 상태라, 이 누더기로는 기술자의 재주를 알아낼 수가 없었다.

각 동물 종은 그 종의 공통 원칙에 따라 둥지를 짓는다. 곤충이 집을 지을 때도 건축상의 여러 규제가 있으며, 그 규제는 해부학적 특징처럼 변할 수 없는 것이다. 유치하긴 해도 거미 역시 미적 법칙이 엿보이는데, 건축할 때의 사정에 따라 원칙을 벗어날 수도 있다. 예를 들어 이용 가능한 면적, 불규칙한 지형, 재료의 성질, 기타의 원인으로, 건축가가 때와 장소에 따라 설계를 고쳐서, 결국은 불규칙한 건물을 지을 수밖에 없는 경우가 허다하다. 그런 때는 예정된 규정대로 설계했더라도 실제로는 무질서한 모양으로 전락해 버린다.

건축이 방해 없이 제대로 진행되었을 때, 그 종이 어떤 형태를 채택했는가 하는 문제는 상당히 흥미 있는 연구과제이다.[5] 세줄호랑거미(*Argiope bruennichii*)는 자유롭게 행동할 수 있는 넓은 장소에서 나뭇가지를 발판 삼아 작은 알주머니를 짠다. 제작품은 아름답고 멋진 병 모양이다. 누에왕거미(*Argiope lobata*) 역시 같은 조건에서 별 무늬를 장식한 포물선 모양 가죽 주머니로 우아한 멋을 보여 준다. 그런데 또 하나의 방직공인 대륙풀거미도 제 새끼들이 생활할 텐트를 짤 때 뛰어난 미(美)의 규범을 알고 있을까? 그동안 내가 본 것은 보기 흉한 주머니뿐이었는데, 이 거미는 이렇게 시시한 것밖에 만들지 못할까?

하지만 나는 주변 환경이 좋다면 훌륭하게 만들 것을 기대했었다. 덤불이 빽빽하게 자랐고 썩은 잎과 잔가지가 뒤섞인 곳에서는 아무리 일을 잘해도 신통한 물건을 만들 수 없는 법이다. 그렇다

5 각 종별 집 짓기 방법은 현대 분류학에서 중요한 특징의 하나로 이용된다.

면 방해가 없는 곳에서 일을 시켜 보자. 그렇게 해주면 거미가 저의 훌륭한 재능을 발휘하여 멋진 둥지를 제작하는 기술을 보여 줄 것이다. 나는 보지 않고도 그렇게 믿는다.

산란기가 가까워진 8월 중순, 모래를 가득 채운 화분 위에 종 모양 뚜껑을 올려놓고 그 안에서 5마리의 거미를 길렀다. 가운데 세운 백리향(Thym: *Thymus*) 줄기는 새로 칠 거미줄의 발판이 될 것이며, 뚜껑 둘레의 틈새도 그럴 것이다. 도구라고는 그것뿐, 낙엽은 한 장도 없다. 어미가 낙엽을 덮개로 이용하는 날이면 둥지의 모양새가 흐트러질 것이기 때문이다. 먹이는 매일 메뚜기 몇 마리였다. 너무 크지 않고 부드러운 것이면 모두 잘 먹었다.

실험은 뜻대로 잘 진행되었다. 8월 말, 휘황찬란한 모양에 반짝이는 흰색 둥지 5개를 얻었다. 일터가 넓어 방해가 없었으니 거미는 본능의 계시에 따라 지장 없이 그물을 짰다. 결과는 공중에 걸릴 부분 말고는 잘 다듬어진, 그리고 산뜻한 걸작품이었다.

흰 모슬린 둥지는 아담한 타원형 울타리이며, 어미가 이제부터 알을 보살피며 오랫동안 머물 반투명한 견직물 주택이다. 크기는 거의 달걀만 했다. 방의 양쪽에 출입구가 있는데 복도로 통하는 앞쪽은 끝이 술잔 모양으로 열려 있다. 뒷문은 마치 깔때기 목처럼 가늘고 길었는데 내 생각에는 탈주로인 것 같다. 앞쪽의 넓은 문은 틀림없이 먹이를 들여오는 곳이다. 거미가 그 자리에서 수시로 메뚜기를 노리는 게 보였다. 사냥한 것은 밖에서 먹었다. 깨끗하고 성스러운 숙소를 시체로 더럽히지 않으려는 것이다.

둥지의 구조에는 사냥철의 집과 닮은 점이 있다. 뒷문은 땅 근처까지 연결되어 위험을 만났을 때 탈출로였던 깔때기에 해당한다. 여기저기에 쳐진 거미줄과 넓게 열린 앞쪽 문은 먹이가 떨어졌던 구렁을 연상시킨다. 결국 둥지는 비록 규모가 작아도 대륙풀거미 본래 주택의 모든 미로가 다 있는 셈이다. 술잔처럼 벌어진 앞쪽은 얽힌 실이 널려 있어서 오가던 벌레가 잡힌다. 이처럼 각 종마다 짓는 집의 고유한 형태가 있으며, 혹시 환경조건이 좀 달라져도 그 기본틀은 대체로 유지된다. 동물이 자신의 기능은 잘 알아도 그것을 개량할 능력은 없어서 다른 것은 모르며, 또한 영원히 알 수 없을 것이다.

타래풀거미 대륙풀거미처럼 배 끝에 긴 돌기 두 개가 꼬리처럼 보여 희귀하고 이상한 모습이며(206쪽 참조), 터널이나 깔때기 같은 집을 짓고 알주머니도 볼록한 타원형이다. 충남 대둔산, 25. VII, '95

그렇다면 이 궁전은 결국 경비초소였다. 푹신한 안개처럼 유백색인 칸막이 저쪽으로 명예의 십자가가 달린 알들의 방이 희미하게 보인다. 넓고 아름다운 순백색 주머니인데 사방으로 방사선처럼 처진 실기둥으로 고정되어 벽과는 떨어져 있다. 기둥은 가운데가 가늘며, 각각 원뿔 모양인 한쪽 끝은 기둥머리, 반대쪽은 받침대가 되었다. 10여 개의 기둥이 서로 마주 보며 아치형 복도를 이루었고, 중심의 방 주변은 자유롭게 돌아다닐 수 있다. 어미는 이 밀실들을 듬직하게 걸어 다니다 여기저기서 잠시 머물러, 알주머니에 귀를 대고 그 안의 낌새를 엿듣는다. 그녀를 방해한다면 야만적 행위가 되겠지.

하지만 좀더 자세히 조사하고 싶어서 들에서 가져온 둥지를 열

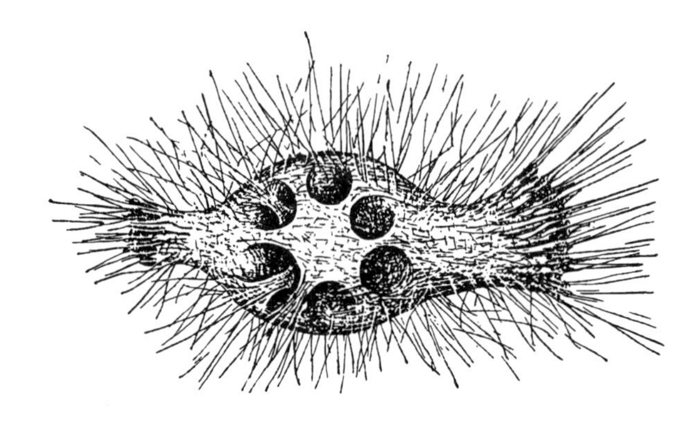

대륙풀거미 둥지

어 보았다. 알주머니에서 받침대를 떼어 내면 거꾸로 원뿔 모양이 되며 누에왕거미의 작품을 연상시킨다. 실은 더 질겨서 핀셋으로 당겨도 잘 안 찢어진다. 주머니 속에는 흰색의 아주 부드러운 솜과 100개가량의 알밖에 없다. 알은 지름이 1.5mm 정도로 비교적 큰 편이다. 색깔은 푸른빛을 띤 호박색 진주 같다. 서로 분리되어 있어서 덮고 있던 이불을 젖히면 뿔뿔이 굴러 나온다. 부화하는 모습을 보려고 모두 유리관에 넣었다.

들풀거미 알주머니 새끼들이 알주머니를 찢고 나갔다. 하지만 녀석들은 집안에서 겨울나기를 한 다음해 늦봄에 밖으로 나간다. 소요산, 5. II. 05, 김태우

다시 본론으로 돌아가자. 산란기가 다가오면 어미가 둥지를 버린다. 대륙풀거미는 파리 날개도 통과할 수 없었던 집과 지금까지 안락하게 살려고 마련했던 일체의 도구를 버린다.

어미로서의 의무를 소중히 생각하여 멀리 가서 새집을 마련한다. 왜 멀리 떠날까?

어미는 아직 몇 달 더 살아야 할 생명이므로 더 먹어야 한다. 그렇다면 지금까지 살던 둥지와 가까운 곳에 알을 낳고, 아직 훌륭하게 이용될 올가미로 계속 사냥하는 게 더 좋지 않을까? 둥지도 지키고 맛있는 먹잇감 사냥에도 힘들이지 않아 일거양득일 텐데 이사를 한다. 하지만 어미의 생각이 우리와 다른 이유를 나는 그럭저럭 짐작할 수 있을 것 같다.

보자기 그물이 얇아도 그 위의 미궁은 흰색이며 높은 곳에 걸려 있으니 남의 잘 눈에 띈다. 왕래가 잦은 곳에서 그것이 햇빛에 반짝이면, 마치 방안의 등불이 작은 곤충과 나방을 유인하듯, 새에게 거울 노릇을 하게 된다. 반짝이는 것을 보려고 너무 바짝 다가간 벌레는 제 호기심에 희생이 되어 육신을 망친다. 경솔하게 오가는 녀석을 속이기엔 그보다 좋은 방법도 없다. 하지만 집안의 안전에는 그런 반짝임보다 위험한 일도 없다.

푸른 잎 사이에 활짝 펼쳐진 이 신호를 보고 찾아오는 떠돌이가 끊이지 않을 것이다. 그물을 찾아왔던 녀석이 틀림없이 소중한 알주머니를 발견하고, 잘 반숙된 알 100개를 맛있게 먹어 일가족을 전멸시킨다. 나는 아직 기생충 일람표를 만들 만큼 충분한 자료를 갖지 못해서 그 적이 누구인지는 몰라도, 다른 조사에서 보았듯이 분명히 적은 있을 것이다.

세줄호랑거미는 견고한 제 피륙을 믿고 누구의 눈에도 잘 띄는 장소에 둥지를 틀어, 별로 감추려는 기색도 없이 덤불의 잔가지에 달아맨다. 너무 으스대면 큰코다치는 법이다. 병 모양 둥지에서 주사침을 지닌 일종의 뾰족맵시벌(*Cryptus*) 애벌레를 채집했는데, 거미 알을 먹고 자라는 녀석이었다. 가운데의 작은 통에는 배아가 전멸해서 내용물이 빠진 껍질만 남아 있었다. 그 밖에도 거미 둥지를 열심히 분탕질하는 맵시벌(Ichneumonides: Ichneumonidae)들이 알려져 있다. 신선한 알 한 바구니가 여러 맵시벌 애벌레의 정식 식단인 것이다.

대륙풀거미도 다른 거미처럼 알주머니를 뒤지러 오는 녀석을 두려워한다. 그래서 주머니가 악당의 손에 넘어가지 않도록 표적이 되는 제 둥지에서 될수록 먼 곳에다 숨겨 둘 장소를 마련한 것이다. 난자가 성숙했음을 느낀 어미는 밤에 위험이 없는 곳을 찾아 떠난다. 그녀가 좋아하는 장소는 땅에 낮게 깔렸으며 겨울에도 푸른 잎이 울창한 곳으로서, 근처에 떡갈나무 잎이 많이 떨어진 덤불이다. 척박한 바위에서 별로 크지 않고 빽빽하게 자란 로즈마리 그루터기도 이 거미가 좋아하는 장소이다. 나는 언제나 그런 곳으로 둥지를 찾으러 가지만 너무도 빈틈없이 숨겨 놓아 쉽게 찾아낼 수가 없었다.

지금까지는 보통의 조사 방법이었다. 세상에는 맛있는 것만 찾아다니며 훰쓰는 녀석이 많아서 어느 벌레든 크게 걱정한다. 어미는 새끼를 초라한 비밀 장소에 조심스럽게 가둬 둔다. 이런 조심을 하지 않는 어미는 거의 없으며, 모두가 독특한 방법으로 알을 숨겨 놓는다.

한배의 알주머니를 보호하는 대륙풀거미는 또 다른 조건이 있어서 복잡하다. 거의 모든 경우, 적당한 장소를 한 번 점령한 어미는 알을 그냥 내버려 두고 떠난다. 그다음에 잘되고 못되고의 문제는 운명에 맡긴다. 하지만 덤불의 대륙풀거미는 그런 녀석들과 달리 극진한 모성애를 가졌다. 마치 게거미(Araignée-Crabe→ *Thomisus onustus*, 흰살받이게거미◎)처럼 알이 부화할 때까지 지키는 것이다.

게거미는 공중에 매달린 둥지 위에다 실 몇 오라기로 잎을 모아 허술한 파수막을 짓고, 거기서 난소를 비운 다음 아무것도 먹지 않는다. 바싹 말라서 마치 비늘처럼 된 몸으로 길게 누워 있다. 이렇게 가죽만 남아서 파리한 어미 주제에 누군가가 접근하면 알주머니를 지키겠다며 용감하게 대든다. 이 거미는 새끼거미가 떠나지 않는 한 죽으려 하지 않는다.

대륙풀거미에게는 더 좋은 역할이 주어졌다. 그래서 산란한 다음에도 살이 빠지기는커녕 통통하고 싱싱한 몸집을 보여 준다. 식욕이 계속 왕성해서 언제나 메뚜기의 피를 거절하지 않으니 알 옆에 사냥터가 딸린 집이 필요했다. 이제 그녀의 거처를 잘 알았다. 종 뚜껑 사육장 덕분에 녀석의 기술의 정확한 원형이 지켜진 건물을 파악하게 된 것이다.

알을 지키는 저 멋진 건물을 다시 한 번 생각해 보자. 양쪽이 출입구처럼 길게 뻗었으며, 가운데는 알의 방들이 공중에 매달려 있다. 실기둥 10개가량이 모든 벽의 사이를 띄어 놓았다. 앞문은 넓게 열렸고 위에는 얼기설기 쳐진 거미줄 올가미가 있다. 울타리가 투명해서 집안일로 분주히 움직이는 거미의 모습이 잘 보인다. 둥근 천장 밑에 복도가 있는 이 은신처는 알 그릇의 어디든, 즉 별무늬가 장식된 주머니의 어디든 가 볼 수 있는 구조였다. 그녀는 지칠 줄 모르고 돌아다닌다. 여기저기 들러서 주단에 정답게 손을 대보며 주머니 속의 비밀을 엿듣는다. 어디든 지푸라기로 조금만 흔들어도 곧 달려와서 무슨 일인지 조사한다. 어쩌면 이런 경계가 맵시벌과 그 밖의 알 포식자를 쫓아내지 않을까? 혹시 그럴지도 모른다. 아무튼 그 자리에 어미가 없으면 온갖 위험이 닥쳐오겠지.

망보기에 정신이 팔렸을 때도 위험한 것을 잊지는 않는다. 가끔씩 사육장에 넣어 준 메뚜기가 너무 커서 출입구에 둘러친 그물에 걸리는 수가 있다. 갈팡질팡하는 녀석에게 거미가 달려가서 맞붙는다. 즉시 때려눕히고 가장 맛있는 넓적다리를 물어뜯어 체액을 모두 빨아먹는다. 남은 시체는 그 뒤의 식욕에 따라 그때그때 조금씩 빤다. 식당은 경비초소 밖이나 출입구 바닥일 뿐 방안에서는 절대로 먹지 않는다.

그렇게 먹는 것은 적을 감시하는 동안의 무료함을 달래려는 주전부리가 아니라 실속 있는 식사이며 자주 먹는다. 열심히 적을 감시하는 게거미는 둥지에 넣어 준 꿀벌(*Apis*)을 본 체도 안하고 영양실조로 굶어 죽는 것을 보았었다. 반면에 대륙풀거미는 이렇게 왕성한 식욕을 보여서 놀라웠다. 어미가 된 그녀가 지금도 그렇게 많이 먹어야 할 필요가 있을까? 물론 있다. 그녀에게 그럴 만한 확실한 이유가 있다.

어미가 거미줄을 칠 때 많은 실을, 어쩌면 배 속에 가진 것을 모두 써버렸다. 자신과 새끼를 위해서 지은 두 채의 건물에 아주 비싼 재료가 많이 소비되었다. 더욱이 큰방과 가운데 방 벽에 거의 한 달 동안 계속 한 층씩 실을 덧대는 것이 보였다. 그래서 처음에는 거의 투명하게 들여다보였던 얇은 천이 지금은 불투명한 융단으로 변했다. 둘레는 아무리 두꺼워도 충분하지 못하여 항상 집을 손질한다. 이렇게 엄청난 소비를 충당하려면 계속 영양을 보충하여 빈 비단 창고를 채워야 한다. 공장을 움직이는 유일한 수단은 먹는 것밖에 없다.

꿀벌(토종) 대륙풀거미는 알주머니를 보호하는 동안에도 열심히 먹었으나 흰살받이게거미는 적을 감시할 때 꿀벌을 주어도 잡아먹지 않고 굶어 죽었다.
임실, 18. Ⅳ. '96

한 달이 지난 9월 중순, 어린 거미가 부화했으나 방에서 나가지는 않고 부드러운 솜을 뒤집어쓴 채 겨울을 난다. 그동안 어미는 열심히 실을 잣고 경계도 소홀히 하지 않았다. 그런데 이제는 날이 갈수록 점점 쇠약해진다. 메뚜기를 먹는 간격도 차차 길어진다. 가끔씩 올가미 실에 묶어서 주어도 모르는 체한다. 식욕이 나날이 줄어드는 것은 쇠약해진다는 징조이다. 실도 느릿느릿 짜다가 결국은 멈춘다.

어미는 피곤하고 나른한 발걸음일망정 4~5주 동안 경계를 더 계속했다. 갓난애들이 방안에서 꼼지락대는 소리를 듣고 기뻐한다. 마침내 10월이 끝나자 새끼 방에 매달린 채 바싹 말라서 죽어 버렸다. 어미는 모성애를 모두 끝낸 것이며, 꼬마들은 이제 하느님의 섭리에 맡겨졌다. 봄이 돌아오면 어린것들이 부드러운 방에서 나온다. 비행용 실에 의지해서 주변으로 퍼지고, 백리향 덤불에서 대륙풀거미 최초의 실잣기가 시도된다.

사육장 안에서 지은 둥지는 구조가 정연하며 실도 아주 깨끗했다. 하지만 이런 것이 모든 것을 알려 주지는 않아, 자연 상태에서는 어떻게 진행되는지 야외로 나가 봐야 한다. 12월 말, 집안의 젊은 식구들 도움을 받아 둥지를 찾아 나섰다. 경사진 암반을 관목이 무성하게 덮은 오솔길 가에서 빈약한 로즈마리 덤불을 조사했다. 땅바닥에 처진 가지를 들어올렸다. 우리의 열띤 의지가 성공해서 2시간 만에 둥지 몇 개를 손에 넣었다.

아아! 이 계절의 악천후에 시달려 본래의 모습이 보이지 않는구나. 그야말로 가엾은 몰골이 아니더냐! 썩어서 흐트러진 것을 사육장에서 지어진 건물과 동일한 물건으로 인정하려면, 어떤 신념을 가진 눈으로 보아야만 가능하겠다. 땅 위를 기는 잔가지에 얽힌 초라한 보따리가 비에 쓸린 모래 위에 있었다. 다행히도 너저분하게 널려 있던 떡갈나무 잎을 실 몇 가닥이 잡아맨 그 몇 조각에 둘러싸여 있었다. 넓은 잎 한 장이 지붕이며 천장의 전부였다. 두 출입구에서 삐쳐 나왔다가 남겨진 실 토막이 눈에 띄지 않았다면, 그리고 보따리의 마른 잎을 한 장씩 벗겨 낼 때 약간의 저항을 느끼지 않았다면, 아마도 비바람을 만나서 우연히 뭉쳐진 흙덩이라고 생각했을 것이다.

보기 흉한 상태로 발견된 물체를 조사해 보자. 여기는 어미가 살았던 큰방이다. 덮인 잎을 떼어 내니 갈라진다. 요기는 경비초소, 조기는 가운데 방과 실기둥이다. 흰 천은 전체가 깨끗했다. 마른 잎에 싸여 있었기에 젖은 땅의 더러운 것이 집 안까지 침투하지는 못했다.

새끼 방을 열어 보자. 이것이 도대체 무엇일까? 방안은 굳은 흙투성이뿐 마치 흙탕 빗물이 흘러들었던 자리 같아 깜짝 놀랐다. 하지만 더럽혀지지 않고 아주 깨끗한 고급 천의 안쪽 벽이 그런 생각을 버리라고 충고한다. 어미의 훌륭한 세공품은 그 용도를 위해 특별히 정성 들여 만든 방이다. 모래알이 비단 시멘트로 굳혀져 손가락으로 누르면 약간 저항한다.

광물층을 계속 벗겨 내면 안쪽에 알을 담은 마지막 비단 피막이 나타난다. 이 보자기가 조금만 찢어져도 어린것들이 놀라서 도망친다. 그렇게 추운 마비의 계절인데도 놀라울 만큼 재빨리 사방으로 흩어진다.

결국, 대륙풀거미가 자연 상태에서 일할 때는 알주머니를 감싼 두 장의 천 사이에 많은 모래알과 실을 섞어서 벽을 만든다. 맵시벌의 탐색과 다른 침입자의 이빨을 막아 주는 모래를 부드러운 모슬린과 결합시킨 것이다. 어미는 이런 방탄조끼보다 훌륭한 것을 찾지 못했다.

여러 거미가 이 방어 수단을 애용하는 것 같다. 집 안의 집가게거미(*Tegenaria domestica*)◒는 벽에서 떨어진 회반죽 가루와 거미줄을 반죽해서 굳힌 공 속에 알을 가둔다. 들판의 돌 밑에 사는 거미도 이렇게 광물질을 명주실로 붙인 껍데기로 알을 감싼다. 같은 걱정거리가 동일한 보호법을 만들어 낸 것이다.

그렇다면 종 뚜껑 밑의 화분에 모래가 가득한 사육장에서 기른 어미 5마리는 모두 반죽한 흙으로 성벽을 쌓지 않았는데, 그 이유는 무엇일까? 한편, 자연에서도 이렇게 광물질이 없는 둥지가 눈에 띄었다. 그런 불완전한 둥지는 땅 위로 조금 떨어진 관목 덤불에 자리 잡았다. 반대로, 모래층을 갖춘 것들은 지표면 근처에 있었다.

이 차이는 일이 진행된 과정을 잘 설명해 준다. 인간의 건축용

콘크리트는 모래와 시멘트를 잘 섞어서 만든다. 거미 역시 비단 시멘트와 모래알을 섞는다. 출사돌기에서 나온 끈끈한 실을 다리가 잡고, 바로 옆의 광물 재료를 뿌린다. 모래 한 알을 붙인 다음 먼 곳의 모래를 얻겠다고 실잣기를 멈춘다면 일을 계속할 수가 없다. 재료는 찾아다닐 게 아니라 바로 다리 밑에 있어야 하는데, 그렇지 못한 경우는 거미가 모래벽을 단념한 상태로 작업을 계속한다.

사육장에서는 모래가 너무 멀리 있었다. 그것을 주우려면 철망 틈새를 기초로 한 둥지에서 한 뼘 정도를 내려가야 한다. 이 여공들은 이런 곳 오르내리기를 좋아하지 않는다. 각 모래알마다 이런 짓을 반복한다면 실잣기에 너무 품이 많이 들 것이다. 어떤 이유에서 그랬는지 그 비밀을 짐작할 수는 없으나, 선택된 부지가 제법 높은 로즈마리 덤불이면 역시 모래 섞기를 싫어했다. 그러나 둥지가 지표면과 가까우면 흙벽을 빼먹은 경우가 없었다.

이 사실은 본능이 변한다는 증거이다. 그렇다면 조상의 보호책을 소홀히 하는, 다시 말해서 퇴화의 길을 더듬어 가는 증거로 보아야 할까, 아니면 망설이면서도 미장이 기술을 발전시키는, 즉 진보의 길을 더듬는 증거로 보아야 할까? 둘 중 어느 것도 우리가 결론 내리기를 허락하지는 않는다. 대륙풀거미가 우리에게 알려 주는 것은 다만, 본능은 녀석이 가진 수단을 그때그때의 상황에 따라 실행하거나, 아니면 실행 없이 끝낸다는 것뿐이다.

발밑에 모래를 놓아 주면 실 잣는 거미가 시멘트로 반죽할 것이다. 언제든 미장일을

6 현대 생물학도 이 문단처럼 풀거미의 둥지 짜기가 곧바로 호랑거미의 둥지 짜기처럼 개혁되는 경우까지 인정할 수는 없다. 하지만 앞의 문단처럼 퇴화든 진보든 어느 방향으로 발전함은 여러 동물의 행동에서 증명되고 있다. 말하자면 동물의 행동이 반드시 본능에 고정된 것은 아님을 보여 주는 것이다.

할 능력이 있는 거미지만 모래를 주지 않거나 멀리에 놓아 주면 겨우 호박단 짜기 직공으로 끝낸다. 관찰자가 본 것은 모두 그렇게 확인되었다. 자, 그런데 이 거미가 출입구 두 개와 별무늬로 장식한 방을 버리고 제 건축 기량을 몽땅 바꿔서 배(梨) 모양 주머니를 짜는 세줄호랑거미처럼 개혁한다고, 만일 이렇게 되기를 기대하는 사람이라면 아마도 제정신을 가진 게 아닐 것이다.[6]

16 뒤랑납거미

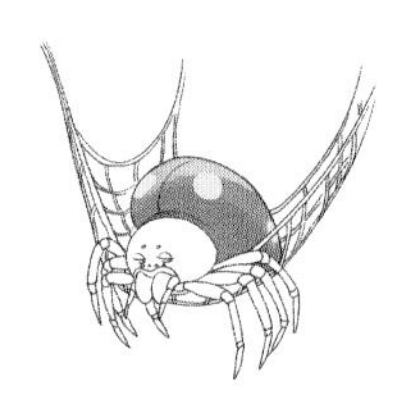

이 거미(Aranéide: Araneae)를 처음 환기시켜 준 사람을 추억하고자 뒤랑(Durand) 씨의 클로또거미(Araignée Clotho: *Clotho*→ *Uroctea durandi*, 뒤랑납거미, 일명 뒤랑클로또거미)라는 이름으로 불렀다. 유채(Roquettes: *Eruca*)와 접시꽃(Mauves: Marcgraviaceae, 마르크그라비아과) 밑으로 재빨리 달려오는 망각(忘却)에서 보호되고 싶어, 통행증도 없는 이 작은 벌레와 함께 영원(내세)으로 떠나는 것도 무시할 일은 아니다.[1] 거의 모든 사람이 자기 이름을 반복해 주는 메아리조차 남기지 못하고 사라진다. 무덤 중에서도 가장 슬픈 무덤인 망각 속으로 수의(壽衣)를 걸치고 들어간다.

박물학자 중에는 이름을 조금 남기려고 엄청난 생물에다 이런저런 이름을 붙이고, 그것으로 이어 갈 쪽배로 삼는 사람이 있다. 고목 껍질을 덮은 지의(地衣), 풀잎 한 줌, 연약한 짐승 따위가 세월이 흘러가도 새 유성(流星)처럼 끄떡 않고 이름 하나를 미래로

1 너무 난해한 문장이라 정확한 뜻을 모르겠다. 아마도 두 식물과 영면(永眠) 사이에 어떤 관련(음식, 꽃말 등)이 있으며, 죽기 전에 벌레에게 영원할 이름을 주어 명명자 자신도 함께 이름을 남기는 게 나쁘지는 않다는 말인 것 같다.

전한다. 남용하는 경우도 있지만 죽은 자를 공경하는 이 방법은 무한히 귀중한 것이다. 여러 해 동안을 버티는 묘비명(墓碑銘)을 새겨 본들 풍뎅이(Scarabée : Scarabaeoidea)의 딱지날개, 달팽이(Colimaçon→ Escargot : Pulmonata)의 껍데기, 거미의 그물보다 무엇이 더 나을 게 있을까? 화강암 역시 그렇지 못하다. 나비(Lepidoptera) 날개에 맡겨진 것(이름)은 파괴되지 않아도 단단한 돌에 새긴 비명은 지워질 때가 온다. 자, 그러니 뒤랑 씨는 훌륭하게 영속하리라.

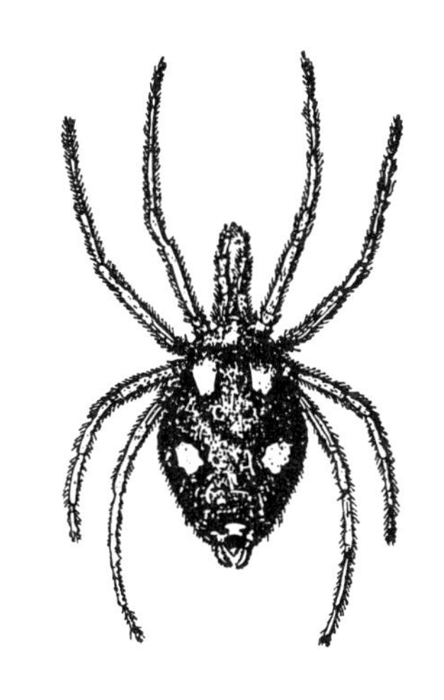

뒤랑납거미 실물의 2배

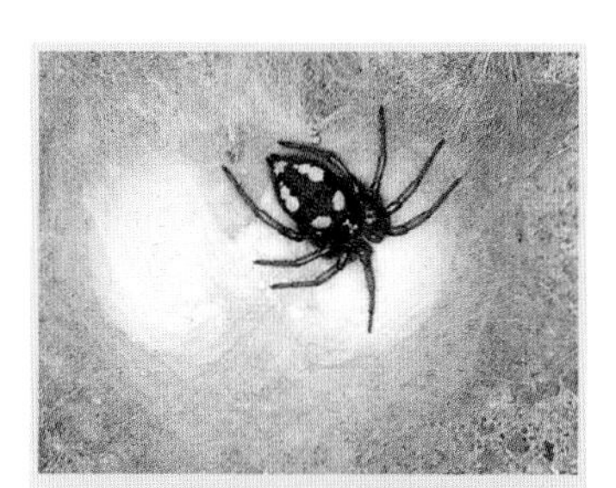

납거미 우리나라에도 뒤랑납거미의 사촌격인 대륙납거미와 남녘납거미가 살고 있다. 전자는 한약재로 쓰이며, 후자는 대구 이남 지역에서만 발견된다.
김태우 사진

그런데 클로또(Clotho)란 이름이 여기에 왜 왔을까? 분류할 동물의 수는 밀려오는 조수처럼 날마다 늘어나서, 이름 짓기에 시달린 분류학자가 잠시 기분 전환을 했을까? 전혀 그런 것은 아니다. 듣기 좋은 소리에다 실 잣는 벌레의 이름으로는 크게 벗어나지도 않는 신화의 여주인공이 생각났던 것이다. 고대 클로또는 세 파르카(Parques)[2] 중 가장 젊었다. 그녀는 인간의 운명을 짜는 토리개를 잡고 있었는

2 사람의 생사를 담당한 세 명의 여신

데, 금실은 겨우 한 가닥뿐이고, 명주실 오라기 약간에다 야생의 거친 털 뭉치가 아주 많은 토리개였다.

박물학자의 클로또는 거미치고는 우아한 몸매와 복장에다, 특히 실 잣는 솜씨가 뛰어난 아가씨라 토리개를 가진 지옥의 여신 이름을 얻은 것이다. 닮은 것은 그것뿐이라 좀 아쉽다. 신화에서의 클로또는 명주실에 아주 인색해서 야생의 거친 털로 쓰라린 인생을 짰는데, 다리가 8개인 클로또는 아름다운 명주실만 짠다. 결국 거미는 자신을 위해 짜지만, 여신은 별로 가치가 없는 인생을 위해서 짠 것이다.

그녀(= 거미)[3]를 알고 싶은가? 햇볕이 내리쬐며 올리브(Olivier: *Olea europaea* = 감람나무) 꽃이 피는 나라에서 조약돌이 섞인 언덕을 찾아가 조금 큰 돌을 뒤집어 보되, 특히 양치기가 라벤더(*Lavandula*) 사이에서 풀 뜯는 양 떼를 지키며 앉아 있는 돌을 조사해 보자. 클로또는 아주 드물며, 아무 장소나 그녀의 마음에 드는 것은 아니니 쉽게 실망하지는 말자. 언젠가 고생한 보람에 행운이 미소를 띠어 주면, 들춘 돌 밑에 절반 크기 귤 모양의 둥근 천장이 거꾸로 매달린 게 보일 것이다. 겉보기에는 초라한 건물이나 가득 찬 듯이 보이며, 표면에는 작은 조가비나 바짝 마른 곤충들이 틀어박혔거나 매달렸다.

지붕의 추녀 끝은 사방으로 열두 곳 정도가 끈처럼 삐죽삐죽 돌출했는데, 각각의 끝은 돌에 붙어 있고, 아래로 드리운 끈들 사이로 그 수만큼의 넓은 아케이드(Arcade, 홍예문)가 열려 있다. 방향은 거꾸로 뒤집힌 모양이나 마치 아라비아 사람들의 낙타 털(poil)[4] 천막 같다. 드리워서 고정된 끈 사이에 쳐놓은 수평 천장은 주택의 위를 덮고 있다.

그런데 출입구가 어디에 있을까? 둘레의 아케이드에서는 지붕으로만 가게 되어 있을 뿐 안으로 들어가지는 못한다. 눈을 아무리 크게 뜨고 찾아봐도 안팎으로 통하는 길이 어딘지 모르겠다. 어쨌든, 집주인은 사냥하러 나갈 것이며, 근처를 한 바퀴 돈 다음 다시 돌아올 것이다. 그런데 어디로 출입할까? 지푸라기 한 가닥이 그 비밀을 알려 줄 것이다.

각 아케이드를 하나씩 지푸라기로 콕콕 찔러 본다. 어느 문에서든 지푸라기에 저항감이 온다. 모두가 꽉 닫혀 있는 것이다. 하지만 언뜻 보기에는 다른 것과 똑같은 꽃 장식 하나를 찔렀더니 두 입술처럼 포개진 입이 살짝 열린다. 그것이 출입구인데 탄력성이 있어서 곧 저절로 닫힌다. 거미가 안으로 들어가면 빗장을 지르는 경우도 많다. 약간의 실로 양쪽 문을 서로 잡아매서 굳게 닫는 것이다.

땅거미(Mygale) 굴은 지표면과의 구별이 어렵고 덮개는 경첩으로 여닫지만, 안전성은 뒤랑납거미의 텐트와 비교되지 않는다. 어떤 도둑도 여는 방법을 모르면 이 텐트로 들어가지 못한다. 납거미가 위험을 느끼면 쏜살같이 텐트로 뛰어 들어간다. 발톱으로 한 번 밀어 틈을 만들고 안으로 들어가 자취를 감춘다. 문은 저절로 닫히며, 필요하다면 실 몇 오라기로 자물쇠를 채운다. 쫓아가던 도둑은 같은 모양의 아케이드가 너무 많아서 당황할 것이며, 도망치다 갑자기 사라진 녀석을 다시는 보지 못할 것이다.

가장 간단한 방어 장치 제작 솜씨를 보여

3 거미와 여신은 모두 여성명사이다.

4 천이 아주 조밀해서 부드러워 보임을 나타내려고 쓴 단어 같다.

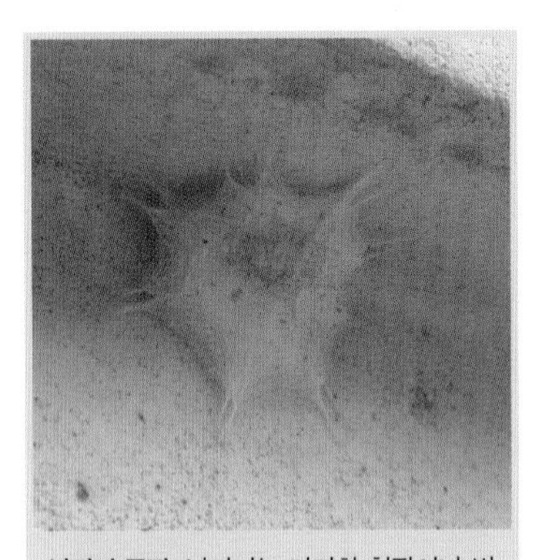

납거미 둥지 납거미는 단단한 천장이나 벽 모퉁이에 납작한 천막 모양의 둥지를 짓는다. 천은 매우 조밀하고 두꺼워서 상당히 질기며, 가장자리를 여러 개의 지지대 끈으로 단단히 고정시킨다.
서울 은평구, 5. V. 01

준 납거미의 아늑한 주택도 땅거미의 것과 비교되지 않을 만큼 훌륭하다. 그 방을 열어 보자. 어쩌면 그렇게도 사치스럽더냐! 옛날 시바리스 사람들은 침대에서 장미 잎의 주름에 상처를 입어 잠을 잘 수 없었다는 이야기가 있다. 납거미도 이에 못지않게 성미가 까다로운 녀석이다. 침대가 부드럽기는 백조(Cygne: *Cygnus*, 고니)의 가슴털보다 푹신하고, 빛깔이 희기로는 여름 소나기를 몰고 오는 흰 구름보다 희다. 이것이야말로 최고급 플란넬이다. 위쪽 역시 침대처럼 부드러운 하늘이다. 이 두 층 사이에 다리는 짧고, 검정 복장에 등에는 노란 무늬 5개를 장식한 거미가 누워서 쉬고 있다.

구석의 아늑한 곳에서 휴식하려면, 특히 폭풍이 몰아치는 혹독한 계절에 돌 밑에서 차가운 외풍이 들어올 때는 완전히 안정되었어야 한다. 집을 자세히 조사해 보면 이 조건도 잘 충족시켰다. 난간 모양이면서 지붕과 맞닿아 건물 전체의 무게를 지탱하는 꽃 장식의 끝이 평평한 돌에 꽉 부착되었다. 게다가 각 부착점부터 전 길이에 걸쳐서 붙어 있는 다양한 실들이 돌 위를 기며 멀리까지 뻗쳤다. 내가 잰 것 중에는 길이가 한 뼘이나 되는 것도 있었다. 이것은 고정용 밧줄인데 마치 베두인(Bédouin) 족[5]이 텐트를 고정시키는 말뚝과 밧줄 같다. 이런 밧줄이 그렇게도 많이 질서 정연하게 배치되어 있어서 거미가 갑자기 난폭한 짓을 하지 않는 한 공중에 드리운 해먹 침대가 떨어질 염려는 없다.

또 다른 점이 주목된다. 집 안은 기분 좋고 깨끗하지만 집 밖에는 음식 찌꺼기, 썩은 나무 쓰레기, 가는 모래알 따위의 오물이 가득하다. 흔히 텐트의 바깥층은 흉한 것들이 더 많은 납골당인 셈이다. 거기에서는 서로 끼어 있거나 매달려서 흔들리는 모래거저리(Opâtres: *Opatrum*), 아시드거저리(Asides: *Asida*), 그 밖에 바위 밑 피난처를 좋아하는 거저리(Ténébrionides: Tenebrionidae)의 마른 시체, 햇볕에 바랜 노래기(Iule: Diplopoda) 잔해, 돌무더기를 즐겨 찾는 푸파고둥(*Pupa*) 껍데기, 그리고 작은 녀석들로 추려진 달팽이(*Helix*) 따위가 눈에 띈다.

시체의 대부분은 먹다 버린 음식 찌꺼기였다. 납거미는 올가미 사냥 기술에 능숙하지 못해서 이 돌 저 돌로 돌아다니며 먹이를 잡는데, 밤에 넓적한 돌 밑으로 잠복한 떠돌이 벌레가 집주인에게 잡아먹히는 것이다. 그러나 쓰레기의 목적이 거기에 있는 것은 아니다. 성문(城門) 교수대의 쇠스랑에 잡아먹은 시체를 매달아 놓는 식인귀(食人鬼)의 행동을 했다가는 잡혀 줄 여행객을 방심시키지 못할 것이다.

또 다른 이유로 의문은 더욱 깊어만 간다. 매달린 고둥 껍데기가 대개는 비었으나 개중에는 안에 주인이 건강하게 살아 있는 것도 있다. 회색푸파(*Pupa cinerca*)나 사치푸파(*P. quadridens*) 중에는 패각의 깊은 안쪽에 주인이 살아 있는 것도 있는데, 이렇게 가늘고 긴 고둥을 납거미는 어

5 사막 지방의 아랍 족

떻게 처리했을까? 석회질 껍데기를 깨뜨릴 수도 없고, 입구에서는 안쪽의 동물에게 손이 닿지도 않는다. 게다가 끈적거리는 살이 입에 맞지도 않을 것이다. 그런데 거미는 그런 녀석들을 왜 주워 모았을까? 이런 푸파의 경우를 생각해 보면, 혹시 집의 균형이나 안전 문제와 관련된 것뿐일지도 모른다. 벽의 모퉁이에 거미줄을 치는 집가게거미(*Tegenaria domestica*)◔는 미풍에도 줄의 모양을 흩뜨리지 않으려고 회반죽 부스러기를 쌓아 놓는다. 지금 우리는 같은 종류의 지혜를 대하고 있는 것은 아닐까? 그러면 어떤 이론보다도 확실한 실험을 해보자.

납거미를 기르려면 둥지가 붙어 있는 무겁고 넓적한 돌을 운반해 와야 하는데 이것은 보통 일이 아니다. 하지만 돌에 드리워진 거미줄을 칼끝으로 벗겨 내는 간단한 손질로도 충분하다. 거미가 도망치는 일은 좀처럼 없다. 녀석은 그만큼 외출을 싫어하며 둥지를 떠날 때는 대단히 조심한다. 이렇게 떼어 낸 둥지와 주인을 종이봉투에 담아 집으로 가져왔다.

돌은 나르기도 너무 무겁고 책상에 올려놓아도 거추장스럽다. 그러니 형편에 따라 전나무(*Abies*) 판자 조각, 헌 치즈 상자, 두꺼운 종이 따위로 무겁고 넓적한 돌을 대신한다. 대체된 돌판에다 채집한 것을 하나씩 붙이는데, 비단 해먹에서 삐죽삐죽 삐었던 것을 풀칠한 종이로 고정시킨다. 다음, 짧은 기둥 세 개로 그 판을 받친다. 자, 마치 바위 밑의 은신처를 닮은 작은 고인돌 모양이다. 이 공사를 하는 동안 부딪치거나 흔들리지 않도록 조심하면 거미가 나오지 않는다. 끝으로, 모래를 가득 채운 화분에 이 장치를 설치하고 철망으로 덮는다.

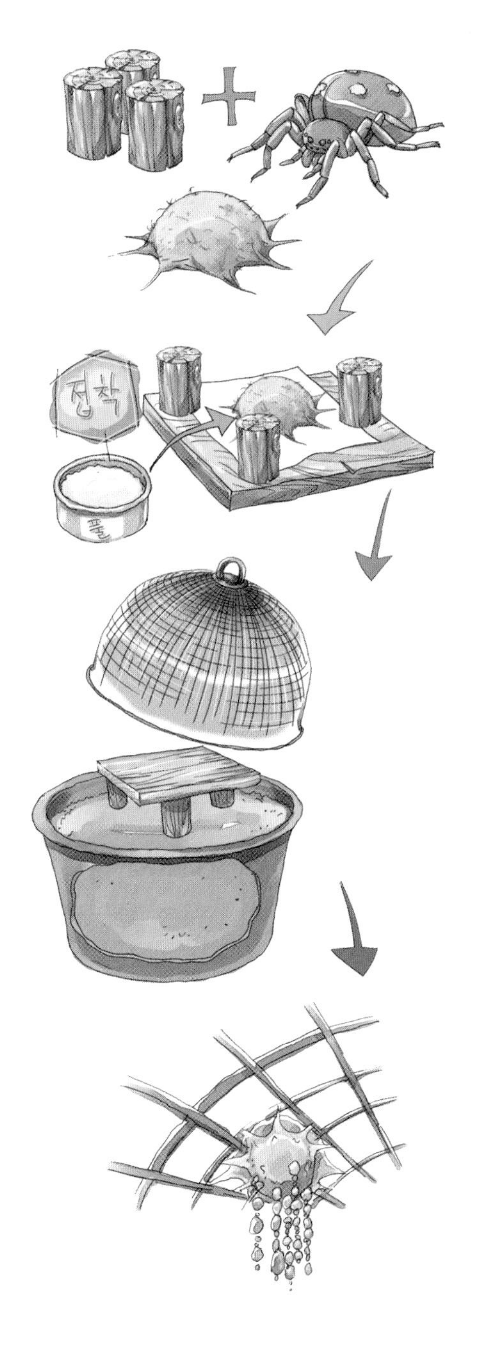

이튿날이면 어제의 질문에 대한 답변을 얻게 된다. 전나무 판자나 두꺼운 종이 고인돌 천장에 매달아 놓은 집은 마구 구겨지고 찢어졌으며, 그 집 거미는 밤사이에 집을 버리고 다른 장소, 때로는 철망의 눈에다 새로 집을 지었다.

몇 시간 만에 지은 새 텐트는 너비가 겨우 2프랑짜리 은화의 지름인 2cm 정도였다. 물론 설계는 옛집과 같았으나 겹쳐진 두 장의 천은 아주 얇았다. 평평한 상판은 천장이 되었고, 마루판은 오목한 주머니 모양이다. 헝겊이 아주 얇아서 바람이 조금만 불어도 모양이 흐트러진다. 그렇지 않아도 좁은 방이었는데 더 좁아져서 거미를 거북하게 한다.

자, 그러면 이렇게 얇고 섬세한 비단그물을 활짝 펴서 안정시키고, 가장 큰 용적을 유지하려는 거미는 어떻게 해야 할까? 거미는 우리네 정역학 교과서가 가르쳐 준 대로 했다. 그 건물에다 무게를 주고, 중심을 될수록 낮은 곳에 두기로 한 것이다. 그래서 주머니가 굽은 곳부터 가는 실로 연결된 기다란 모래알의 묵주가 드리워졌다. 이 모래 종유석 전체는 빽빽한 수염처럼 보였고, 그 각각에 무거운 물건이 달라붙어서 밑으로 드리워졌다. 모두가 그물의 추 노릇을 하는 평형 장치이자 장력(張力) 장치였던 것이다.

하룻밤 사이에 급조한 지금의 오두막은 나중에 저택으로 변할 건물의 빈약한 밑그림에 불과했다. 층이 점점 늘어나며 바깥벽도 마지막에는 묵직한 고인돌의 기반이 된다. 필요한 용적의 일부는 자기 체중으로 유지한다. 처음의 작은 주머니 시대에 집을 팽팽하

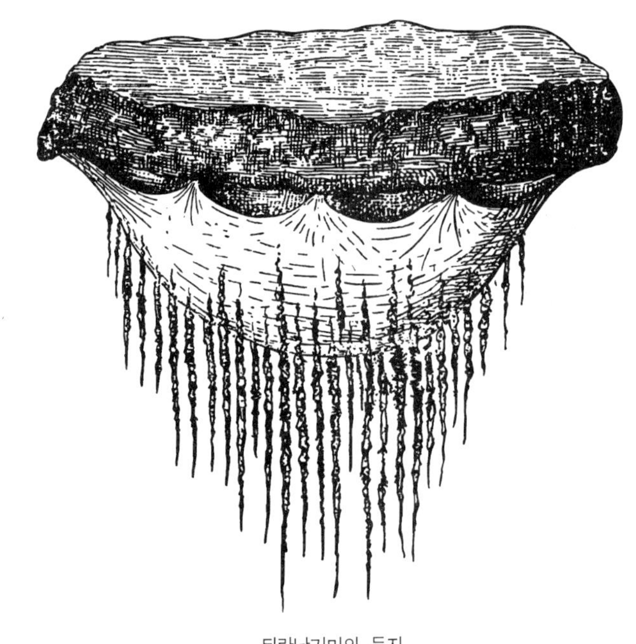

뒤랑납거미의 둥지

게 해주던 모래 종유석도 이제는 버린다. 제집에 무게를 줄 재료를 찾아다니지 않아도 바로 손 밑에서 식사 때마다 얻어지는 곤충의 시체를 붙이면 되기 때문이다. 시체는 무게를 주려고 손질한 돌에 해당한 것이지 전쟁 끝의 전적비가 아니었다. 멀리서 찾아다 높이 끌어올릴 재료를 시체가 대신한 것이다. 이렇게 해서 집을 단단하게 안정시키는 바깥층이 만들어졌다. 작은 고둥 껍데기와 다른 물건도 길게 드리워서 평형을 유지하는 데 보탬이 된 것뿐이다.

완전히 지어져 낡은 집이 된 건물에서 바깥 부속물을 모두 걷어내면 어떤 일이 벌어질까? 거미가 그렇게 큰 손해를 입으면 가장 빠른 안전장치인 모래 종유석으로 되돌아갈까? 곧 그렇게 걷어 냈다. 사육 중인 부락에서 넓은 방 하나를 골라 바깥을 벌거숭이로 만든 것이다. 이물질이 하나도 없도록 조심스레 떼어 냈더니 처음처럼 흰색 비단이 나타났다. 집은 훌륭하나 아무래도 너무 물렁하다.

거미의 생각도 그랬다. 그날 밤 거미는 다시 양호한 상태로 공사했다. 어떻게 했을까? 역시 모래알을 연결시킨 묵주를 매달았다. 며칠간의 밤일로 주머니에는 빽빽한 털처럼 긴 모래 묵주가 매달렸다. 이 묵주가 간단하면서도 주머니의 모양을 일정하게 유지하기에는 충분했다. 현수교를 매단 케이블도 그 케이블의 무게로 다리가 제자리를 유지한다.

그다음은 거미가 먹은 찌꺼기를 끼워 넣게 되며, 모래는 흔들려서 조금씩 떨어진다. 결국 둥지는 예전처럼 납골당 모습을 되찾았다. 여기서 우리는 앞에서 맺었던 결론으로 다시 돌아가게 된다. 즉 납거미는 자신의 정역학 지식대로 무거운 물건을 매달아 무게중심을 낮추고, 주택을 적당한 평형과 넓이로 만들 줄 아는 것이다.

그러면 폭신한 솜을 깐 방안에서 무엇을 하고 있을까? 내 생각에는 아무것도 안 한다. 배가 부르면 푹신한 이불 위에 다리를 뻗고 생각조차 안 할 것이다. 어쩌면 빙빙 도는 지구의 소리나 듣고 있겠지. 잠을 자는 것도, 깨어 있는 것도 아니고, 그저 막연한 행복에 젖은 무아지경이겠지. 좋은 침대에서 잠에 빠지려는 순간에는, 즉 사색과 고뇌가 사라지기 전의 한 순간에는 자기만족이 있다. 그야말로 기분 좋은 순간이다. 녀석도 그걸 듬뿍 맛보고 있겠지.

둥지의 문을 열어 보면 거미가 꼼짝 않고 있다. 마치 끝없는 명상에 잠긴 것 같다. 그녀의 고요를 깨려면 지푸라기로 간질여야 한다. 외출시켜 보려면 배고프게 만들 수밖에 없다. 하지만 아주 조금밖에 먹지 않아 둥지 밖으로는 거의 나타나지 않았다. 실험실에서 3년 동안 열심히 지켜보았으나, 대낮에 사육장 바닥에 나타나 제 영토를 조사하는 것은 한 번도 보지 못했다. 녀석이 큰마음 먹고 먹이를 찾아 나서는 것은 밤, 그것도 한밤중이다. 그러니 거미가 원정을 떠날 때 따라나선다는 것은 어림없는 일이다.

참고 기다리다 다행히 운을 만나 밤 10시경 겨우 바람 쐬러 나온 녀석을 보았다. 어쩌면 지나가는 사냥감을 기다렸는지도 모르겠으나, 내 촛불에 놀라 쏜살같이 집으로 도망쳐 들어갔다. 조그마한 비밀조차 남겨 놓지 않은 것이다. 이튿날, 담에 시체 하나가 더 매달렸다. 내가 자리를 비운 뒤, 다시 나와서 보기 좋게 한 마리를 잡아먹었다는 증거였다.

아주 소심하며 야행성인 납거미의 습성을 우리는 잘 모른다. 그녀가 작업 방법은 감추고 결과만 보여 주었어도 박물지의 귀중한 자료가 되었다. 특히 산란 방법이 그랬다. 내 추측에는 10월경 산란하는 것 같았다. 알은 납작한 주머니 5~6개에 나누어 놓았는데, 렌즈콩 같은 주머니들이 어미의 방을 거의 꽉 채웠다. 각 캡슐은 아름다운 흰색 주단으로 칸막이가 되어 있다. 하지만 주머니가 서로, 또한 마루와 밀착되어 있어서 떼어 내려다 깨뜨리기 쉽다. 전체 알 수는 100개 정도였다.

주머니 더미 위에 올라앉은 어미는 마치 알을 품은 암탉처럼 헌신적이다. 그녀는 어미가 되어 몸의 부피는 작아졌어도 전혀 여위지는 않았다. 항상 건강한 모습의 똥똥한 몸통에 팽팽한 피부는 아직 할 일이 남아 있음을 의미한다.

부화는 좀 빨라서 11월이 되기 전에 한다. 주머니 속 꼬마도 성충처럼 검정에 노란 점무늬 5개가 찍혔다. 녀석들은 방을 떠나지 않고 그 안에서 서로 몸을 기댄 채 사나운 계절을 보낸다. 주머니 위에 웅크린 어미는 모두의 안전을 지킨다. 새끼의 동정은 칸막이를 통해서 느끼는 희미한 동요밖에 모르겠다. 앞에서의 대륙풀거미(*Agelena labyrinthica*)는 만날 기약도 없는 새끼를 2개월 동안 지켰으나 납거미는 8개월을 지켰다. 그다음은 새끼가 큰방에서 아장아장 걷는 것을 보고, 실에 매달려 둥지를 떠나는 마지막 긴 여행을 배웅할 것이다.

6월이 오면 어미 텐트에 구멍이 뚫리고 새끼들이 떠난다. 녀석들은 어미의 도움을 받았거나 저희가 출구의 위치를 알았을 것이다. 여행 전에 출구에서 몇 시간 동안 심호흡을 하다가 제일 먼저 만든 녀석의 공중 케이블을 타고 멀리 떠난다.

모두 떠나서 늙은 납거미 혼자 남았으나 두려움은 없다. 그녀는 빛이 바래지도 않았고 되레 젊어진 것 같았다. 생기가 도는 피부의 힘찬 모습을 보면 장수해서 두 번 산란할 것 같다. 이 문제의 증거가 될 만한 실험 성적은 하나뿐이다. 나는 힘들어도 게으름을 피우지 않고 열심히 감시했다. 하지만 극소수의 어미만 육아의 자질구레한 고충을 보여 주었고, 결과도 아주 늦게 나왔다. 어린것이 떠나자 사육장 철망의 눈으로 집을 지으러 갔다.

그 집은 하룻밤 사이에 짠 간단한 가건물로서, 평평한 위쪽과 부푼 아래쪽의 헝겊 두 장이 겹쳐진 것이다. 아래의 부푼 면에는 모래알 종유석이 촘촘히 매달렸다. 하지만 이렇게 지은 새집이 나날이 두꺼워져서 마침내 본래의 둥지와 비슷해진다. 옛날 둥지도 부서진 게 아니라 멀쩡해 보이는데 왜 버렸을까? 내 생각이 틀리지 않는다면 이유를 알 것 같다.

낡은 방안에는 솜이 잔뜩 깔려서 아주 불편하다. 새끼가 썼던 작은 방들의 쓰레기로 어지럽혀진 것이다. 방에 달라붙은 것은 핀셋으로도 떼어 낼 수 없는 정도였는데, 초췌해진 납거미가 청소를 하고 싶어도 그녀의 체력으로는 불가능한 일이다. 마치 고르디오스(Gordiens)[6]의 밧줄처럼 뒤얽혀서 그것을 묶은 거미 자신도 풀지 못할 것이다. 그래서 자리만 차지하는 쓰레기 더미로 남게 되었을 것이다.

거미가 혼자 산다면 방이 좁아도 크게 불편하지는 않을 것이다. 운신할 넓이면 충분하지 않겠더냐! 지금까지 7~8개월을 알주머니와 함께 거북한 생활을 해왔다. 그런데 갑자기 왜 새삼스러이 넓은 방이 필요했을까? 이유는 한 가지만 생각난다. 그녀가 넓은 방을 원한 것은 자신 때문이 아니라 이제 태어날 제2대의 새끼 때

6 Gordios. 고대 프리기아의 왕. 전차의 매듭을 아무도 풀지 못했으나 알렉산더 대왕이 칼로 잘라 해결했다고 한다.

문이다.

낡은 둥지는 지난번 산란 때 쓰레기통이 되었다. 난소가 고갈되지 않은 거미는 새 알주머니를 어디에 놔둘까? 산란에 새 방이 필요하니 헌집을 버리고 새집을 짓는데, 다른 연구와 병행하면서 장기간 사육하자니 너무 힘들었다. 그래서 관찰을 여기서 끝내게 되어 대단히 유감이다. 납거미의 다음 산란과 수명 등은 독거미(Lycose: *Lycosa narbonnensis*, 나르본느타란튤라)처럼 철저히 조사하지 못했다.

이 거미와 헤어지기 전에, 타란튤라의 새끼는 어미 등에서 7개월을 굶었어도 어떻게 그렇게 날렵한 체조 선수처럼 활동했는지의 문제를 간단히 되새겨 보자. 녀석은 잘 떨어졌으나 즉시 어미 다리로 기어올라 가볍게 등에 올라탔다. 새끼는 먹지 않고도 늘 이런 운동으로 에너지를 소비했다. 뒤랑납거미, 대륙풀거미, 그 밖의 여러 거미 새끼가 똑같은 수수께끼를 내놓았다. 녀석들이 운동은 해도 전혀 먹지는 않았다. 어렸을 때는 어느 계절이든, 가령 정월의 추위에도 납거미나 풀거미 새끼의 방을 열어 보면 먹지도 못한 채 추위에 떨면서 심한 무기력 상태에 있는 것 같았다. 하지만 방이 열리는 즉시 좋은 계절의 들판에서처럼 살짝 뛰어올라 재빨리 흩어져 도망쳤다. 도망치는 모습이 참으로 대단하다. 강아지에게 쫓기는 한 떼의 병아리도 그렇게 날렵하게 흩어지지는 못할 것이다.

아직 노란 솜털 공처럼 귀여운 병아리는 어미가 부르면 모이 접시로 달려간다. 그렇게 멋진 광경이라도 우리는 하찮은 동물에서 늘 보아 온 것이라 별로 놀랍지가 않다. 주목을 끌지 못하는 흔한 일에 불과한 것이다. 하지만 과학은 다른 면에서 사물을 속속들이 캐려 든다. 그리고 무(無)에서는 아무것도 나오지 않는다고 말한다. 병아리는 섭취한 영양분을 소비한다. 다시 말해서 병아리가 소비한 영양소는 에너지의 변형인 열로 전환된다.

지금 알에서 나온 병아리가 전혀 먹지 않고도 7~8개월을 계속 건강하며 언제나 민첩하게 뛰어다닌다고 하면, 그런 말을 믿을 수 없다고 단정해 버릴 것이다. 하지만 영양 보충 없이도 활발하게 활동한다는 역설 같은 행위를 납거미와 다른 거미가 실제로 행하고 있다.

어미와 함께 있는 타란튤라의 새끼가 먹지 않음은 이미 증명했다. 그러나 엄밀히 말하자면 깊숙한 둥지 안에서 일어나는 일까지 관찰할 수는 없었기 때문에 의심이 없는 것은 아니다. 혹시 배부르게 먹은 어미가 자신의 창자에서 소화시킨 것을 토해 주었는지도 모를 일이다. 이런 의심에 납거미가 답변할 책임을 졌다.

납거미도 타란튤라처럼 새끼와 함께 살지만 어미와 새끼 방 사이는 칸막이로 분리되었다. 이런 상태에서는 양식을 보내 줄 가능성이 전혀 없다. 만일 어미가 칸막이에다 양분을 토해서 저쪽의 자식들이 칸막이에 스며든 양분을 마시는 경우를 생각한 사람이 있다면 대륙풀거미가 그 생각을 없애 줄 것이다. 풀거미 어미는 새끼가 부화한 지 몇 주 만에 죽었다. 그래도 일 년의 절반을 방안에만 갇혀 있는 새끼들 역시 민첩했다.

감싼 비단에서 영양이 공급되지는 않을까? 제집을 먹는다고? 앞에서 이야기한 왕거미는 새 거미줄을 치기 전에 낡은 줄을 모두 먹어 버렸으니 이런 생각을 엉뚱하다고 할 수만은 없겠다. 하지만 타란튤라는 자식에게 비단 장막을 쳐 주지 않았으니 이 답변 역시 인정될 수 없다. 어쨌든 모든 종의 어린 거미는 절대로 먹지 않았다.

끝으로, 어린 거미는 알에서 지방과 다른 영양소를 물려받아 그것을 서서히 연소시켜 기계 운동으로 전환시킬 가능성이 있다. 만일 에너지가 몇 시간이나 며칠의 짧은 기간에만 소비되는 것이라면 그것이 갓 태어난 녀석의 운동력의 근원이라는 생각에 기꺼이 찬성하겠다. 병아리는 그런 영양소를 많이 가져서, 즉 알이 공급한 영양소 덕분에 두 발로 안정된 몸을 유지하며 잠시 운동도 한다. 그러나 얼마 동안 위장이 빈 병아리라면 에너지를 공급하는 화로의 불이 꺼져서 죽는다. 만일 병아리가 먹지 않고 7~8개월을 계속 서 있거나, 팔딱거리거나, 위험에서 도망친다면 어떨까? 이런 운동에 필요한 에너지를 어디에 저장하면 좋을까?

어린 거미는 몸무게가 거의 없는 정도인데, 장기간의 운동에 충분한 연료를 어디에 보관했을까? 원자처럼 작은 생물이 엄청난 양의 지방을 간직했다는 상상력을 어찌해야 좋을지 모르겠다.

그렇다면 물질이 아닌 것, 특히 외부에서 동물체로 들어와 운동으로 변하는 칼로리라면 방사선에게 도움을 청할 수밖에 없다. 이것이 가장 간단한 방법으로 전환되는 에너지의 영양소이다. 운동에너지를 음식에서 끌어내는 것이 아니라 모든 생(生)의 원천인 태양의 방사를 그대로 이용하는 것이다. 가령 라듐(Radium)처럼 엄청난 비밀을 감추고 있는 무기물도 있는데, 유기물은 더욱 불가사의한 비밀을 간직했을 것이다. 장래의 과학은 거미가 던진 비밀에서 생리학의 기본 학설로 증명된 진리를 내놓지 못한다고 단언할 사람은 없을 것이다.

17 랑그독전갈 - 거처

과묵한 전갈(Scorpion)은 그 습성이 비밀에 싸였을망정 사귀어 볼 만큼 매력 있는 녀석은 아니다. 특히 녀석에 대한 좋은 이야깃거리도 거의 없고, 기껏해야 해부학 자료밖에 알려진 게 없다. 몸의 구조는 해부학자가 메스로 잘 보여 주었으나, 그 생활을 파고들어 관찰한 사람은 없다. 알코올 속에서 해부되었을 뿐, 본능의 세계는 전혀 미지에 속하는 것이다. 한편 체절동물(Animaux segmentés = 절지동물) 중에서 상세한 생활사를 기록할 가치가 전갈보다 더한 종류도 없다. 모든 시대에 걸쳐서 대중의 상상력을 끌어내 별자리에도 이름이 올랐다. 루크레티우스(Lucrèce)[1]는 두려움이 신(神)을 만들어 낸다고 했다. 전갈도 두려움으로 신의 자리에 올랐고, 하늘에서는 별 무리에 의해 영광을, 역서(曆書)에서는 10월의 상징을 주었다. 이런 전갈에게 이야기를 시켜 보자.

랑그독전갈(S. Languedocien: *Scorpio*→ *Buthus occitanus*)을 처음 안 것은 약 반세기 전의 옛날로, 론(Rhône) 강을 사이에 두고 아비뇽(Avignon)과 마주한 빌뇌

1 Titus Lucretius Carus. 기원전 96~55년경. 로마 시인

브(Villeneuve) 마을의 언덕에서였다. 거기서 즐거운 목요일마다 하루 종일 돌을 뒤집으며, 학위 논문 주제로 아주 무서운 물기왕지네(Scolopendre: *Scolopendra morsitans*)를 찾아다녔다. 돌 밑에서 가끔이 다지류(Myriapode, 多肢類) 대신 무섭고 기분 나쁜 은둔자, 전갈과 맞닥뜨렸다. 커다란 가위를 땅굴 입구에 펼쳐 놓고, 등 위에 둥글게 말아 올린 꼬리의 침 끝에는 진주처럼 반짝이는 독 방울이 매달렸다. 부르르! 이런 무서운 녀석은 팽개쳐 두고 돌을 제자리에 놓자.

지네를 잔뜩 잡아 완전히 녹초가 된 몸으로 돌아오는 길에, 지식의 빵을 단단한 이빨로 씹으며 장밋빛으로 물든 장래의 희망에 젖어 있었다. 과학! 아아, 정말로 마법사로다! 설레는 마음으로 집으로 돌아오는 손에는 지네가 들려 있었다. 내 순수한 마음, 그 이상 무엇이 필요할까? 지네는 가져왔고 전갈은 언젠가 연구할 날이 올 것을 예감하면서 놓아주었다.

50년이 지난 이제야 그날이 왔다. 거미를 연구한 다음 구조적으로 가깝고, 이 지방의 거미 대열에서 우두머리이며, 전부터 낯익

지네 지네강(또는 순각강)은 몸이 15~170개의 납작한 마디로 구성되었으며, 머리에 더듬이와 독발톱, 몸마디 대부분에 다리 1쌍을 가진 점이 특징이다. 세계적으로 3,000여 종이 알려졌고, 우리나라에서는 100종가량이 분포할 것으로 예상되나 실제로는 그 절반 정도만 보고되었다. 내장산, 21. VIII. '96

은 녀석에게 물어보는 것이 좋겠다.[2] 마침 이 일대에는 랑그독전갈이 많다. 서양소귀나무(Arbousier: *Arbutus unedo*)와 히이드(Bruyère: *Calluna vulgaris*)가 무성한 세리냥(Sérignan) 언덕에서 햇볕이 잘 들고 자갈이 섞인 비탈일수록 많다. 추위를 몹시 타는 녀석들이 여기서 아프리카의 기온을, 또한 모래가 많이 섞여 파기 쉬운 장소를 찾아낸 것이다. 어쩌면 여기가 녀석들의 북방 한계선(분포 한계선)일 것이다.

전갈이 좋아하는 장소는 식물이 빈약하다. 바위가 햇볕에 타고 비바람에 닦여 종잇장처럼 벗겨져, 작은 판자처럼 솟아올라 허물어진 곳이다. 전갈은 그런 곳에 모여 살지만 각 개체는 서로 멀리 떨어져 있다. 마치 다른 곳에서 이주해 온 가족이 무리를 지은 것 같아도, 서로는 분명히 비사교적이며 지나치게 편협하다. 혼자 살기를 좋아해서 언제나 따로따로 은신처에 쭈그리고 있는 것이다. 녀석을 자주 만났어도 같은 돌 밑에 두 마리가 머문 경우는 한 번도 없었다. 좀더 정확히 말해서, 만일 두 마리가 있을 때는 그 중 하나가 잡아먹힐 때였다. 나중에 말하겠지만 이 흉악한 은둔자는 혼례식을 이렇게 끝낸다.

전갈의 굴은 아주 간단하다. 조금 넓적한 돌을 들춰 보면 넓이는 광구병(廣口甁) 아가리만 하고, 깊이는 몇 인치 정도로 겨우 둥지 표시가 나는 곳에 녀석이 들어 있다. 허리를 구부려 내려다보면, 둥지 입구에 가위를 벌려 놓은 녀석이 꼬리를 들어 방어 태세를 취하고 있다. 좀 깊은 둥지에서는 숨어 있는 녀석이 보이지 않는다. 이런 녀석을 밖으로 끌어내려면 작은 휴대용 괭이가 필요하

2 거미, 전갈, 진드기는 모두 절지동물문 거미강(= 주형강, 蛛形綱)에 속한다.

다. 자, 전갈이 곧 무기를 흔들며 나타난다. 손가락을 조심하시라!

핀셋으로 꼬리를 잡아 머리를 두꺼운 종이봉투에 넣되 한 마리씩 따로 넣는다. 무서운 포로일망정 채집도 아주 안전하고, 나중에 함께 양철통에 담아 오면 운반하기도 쉽다.

녀석의 거처를 정하기 전에 인상착의를 기록해 두자. 유럽 남부 지방의 대부분에 흔하게 분포하는 서양전갈(S. noir : *Scorpio europaeus*)은 주로 우리네 주택 근처의 음침한 곳에 살아서 누구나 잘 안다. 가을비가 오래 계속되면 가끔 침대의 담요 속까지 기어들지만, 사람들은 기분이 나빠서 실제 이상으로 무서워한다. 집 안에 드물지 않아도 큰일이 난 적은 없다. 지나치게 평판이 나쁜 이 불쌍한 벌레는 두렵다기보다 불쾌한 녀석이다.

이 전갈보다 훨씬 무서운 랑그독전갈이 지중해 연안의 각처에 분포하나 일반 사람들에게는 잘 알려지지 않았다. 주택에는 거의 들어오지 않고, 마을에서 멀리 떨어진 황량한 벌판에서 혼자 고독한 생활을 즐겨서 그렇다. 서양전갈에 비해 이 녀석은 거인이다. 다 자라면 길이가 8~9cm나 되며, 색깔은 마른 밀집처럼 황금색이다.

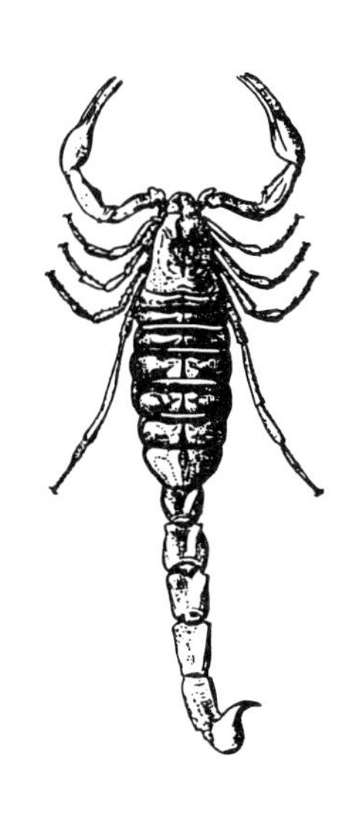

서양전갈

꼬리는 사실상 녀석의 뒤쪽 배마디에 해당한다. 5마디가 일련의 각기둥처럼 이어졌고, 각 마디는 일종의 작은 통이 파도처럼 용마루를 이루어, 마치 양끝끼리 연결된 진주 묵주 같다. 비슷한 줄들이 집게발과 그 앞을 장식했고, 눈 쪽에는 긴 도랑이 파였다. 등에서 또 다른 홈이 갑옷 도막의 관절부를 감추고 있다. 그 각각은 제멋대로 깔깔하게 새겨진 테두리로 모인다. 마치 자귀로 한 조각씩 찍어 낸 동물 같다. 낟알 모양의 이 돌기들이 야만적이며 튼튼한 갑옷을 만든 랑그독전갈의 특징이다.

작고 매끈한 주머니 모양인 끝마디는 제6복절로서, 물처럼 보이는 매우 무서운 독액을 담아 둔 표주박이다. 표주박 끝은 뾰족하게 구부러진 갈색 침으로서 단단하며 매우 날카롭다. 손으로 잡고 두꺼운 종이를 찍어 보면 바늘처럼 침구멍이 팍팍 뚫린다. 끝의 바로 밑에 확대경으로 겨우 보이는 구멍이 있는데, 이 구멍을 통해 독액이 찌른 상처로 흘러든다.

독침은 많이 구부러져서 꼬리를 곧게 뻗으면 끝이 아래를 향한다. 그래서 전갈이 무기를 사용할 때는 꼬리를 거꾸로 쳐들고 위에서 아래로 찌른다. 사실상 그것이 전갈의 변함없는 전법으로서, 적을 가위로 꽉 잡고 등 위로 구부러진 꼬리를 앞으로 드리워 찌른다. 이 벌레는 언제나 이런 자세였다. 걸어갈 때도, 쉴 때도, 꼬리를 위로 말아 올려 똑바로 펴서, 바닥에 끌리는 일이 거의 없다.

입 옆으로 불쑥 뻗친 손 모양의 집게는 가재(Écrevisse)의 굵은 앞다리를 연상시킨다. 이것은 전투와 정찰 도구이다. 두 집게를 열어 앞으로 뻗치고 걸어가면서 마주치는 것이 무엇인지를 살핀다. 적을 찌를 때는 집게로 붙잡고 침으로 수술하며, 잡힌 녀석은 오랫동안 야금야금 갉아먹는다. 집게는 먹이를 입 밑에 꽉 잡아 놓는 손 역할을 할 뿐, 걸을 때나 몸을 지탱할 때, 또는 땅을 팔 때도 절대로 사용하지 않는다.[3]

그런 작업들은 진짜 다리가 한다. 집게가 갑자기 잘리면 끝이 구부러졌고 가동성인 미세한 발톱 집단이 감싸며, 그 앞에 짧고 뾰족한 돌기가 솟아나 집게 역할을 한다. 우둔한 몸에 행동도 어색한 전갈이 철망뚜껑의 그물을 잡고 돌아다니거나, 오랫동안 거꾸로 매달리거나, 가파른 벽을 기어오른다.

다리 바로 뒤의 복면에는 빗살 같은 것이 있는데, 얇은 판이 서로 길게 마주 붙어서 빗살판[Peignes, 즐판(櫛板)]이란 이름이 붙었다. 이것은 전갈만 가진 희한한 도구로서, 해부학자의 말에 의하면 교미할 때 이 빗살판끼리 서로 맞물려서 암수가 꽉 붙는다고 한다. 내가 사육 중인 녀석이 그 비밀을 알려 주면 더 자세하게 알 수 있을 테니 잠시 기다려 보자.

사육장 철망에서 배를 위로 드러내고 거니는 전갈을 관찰하다가 빗살판의 또 다른 역할을 보았다. 쉴 때는 두 빗살이 배에 찰싹 붙어 있고, 움직이면 몸통과 직각으로 좌우의 빗살 판자가 튀어나와 마치 털이 안 난 새끼 새의 날개 같다. 그것들이 천천히 떨면서 떠올라 마치 서투른 줄타기 곡예사의 균형 잡는 장대 같다. 걸음을 멈추면 다시 배에 달라붙고 움직이면 곧 펴져서 천천히 움직인다. 결국 균형을 잡는 데도 한몫을 하는 도구였다.

눈은 모두 8개인데 세 집단으로 나뉘었다. 머리와 가슴 사이의 애매한 곳에서 2개가 반짝여, 마치 타란튤라(Lycose→ Tarentule)의 멋지고 불룩한 눈알을 연상시킨다. 너무 불룩해서 근시가 아닌지 의심된다. 주름 잡힌 혹 줄이 눈썹 역할을 해서 보기가 아주 흉하며, 그 축은 대체로 수평이라 옆밖에 보지 못한다. 다른 두 집단의 눈

3 가재는 가슴에 달린 걷는다리(보각, 步脚)가 5쌍이며, 그 중 제일 앞쪽 쌍이 집게 구실을 한다. 전갈도 겉모습은 비슷하나 뒤쪽 4쌍만 걷는다리이며, 앞쪽의 집게는 다리가 아니라 촉지(觸肢=각수(脚鬚))이다. 『파브르 곤충기』 제2권 219쪽 주석 참조

도 거의 같은 수준이다. 각각 3개씩의 아주 작은 눈이 무척 앞쪽에서, 즉 입 바로 위에서 가로로 직선을 이루었다. 결국 작은 눈이든 큰 눈이든, 앞쪽을 내다보기에는 어울리지 않는 배열이다.

심한 근시에 극도로 사팔뜨기인 전갈의 걷는 모습은 어떨까? 장님처럼 더듬으며 걷는다. 손 역할을 하는 집게를 앞으로 펼치고 손가락을 뻗쳐 넓이를 재며 전진한다. 숨을 곳이 없는 사육장에서 두 마리의 전갈이 헤매는 모습을 자세히 관찰해 보자. 마주치면 서로가 불쾌하고 위험한 일이다. 그러나 뒤쪽 녀석이 앞서가는 녀석을 의식하지 못했는지 쭉쭉 전진한다. 집게가 앞 녀석에게 조금만 닿아도 즉시 떨린다. 놀람과 공포의 신호이다. 즉시 뒤로 물러나 방향을 바꾼다. 성미 급한 녀석과 만났음을 알려면 부딪쳐 봐야 하는 것이다.

자, 포로들을 제집에서 살게 해보자. 근처의 언덕에서 돌을 들추고 관찰한 것만으로는 충분한 정보를 얻을 수 없다. 사육도 해보는 것이 벌레에게 스스로 습성을 발표시키는 유일한 방법이다. 어떤 방법의 사육이 좋을까? 내가 가장 원하는 방법은 벌레가 자연 상태처럼 완전히 자유롭고, 먹이도 내가 참견하지 않으며, 연중 어느 때라도 관찰할 수 있는 방법이다. 그런 방법이 무엇보다도 뛰어나며 훌륭한 결과를 기대할 수 있다.

전갈이 살았던 둥지와 똑같이 살기 좋은 집을 내가 직접 정원에다 지어 녀석들의 부락을 만들어 주면 된다. 새해에 들어서 며칠 동안 아르마스(Harmas)의 정원 한구석의 조용하고 해가 잘 들며, 무성한 로즈마리(*Rosmarinus*) 울타리가 삭풍을 잘 막아 주는 곳에 내 주민의 터전을 설치했다. 자갈 섞인 점토성 붉은 흙이 적당치

는 않았다. 하지만 외출을 매우 꺼리는 녀석들의 성질을 고려해 보면 대책이 별로 어려운 것도 아니다.

각 주민당 몇 리터의 땅을 파고, 본래의 장소에서와 같은 자갈 섞인 흙을 채운 다음 약간 다져서 파낼 때 무너지지 않을 정도로 해놓으면 된다. 벌레의 취미에 맞는 집을 짓기에 꼭 필요해서 파낸 짧은 현관과 장소를 준비하고, 그 전체를 덮어도 여유가 있는 넓적한 돌을 위에 얹어 놓았다. 내 작품의 현관 맞은편에 긁어낸 도랑은 출입문이 될 것이다.

방금 언덕에서 잡아 온 전갈을 종이봉투에서 꺼내 그 도랑에 놓았다. 녀석들은 은신처를 보자마자 마치 항상 낯익었던 곳처럼 기어 들어가서 다시는 나올 생각을 안 한다. 성숙한 전갈 20마리가량을 골라, 이웃끼리의 싸움을 염려해서 집을 적당히 떼어 놓은 부락을 만들었다. 한 줄로 나란히 해놓고 갈퀴로 땅을 골라 초롱불만 있으면 밤에도 쉽게 조사할 수 있다. 식사는 내가 참견할 일이 아니다. 그 근처에는 녀석이 본래 살던 곳처럼 먹잇감이 얼마든지 있으니 손님이 스스로 먹이를 찾아낼 것이다.

뜰의 부락만으로는 충분치 않다. 어떤 관찰은 불편한 행동에 자세한 주의를 요해서 쉽게 관찰할 수가 없다. 그래서 연구실의 큰 탁자에 제2의 사육장을 설치하려는데, 신통한 생각이 떠오르지 않아 그 둘레를 몇 킬로미터나 돌았는지 모른다. 이제부터 또 얼마나 돌아야 할지도 모르겠다. 체질한 모래흙을 충분히 채우고, 각각 두 개씩의 아주 넓은 화분 조각을 절반쯤 묻어서 전갈이 점령하도록 했다. 이 둥근 천장의 밑이 돌 밑의 은신처인 셈이며, 이 집들 위에 종 모양 철망뚜껑을 씌웠다.

거기에 전갈을 두 마리씩 넣었는데, 내 짐작에는 암수 한 쌍이다. 겉모습에서는 암수를 구별할 특징이 없어서 배가 뚱뚱하면 암컷, 아니면 수컷으로 생각했다. 하지만 나이도 뚱뚱함과 관계가 있어서 짐작이 꼭 맞을 수는 없다. 그렇다고 해서 녀석들의 배를 갈라볼 수도 없는 노릇이니, 배가 뚱뚱함을 기준으로 삼았다. 뚱뚱하며 빛깔이 진한 녀석과 비교적 마른 녀석을 한 쌍으로 취급해서 같이 살도록 한 것이다. 그 중에는 진짜 부부도 있겠지.

언젠가는 이런 연구를 해보고 싶은 사람을 위해서 몇 마디 보충해야겠다. 벌레의 사육에는 수련이 필요하다. 특히 위험한 동물과 접촉할 때 능숙해지려면 반드시 필요한 이야기이다. 지금 포로 한 마리가 사육장에서 도망쳐 탁자 위에 잔뜩 널려 있는 도구 사이에 숨었다. 이때 당황해서 손으로 덮쳤다가는 위험을 자초하는 일이다. 이런 이웃과 몇 해를 함께 살려면 아주 조심해야 한다. 그래서 참고로 몇 마디 하려는 것이다.

상자를 덮은 철망이 화분 밑까지 내려오게 한다. 이때 철망과 화분 사이에 생기는 공간을 진흙으로 꽉 막는다. 그러면 사육 상자도 움직이지 않고 전갈은 아래든 위든 도망갈 곳이 없다. 혹시 전갈이 둥지를 깊이 팠더라도 화분 밑과 철망의 튼튼한 장애물을 만날 테니 탈출할 염려는 안 해도 된다.

그것만으로는 충분치 않다. 포로 쪽의 안전에도 조심하고, 생활도 편하게 해주어야 한다. 집이 위생적이며 관찰의 필요성에 따라 양지나 그늘로 옮기기 쉬워야 한다. 아무리 조금 먹는 전갈이라도 굶을 수는 없으니, 철망에 구멍을 내 먹이를 공급한 다음 다시 막아야 한다.

굴 파기는 주걱으로 통로를 긁어 준 바깥의 부락보다 이 녀석들이 더 잘 보여 주었다. 랑그독전갈은 일을 참 잘한다. 스스로 지하실을 파고 살아야 함도 잘 안다. 포로는 모래 속에 박아 놓은 넓은 돔 모양의 사금파리 화분 조각마다 간단한 굴을 팠다. 제가 파냈으니 제게 합당한 거처인 셈이다.

굴 파는 녀석은 늑장을 피울 수가 없다. 무엇보다도 밝은 햇빛이 신경 쓰인다. 마지막 다리에 몸을 의지하고, 앞쪽 다리 세 쌍으로 흙을 파헤친다. 날렵하게 파내서 잘게 부수는 모습이 마치 개가 땅에 뼈를 파묻으려고 파헤치는 것 같다. 다리로 가루 수집이 끝나면 치울 차례이다. 땅에 납작 엎드려서 바짝 힘주어 뻗은 꼬리로 쌓인 흙을 뒤로 밀어낸다. 마치 성가신 녀석을 팔꿈치로 밀치는 모습과 흡사하다. 만일 이 흙이 멀리 밀리지 않았으면 되돌아와서 다시 한 번 밀어내 일을 끝낸다.

채굴 때도 그렇게 억센 앞쪽 집게는 모래 한 알조차 집지 않음을 기억하자. 그것은 사냥하거나 싸울 때, 특히 물건을 탐지할 때 사용하려고 남겨 둔다. 이런 막일에 썼다가는 그 섬세한 감각을 잃어버릴지도 모른다.

흙을 다리로 파내기와 꼬리로 밀어내기를 여러 번 반복하고, 마침내 사금파리 밑으로 사라진다. 쌓인 모래가 지하도 입구를 막았다. 가끔씩 모래 더미가 움직이거나 허물어지기도 한다. 공사 중인 집이 적당히 넓어지도록 다시 모래알을 밀어낸다는 증거이다. 이 바리케이드는 잘 허물어져서 은둔자가 밖으로 나갈 때 쉽게 무너진다.

주로 인가에 사는 서양전갈은 지하실을 파는 능력이 없다. 녀석은 벽 아래쪽에 솟은 회반죽 틈새, 습기를 먹어서 구부러진 목재의 이음매, 어두운 곳의 쓰레기 더미 따위를 자주 드나든다. 은신처를 마련할 재주가 없어서 적당한 곳이 있으면 거기를 그대로 이용한다. 녀석이 구멍을 못 파는 것은 십중팔구 꼬리가 너무 짧고 매끈해서 빗자루 노릇을 못함에 있을 것이다. 즉 억세고 깔쭉깔쭉하게 무장된 랑그독전갈의 꼬리와는 전혀 다른 꼬리인 것이다.

내가 대충 만든 집터를 발견한 노천 부락민은 모래흙을 대충 파내고 넓적한 돌 밑의 집안으로 자취를 감췄다. 문지방에 쌓인 모래 둔덕을 보고 공사가 끝났음을 눈치챘다. 며칠 기다렸다가 돌을 들춰 보았다. 일기 나쁜 낮과 밤에는 들어가 있는 방의 깊이가 10cm 정도였다. 가끔 돌 밑의 좁은 방이 갑자기 넓어진 곳은 저택의 앞인 현관이다.

햇볕이 쏟아지는 대낮에는 전갈이 문지방으로 나간다. 돌에서 부드럽게 반사되는 더위에 마냥 기분이 좋다. 지극히 행복한 이 한증을 방해하면 6마디짜리 꼬리를 흔들며 총총히 사라진다. 햇볕과 사람을 피해 자취를 감추는 것이다. 돌을 바로 놓고 15분가량 뒤에 와 보면 다시 나와 있다. 너그러운 태양이 지붕을 비추는 동안 문지방은 그렇게도 따듯한 곳이다.

추운 계절에는 아주 단조로운 세월이 지나간다. 뜰의 부락에서든, 사육 상자에서든, 낮에도 출입구에 쌓인 모래 바리케이드가 흩어지지 않아 외출하지 않았음을 알 수 있다. 녀석이 얼어 죽지는 않았을까? 아니다. 자주 찾아가 보았는데 언제나 꼬리를 들어 올리며 위협 자세를 취한다. 날씨가 차면 땅굴 깊숙이 물러가고, 따듯해지면 문지방에 나와서 햇볕에 데워진 돌에 등을 대고 몸을 녹인다. 지금은 그것뿐이다. 때에 따라 음습한 은신처에서, 또는 쌓인 모래 언덕에서 오랫동안 명상하며 은둔자의 생활을 보낸다.

4월에 갑자기 혁명이 일어난다. 사육 상자에서는 대낮에 화분 조각 둥지를 버리고 위풍당당한 걸음으로 모래밭을 돌아다니거나, 철망으로 기어 올라가 머뭇거린다. 개중에는 잠들지 못하는 음침한 방보다 바깥이 기분 전환에 더 좋은지, 귀가하지 않고 외박하는 녀석도 있다.

부락에서는 사태가 더욱 심각했다. 주민 중 날씬한 녀석은 밤에 집을 뛰쳐나가 떠돌아다니는데 몇 마리는 어디로 갔는지 못 찾았다. 울안에는 녀석들이 좋아하는 돌이 없으므로 한 바퀴 돌고는 다시 돌아올 것으로 믿었으나 한 마리도 안 왔다. 떠난 녀석이 다시는 나타나지 않았으며, 마침내 뚱뚱한 녀석도 마음이 들떠서 방랑하려는 모양이다. 머지않아 울타리 안의 이주민은 한 마리도 안 남겠다. 소중하게 애정을 기울이며 관찰하려 했는데, 이제 이런 내 계획이여 안녕! 가장 크게 희망을 품었던 자유 상태의 부락이 급격히 몰락했다. 주민이 어디로 갔는지 모르겠다. 도망친 녀석을 아무리 찾아도 한 마리도 안 보였다.

큰 재난에는 완벽한 대책을 세워야 했고, 넓고 넘을 수 없는 울타리가 필요함을 확신했다. 녀석들이 활동하기에는 사육 상자가 너무 좁았다. 겨울에 두꺼운 잎 식물을 덮어서 보관하는 상자가 있는데, 아래는 땅속으로 1m나 묻혔다. 미장이가 흙손으로 벽에 애벌칠을 하고, 축축한 걸레로 매끄럽게 닦았다. 바닥에 가는 모래를 깔고 여기저기에 넓적한 돌을 놓았다. 이렇게 준비해서 남은 전갈과 아침에 새로 잡은 녀석들을 이 상자 안의 돌 밑에서 살게 했다. 이런 수직 벽에서는 벌레가 도망치지 못할 테니 이제는 실험에 몰두할 수 있지 않을까?

하지만 보이는 게 전혀 없다. 20마리가량의 어린 녀석, 늙은 녀석 모두가 이튿날 자취를 감춰 한 마리도 안 보였다. 깊이 생각해 볼 것도 없이 내가 예상했던 대로이다. 끈질기게 비가 오는 가을이면 창문 틈새에 웅크리고 있는 서양전갈을 여러 번 보았다. 뜰의 축축하고 침침한 은신처를 피해서 사람이 사는 건물의 2층까지 기어 올라간다. 애벌칠을 한 가파른 벽이라도 조금만 우둘투둘한 곳이 있으면 충분히 기어오를 수 있다.

뚱보인 랑그독전갈도 서양전갈처럼 잘 기어오르는 증거를 내 눈으로 직접 본 셈이다. 포로가 회반죽 칠로 매끄러운 1m 높이의 벽을 단숨에 올라가, 하룻밤 사이에 큰 집단이 모두 사라졌다.

노천에서는 울타리를 둘러쳐도 사육이 불가능함을 알았다. 규칙을 따르지 않는 양(*Ovis*)은 목동을 붙여 주어도 효과가 없는 법이다. 이제 남아 있는 수단은 사육장에 가두는 것뿐이다. 그 해는 그래서 실험대 위에 설치했던 화분 10개로 실험을 끝냈다. 노천에서는 밤중에 어슬렁거리며 돌아다니는 고양이가 장치 속의 움직임을 보고 분탕질을 칠 테니 안 되겠다.

한편, 실험대 위의 상자는 넓이가 부족해서 식구를 2~3마리로 제한해야 한다. 부락에 남은 녀석은 너무 적고, 실험실 녀석은 고향 언덕에서 즐기던 뙤약볕 일광욕을 못 해서 향수병에 걸렸나 보다. 그저 깨진 화분 조각 밑에서 쪼그리고 있거나, 망을 잡고 늘어져서 자유를 꿈꾸며 졸 뿐, 내 기대에 부응하지 못한다. 나는 더 많은 것을 바랐으므로 갑갑증에 걸린 벌레에서 얻어지는 사소한 결과로는 결코 만족할 수 없었다. 그 해는 이삭을 아주 조금 줍고, 사육장을 아주 훌륭하게 설치할 계획을 세운 것으로 그친 한 해였다.

계획은 사방의 벽이 유리여서 기어오를 수 없는 유리 울타리 제작에까지 이르렀다. 목수가 틀을 짜고 유리공이 완성시켰다. 유리창 4개가 세로로 직각을 이룬 건물인데, 나는 오르막길을 매끄럽게 하려고 나무틀에도 타르를 발랐다. 밑에는 판자를 대고 그 위에 모래가 섞인 흙층을 만들었다. 기온이 내려가거나, 특히 비가 많이 와서 홍수가 났을 때 물 빠질 구멍이 없어서 뚜껑을 바짝 내릴 수 있게 제작했다. 날씨에 따라 뚜껑을 적당히 오르내리게 한 것이다. 이 울타리 안에 깨진 화분 조각을 넣은 방 25개를 만들었다. 각 방은 한 마리의 전갈이 편히 지내도록 공간을 넓혔다. 그 밖에도 넓은 길과 여유 있는 교차로 따위로 오랫동안 기분 좋게 소풍할 수 있게 해주었다.

자, 그런데 주택 문제가 충분히 해결되었다고 믿었던 순간, 유리판자를 둘러친 사육장도 무슨 대책을 강구해야 했다. 주민이 오래 머물지 않을 것임을 알았기 때문이다. 유리에는 아무리 애를 써도 올라가지 못한다. 끈끈한 샌들을 신지 못했으니 전갈이 유리에 오르는 것은 어림도 없다. 그래도 유리판을 상대로 갖은 애를 써 볼 것이다. 훌륭한 지렛대인 꼬리 전체를 빳빳이 세우면서 시도해 볼 것이다. 하지만 꼬리가 땅을 벗어나면 털썩 떨어질 것이다.

그러나 나무 설주가 모든 일을 망쳤다. 처음부터 될수록 좁게 만들었고 매우 조심해서 타르를 발랐는데, 끈질긴 등산가는 이 미끄러운 길을 따라 한 걸음씩 기어올랐다. 녀석은 가끔씩 보물 따먹기 기둥에 몸을 눌러 붙이고 잠시 쉰다. 그랬다가 위험한 등산을 다시 시작한다. 나는 뜻하지 않게도 꼭대기까지 올라간 녀석을 발견했다. 도망치려던 녀석을 핀셋으로 잡아 도로 집어넣었다. 하지만 환기를 시켜 주려고 거의 하루 종일 뚜껑을 열어 놓으니, 조심하지 않으면 머지않아 모두 도망쳐 버릴 것이다.

설주를 미끄럽게 하려고 올리브기름과 비누 혼합물을 생각해 냈다. 이 방법은 도망자 수를 다소 줄이긴 했어도 근절시키지는 못했다. 유약을 통과한 녀석의 가는 발톱이 나무의 숨구멍에서 발붙일 곳을 찾아내고는 다시 등반했다. 디딜 게 없는 애로를 시험해 보려고 광택을 낸 종이를 설주에 붙여 보았다. 이번에는 살찐 녀석이 난관을 넘지 못했다. 하지만 다른 녀석에게는 별로 효과가 없었다. 기어오르려고 마음만 먹으면 올라갔다. 광택 종이를 동물 기름으로 미끄럽게 하고 나서야 겨우 녀석들을 꼼짝 못하게 만들었다.

그 뒤에도 탈출을 시도한 녀석이 있었으나 성공한 녀석은 없다. 식물 덮개 상자를 이용한 다음 녀석이 미끄러운 표면에서 연출하는 곡예를, 특히 몸집이 뚱뚱한 점까지 생각했을 때, 그 능력은 상상도 못했었다. 랑그독전갈도 인가의 서양전갈처럼 뛰어난 등반가였던 것이다.

내게는 각각 장점과 단점을 가진 세 종류의 사육 시설이 있다. 뜰의 노천 부락, 철망으로 덮은 실험실의 사육 상자, 그리고 유리 판자를 둘러친 사육장이다. 나는 차례차례, 특히 마지막 것을 조사했다. 여기서 얻은 자료에다 녀석의 고향에서 돌을 들추고 얻은 것으로 빈약한 부분을 보완했다. 연중 내내 출입문에서 몇 걸음 밖에 있는 정원 보도와 나란히 놓인 전갈의 루브르 궁전, 즉 유리 궁전이 지금은 우리 집 명물이 되었다. 가족 모두가 이 길을 지날 때마다 한 번씩 시선을 던진다. 이 과묵한 녀석들아, 내가 너희에게 신상 발언을 시켜 볼 수 있을까?

18 랑그독전갈 - 식사

랑그독전갈(*Buthus occitanus*)의 무시무시한 무기를 보면 누구나 약탈과 폭식의 상징으로 생각할 것이다. 하지만 녀석은 정말로 지나칠 만큼 검소하게 먹는다는 사실을 알았다. 근처 언덕의 돌 틈에서 둥지를 조사할 때, 굴을 조심스럽게 파헤치면서 식인귀 미식가가 먹다 남긴 음식이 있기를 은근히 기대했었다. 하지만 숨은 도사의 간식 찌꺼기밖에 보지 못했고, 때로는 아무것도 없었다. 노린재(Punaise des bois)[1]의 푸른 겉날개, 개미귀신 성충(Fourmi-Lion adulte = 명주잠자리)의 날개, 작은 메뚜기(Criquet: Acrididae)의 흐트러진 몸마디 따위가 겨우 내 조사 목록을 장식했다.

노천 부락을 끈질기게 조사해서 더 많이 알아내긴 했으나, 병든 허약자가 정시가 아니면 안 먹듯이 전갈도 먹는 시간이 정해져 있었다. 11월부터 이듬해 4월까지 6~7개월은 둥지 밖으로 나가지 않는다. 이 시기에는 사냥감을 주어도 유혹되지 않고, 건방지게 꼬리로 굴 밖으로 밀어내며 거절한다. 그런데

1 노린재 이름은 숲의 여러 종에 해당하나 날개 색깔로 보아 유럽풀노린재(*Palomena prasina*)를 말한 것 같다.

도 칼 같은 꼬리는 언제나 휘두를 준비가 되어 있었다.

3월 말이 되어야 비로소 식욕의 징조를 보이기 시작한다. 이 무렵 둥지를 찾아가 보면 가끔 이 녀석, 저 녀석이 조용히 소형 지네인 장님지네(Cryptops: *Cryptops*), 돌지네(Lithobie: *Lithobius*) 따위를 갉아먹는 게 보인다. 더욱이 먹이의 숫자도 자주 보충하는 것과는 거리가 멀어서, 이 소비자는 한 번 먹은 다음 긴 시간이 지나야만 다시 먹었다.

그렇게 어마어마한 전투용 무기로 무장한 녀석이 하찮은 것을 먹고 만족할 리가 없다고 생각한 나는 훨씬 큰 것을 기대했었다. 다이너마이트를 넣는 대포의 탄약통에 작은 새나 떨어뜨릴 취시통(吹矢筒)[2]이나 채울 정도를 넣지는 않는 법이다. 저 흉악한 꼬리의 칼은 하찮은 꼬마 동물을 찌르려는 게 아니라 큼직한 먹이를 잡기 위한 것이겠지 하는 생각이었다. 하지만 내 생각은 틀렸다. 전갈이야말로 무기만 거창해서 겉모습은 번지르르해도 실은 시시한 사냥꾼이었다.

2 화살을 입으로 불어서 쏘는 통

풀흰나비 배추흰나비나 양배추흰나비와 친척간이나 그처럼 흔하지는 않은 종이다. 옥천, 30. VII. '92

게다가 대단한 겁쟁이였다. 길에서 그날 부화한 사마귀(Mante: Mantidae)를 만나도 무서워서 부들부들 떤다. 양배추흰나비(Papi-llion du chou: *Pieris brassicae*)가 싹둑 잘린 날개로 홰를 쳐도 도망치는 꼬락서니라, 힘 빠진 불구자 나비에게도 위압당할 만큼 겁쟁이였다. 전갈은 굶주림의 자극 없이는 공격할 결심을 하지 않았다.

4월에 들어 식욕이 생기기 시작했는데 녀석들에게 무엇을 먹여야 할까? 전갈도 거미처럼 아직 피가 마르지 않은 날고기가 필요하다. 시체를 먹는 일은 없으며, 생명이 끊어지기 직전의 부들부들 떠는 생 요리가 필요하다. 게다가 작고 연해야 한다. 처음에는 잔치를 베풀어 주려고 덩치 큰 메뚜기를 주었더니 완강히 거절했다. 겁쟁이에게 그것은 가죽처럼 질긴데다가 뒷발질에 채일까 봐 접근하지 않았다.

이번에는 녹은 버터 뭉치처럼 연하고 통통한 들귀뚜라미(*Gryllus campestris*)를 주었다. 유리 울타리 안에 6마리를 넣었는데, 사자 굴에서의 공포를 위로해 주려고 상추 잎도 함께 넣어 주었다. 이 가수들은 무서운 이웃에도 아랑곳 않는 것 같았다. 그저 즐겁게 노래 부르며 샐러드를 먹었다. 산책 나온 전갈이 느릿느릿 다가온다. 가수는 그쪽을 바라보며 실 같은 더듬이를 돌려 보지만 놀라는 기색은 별로 없다. 한편, 녀석을 확인한 전갈은 상대가 위험할지 모른다고 생각했는지 도망치려는 눈치였다. 한 녀석을 핀셋으로 건드렸더니 놀라서 도망친다. 6마리를 야수와 함께 놔두었으나 아무 일도 생기지 않았다. 되레 너무 자라서 지나치게 뚱뚱해졌다. 사형을 선고받았던 6마리가 들어올 때처럼 자유롭고 건강한 상태였다.

혹시 전갈이 좋아할지도 모를 자갈밭의 천민 나귀쥐며느리(Cloportes: Oniscidae, Isopoda), 쥐며느리노래기(Glomeris: *Glomeris*)[3], 노래기(Iules: Diplopoda), 전갈처럼 돌 밑을 떠나지 않는 거저리(*Asida*와 *Opatrum*)도 주어 보았다. 땅굴 근처 덤불에서 잡은 큰가슴잎벌레(*Clythra*→ *Clytra*)나 전갈의 영토인 모래밭의 길앞잡이(Cicindèles: Cicindelidae)도 주었으나 피부가 단단해서 그런지 하나도 접수하지 않는다.

3 겉모습이 쥐며느리를 연상시키는 노래기강 동물이다.

쥐며느리 녀석은 육상에 살며 몸의 생김새가 지네나 노래기와 비슷해 보여 친척간으로 알기 쉽다. 하지만 실제 족보를 따져 보면 가재나 게, 또는 새우 따위와 친척인 동물이다. 시흥, 1. VI. '95

노래기 노래기강(또는 배각강)은 몸이 25~100개의 원통형 마디로 구성되었으며, 각 몸마디에 2쌍씩의 다리, 숨구멍, 심문(일종의 심장), 신경절을 가졌다. 즉 두 마디가 하나의 체절(몸마디)로 합쳐진 동물이며, 방어샘에서 노린내를 피우는 것도 중요한 특징이다. 세계적으로 약 8,000여 종이 알려졌으나 우리나라에서는 겨우 20종 정도만 알려졌다. 가평, 23. VII. '96

큰무늬길앞잡이 길앞잡이류는 대개 예쁘게 생겼고 활발하여 우리의 호기심을 발동시키는 녀석이나 실은 크고 날카로운 이빨(큰턱)로 다른 곤충을 잡아먹는 악랄한 녀석들이다. 큰무늬길앞잡이는 주로 하구 근처의 강가에서 볼 수 있다. 시흥, 19. VI. '96

노랑썩덩벌레 우리나라 썩덩벌레는 10종이 알려졌으나 대개 아주 드물어서 채집이 쉽지 않다. 그나마 가장 흔하며 크기가 두 번째 정도인 것이 노랑썩덩벌레인데, 녀석의 습성은 별로 알려진 게 없다. 태안, 3. VI. 07, 강태화

작고 연하며 맛있는 사냥감이 어디에 있을까? 그런 게 우연히 나타났다. 5월에 갑자기 몸길이가 1.5cm를 넘고 딱지날개가 연한 서양노랑썩덩벌레(*Omophlus lepturoides*)가 찾아왔다. 정원으로 큰 무리가 날아와 유제화(莱苐花)로 노랗게 물든 털가시나무(Yeuse: *Quercus*) 둘레를 소용돌이쳤다. 날아오르는 녀석, 내리는 녀석, 단 꿀을 빨거나 정신없이 사랑에 빠진 녀석도 있다. 이 환희의 나날이 약 2주 동안 계속되다가는 갑자기 대열을 지어 어디론가 사라졌다. 이 유목민이 내 하숙생의 구미에 맞을 것 같아 공물로 바쳐 볼 생각이었다.

예상이 맞았다. 오랫동안, 정말 오랫동안 기다린 뒤에 녀석이 먹는 모습을 구경했다. 엉큼한 생각을 가진 전갈이 땅바닥에서 움직이지 않는 벌레를 향해 다가간다. 하지만 사냥이 아니라 줍기였다. 서두름도, 격투도 없다. 꼬리도 안 움직이며 독이 든 무기도 안 쓴다. 태연하게 두 손가락으로 잡아 입으로 가져간다. 먹는 동안 집게가 잡고 있다. 살아 있는 먹이가 턱 사이에서 몸부림친다. 조용히 갉

아먹는 녀석에게 이런 몸부림이 마음에 들지 않는다.

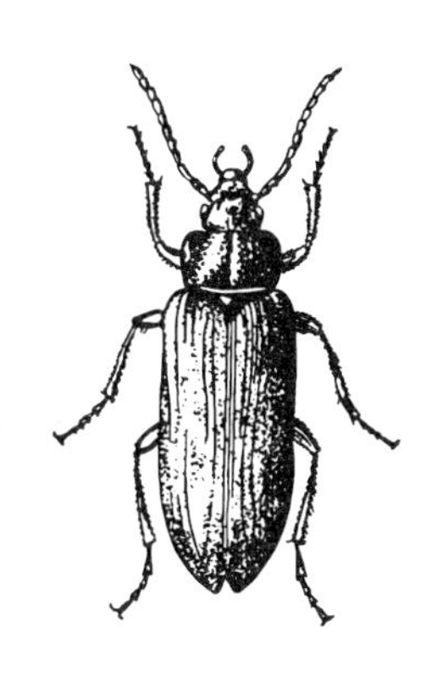

서양노랑썩덩벌레
실물의 2배

등을 구부려 꼬리 칼을 입 앞으로 가져온다. 아주 조용히 벌레를 찌르고, 또 찔러서 움직임을 없앤다. 계속 콕콕 찌르는 동안 전갈은 마치 포크로 작게 조각을 내는 모습이었다.

오랫동안 씹고 또 씹어 마침내는 위장이 원치 않는 쭉정이가 된다. 하지만 그것이 목에 걸려도 토해 내지 못할 때가 많으며, 이때는 집게가 필요하다. 한쪽 집게의 손가락으로 쭉정이를 잡아 재치 있게 꺼내 던져 버린다. 이것으로 식사가 끝났고, 다시 먹을 날은 창창하다.

황혼이 물드는 저녁에는 활기에 찼다. 철망뚜껑의 상자보다 넓은 유리벽 방목장이 신기한 자료를 많이 보여 준다. 회합과 잔치가 한창 벌어지는 4, 5월에 전갈을 잔뜩 잡아다 넣고 정원 라일락(Lilas: *Syringa*) 산책로에 무진장인 양배추흰나비와 산호랑나비(*Papilio machaon*)●를 포충망으로 한 타가량 잡아서, 도망치지 못하게 날개를 절반쯤 잘라 넣어 주었다.

저녁 8시경, 소굴에서 나온 야수가 지붕 밑에서 잠시 머물며 바깥 사정을 살핀다. 여기저기서 몇 마리가 나오는데, 꼬리를 트럼펫처럼 추켜세우거나 질질 끌다 오그리고 순찰을 시작한다. 그때그때의 기분에 따라, 또 마주치는 물건에 따라 자세가 결정된다. 유리문 앞에 드리운 초롱의 희미한 빛이 사태의 전말을 보여 준다.

날개 잘린 나비들이 땅바닥에서 팔딱거리며 맴돈다. 전갈이 절망에 빠져 광란하는 나비 사이를 돌다가 넘어뜨리거나 밟기는 해도 더 심한 행동은 없다. 때로는 너무 혼잡해서 나비가 식인귀 등에 올라탈 때도 있다. 이런 허물없는 태도에도 무관심한 듯, 전갈은 서툰 기사(騎士)를 태우고 간다. 가끔 산책 중인 전갈의 무서운 집게로 뛰어드는 녀석도, 스치는 녀석도 있지만 별일은 없고 건드리지도 않는다.

라일락 산책로에 흰나비가 많은 시기에는 이 실험이 매일 저녁 반복되었으나 식탁을 차려 준 보람이 없었다. 어떤 때는 산책하던 녀석에게 나비가 붙잡혀 땅에서 소용돌이치고 있었다. 전갈은 녀석을 번쩍 들어 올려, 마치 열광하듯이 집게로 여기저기 더듬으며 전진을 계속한다. 지금은 갈 길을 찾는 데만 신경을 쓰면서 나비를 턱으로 받치고 간다. 산 채로 물린 나비는 남은 날개를 절망적으로 떤다. 나비가 마치 잔인한 승리자의 앞이마를 장식한 흰 깃털 같다. 붙잡힌 녀석이 너무 발버둥 치면, 약탈자는 계속 걸어가며 우물우물 몇 번 씹어서 조용하게 만든다. 결국은 그것을 버린다. 어디를 먹었을까? 고작 머리뿐이다.

좀 드물게는 서둘러서 먹잇감을 굴의 지붕 밑으로 끌고 가는 녀석도 있다. 주위의 소란은 아랑곳 않고 거기서 간단히 식사한다. 또 어떤 녀석은 야외에서 먹는데, 울타리 구석으로 물러가 배를 모래에 파묻고 먹는다.

일주일 동안 몇 번 이런 기회가 있었고, 8일째 되는 날 녀석들이 얼마나 먹이를 소비했는지 알아보려고 땅굴을 하나씩 조사했다. 아주 드문 예외가 아니고는 날개가 시체에 붙어 있어서, 못 먹고 남긴 날개의 수가 그것을 알려 줄 것이다. 나비는 모두 그저 몇 마리가 목이 잘렸을 뿐, 별로 먹힘도 없이 멀쩡한 채 말라 버렸다. 엄밀하게 검사한 결과가 겨우 이것뿐이다. 활동이 가장 왕성한 일주일 동안 이 패거리는 한입거리인 머리, 그 시원찮은 양으로 충분했다. 유리 사육장에는 25마리의 전갈이 있었는데, 모두가 부스러기 정도의 먹이에 싫증 나도록 배불리 먹었다는 이야기가 된다.

나비는 어쩌면 전갈에게 생소한 음식이었을 것이다. 돌 밑 미로 속의 전갈이 식물 꼭대기의 꽃으로 올라가 날아다니는 나비를 잡는다는 것은 의심스럽다. 결국 전갈은 이런 나비를 모르니 싫어하는 것 같다. 아마도 그때 마침 먹을 것이 없어서 조금 먹어 보았을 것이다. 그렇다면 햇볕에 타 버린 황량한 땅에서 녀석이 찾아낼 수 있는 게 무엇일까?

천민인 메뚜기(Criquet과 Acridiens: Orthoptera)는 어디든 뜯어먹을 풀만 있으면 산다. 흰나비 철이 끝날 때는 녀석을 자주 전갈의 먹이로 이용했다. 연한 음식을 좋아하는 하숙생에게는 막 태어나 노란색 짧은 재킷을 걸친 메뚜기나 여치(Locustiens)가 안성맞춤이었다. 회색이나 초록색인 녀석, 배가 뚱뚱하거나 홀쭉한 녀석, 죽마(다리) 위에서 점잔을 빼는 녀석, 다리가 짧은 녀석도 있다. 전갈은 갖가지로 모인 요리 세트 중에서 골라잡으면 된다.

잡아 온 메뚜기를 희미한 초롱불이 깜빡이는 밤에 뿌려 주었다. 이렇게 늦은 시간에는 메뚜기가 아주 조용하다. 이윽고 집 안의 전갈이 나온다. 신선한 먹이가 여기저기서 꿈틀거리는데, 조금만 뛰어도 소풍 나온 손님이 나비 때처럼 놀라서 도망친다. 전갈은 이런 맛있는 고기를 눈으로 보았거나 스쳤고, 자주 마주치거나 타고 넘었으면서도 별로 관심이 없었다.

우연히 마주친 메뚜기 한 마리가 전갈의 집게 사이로 들어간 것을 보았다. 바보 같은 이 녀석은 집게를 조이려 하지 않는다. 조금만 조이면 근사한 요리를 얻을 텐데, 무심한 녀석이 놓치고 만다. 우연히 어린 중베짱이(*Tettigonia viridissima*)가 소풍 중인 전갈의 등에 올라탔다. 그런데 무서운 말이 그 녀석을 평온하게 태우고 갈 뿐, 전혀 피해를 주지 않는다. 머리가 서로 맞닿을 만큼 가까이 지나치거나 서로 피하려고 뒷걸음질 치다가도, 되통스럽게 길에서 마주친 녀석에게 꼬리를 한 번 휘두르는 것을 수백 번을 보았다. 하지만 뒤를 쫓기는커녕 제대로 격투하는 장면은 한 번도 보지 못했다. 매일 조심해서 관찰하다가 가끔씩 어느 전갈이 메뚜기 한 마리를 잡는 것을 보는 경우가 있을 뿐이다.

이렇게 검소하게 먹던 녀석이 4, 5월의 교미 시기에 들어서면, 갑자기 식충이로 돌변하여 전대미문의 호식(好食) 상태에 빠진다. 녀석이 제 지붕 밑에서 동료를 마치 보통 식사처럼 먹는 것을 여러 번 보았다. 꼬리만 빼고 몸통은 모두 먹는데, 포식한 전갈의 입

중베짱이 베짱이와 많이 닮았으나 날개 등쪽을 지붕처럼 접는 베짱이에 비해 중베짱이는 수평으로 접으며 일본에는 분포하지 않는다는 점이 다르다. 시흥, 10. VII. '96

에 며칠 동안 매달려 있다가 아쉽게 떨어진다. 꼬리는 독주머니라 먹지 않는 것 같으며, 독액의 맛은 기분이 나쁠 것 같다.

먹다 남긴 꼬리 말고는 몸통 전체가 포식자의 창자로 사라졌다. 그 녀석은 배의 용적이 입으로 들어간 녀석보다 적을 것이다. 즉, 씹어서 압축하기 전에는 음식의 부피가 위장보다 훨씬 컸을 것이다. 이런 양의 음식이 들어갈 수 있는 위장은 정말로 복 받았다. 하지만 이렇게 엄청난 호식은 평상시의 식사가 아니라 혼인 의식이므로 이 문제는 다음에 이야기하련다. 이런 일은 교미 시기에만 일어나며 먹히는 녀석은 언제나 수컷으로 정해져 있다.

식사 문제에서는 포옹 뒤 희생되는 수컷 이야기를 보류하련다. 이 행위는 발정기에 일어나는 탈선행위이며, 황라사마귀(*Mantis religiosa*)의 비극적 결혼식에 해당하는 의식이다.

내 계략으로 전갈에게 푸짐한 식사를 제공한 이야기도 뒤로 미루자. 격투 장면을 보고 싶어서 강한 적수끼리 마주 놓고 싸움을 부추겼다. 대단히 화가 난 전갈은 방어하며 칼을 휘두른다. 승자는 기꺼이 패자를 먹어 버리며, 이것이 녀석들의 승리 축하 방식이다. 하지만 내가 부추기지 않았다면 결코 상대를 공격하지도, 그렇게 푸짐하게 먹지도 않았을 것이다.

이렇게 예외적으로 아주 잘 먹은 경우를 제외하면 녀석은 식사를 절제한다고 말하고 싶다. 혹시 사람 눈에 띄지 않는 밤중에 많이 먹을지도 모르면서 조사를 좀 미흡하게 했는지도 모르겠다. 그래서 전갈에게 극히 절제하는 소식가라는 증명서를 떼어 주기 전에 다음과 같은 실험을 했다. 어쩌면 명확한 답변이 나올 것 같다.

초가을에 몸집이 중간 크기인 전갈 4마리를 각각 깨진 기왓장과 모래밭을 설치한 바구니에 넣고 유리판으로 덮어서 도망은 못 쳐도 햇볕은 잘 비춰 든다. 바구니가 공기 유통은 잘 되어도 곡식좀나방(Tineidae)이나 모기(Moustiques) 같은 작은 사냥감조차 통과하지 못한다. 이것이 놓인 온실은 하루 종일 열대의 기온을 유지했다. 밖에서 떠도는 개미조차 못 들어가는 사육조에 먹이는 내가 주는 것밖에 없다. 먹이를 전혀 안 주면 녀석들이 어떻게 될까?

먹이는 찌꺼기조차 없어도 지붕 밑의 녀석은 항상 쾌활하게 흙을 파내 굴을 만들고, 모래로 출입구를 막는다. 가끔 저녁에 해가 지면 굴에서 나와 잠시 소풍하고 다시 들어간다. 먹이를 안 주어도 생활은 바뀌지 않았다.

날씨가 추워진다. 방안이 얼지는 않아도 녀석은 추위에 대비하여 땅을 좀더 깊이 팠고 건강 상태도 계속 좋다. 내 호기심이 자세히 조사했지만 전갈은 언제나 기분 좋게 활동하며, 어지럽혀진 굴은 재빨리 수리한다.

겨울이 끝났으나 특별한 사건 없이 지나갔다. 추운 계절에는 활동이 중단되어 먹기도 덜 한다. 사실상 거의 먹지 않았다. 그러나 더위가 다시 찾아오면 영양을 많이 섭취해야 하므로 식량이 많이 소비된다. 유리 사육장 친구들은 나비나 메뚜기를 먹었는데, 단식한 이쪽은 어떻게 되었을까? 원기를 잃은 초라한 모습이 아닐까? 천만에.

녀석을 괴롭혀 보면 먹은 녀석 못지않게 활기차서 꼬리를 휘두르며 위협적으로 다가온다. 더 괴롭히면 바구니 둘레를 따라 도망친다. 굶주려서 고생하는 기색을 보여 주지는 않았어도 언제까지나 버티지는 못할 것이다. 6월 중순에 3마리가 죽었고 1마리는 7

월까지 버텼다. 녀석들의 활동력을 완전히 멈추게 하려면 9개월의 완전한 단식이 필요했다.

태어난 지 두 달밖에 안 된 어린 전갈로 다시 실험했다. 이마에서 꼬리까지 길이는 13mm 정도였다. 성충에 비해 색깔이 밝고, 특히 집게는 호박이나 산호로 조각한 것 같다. 아직 어려도 위험한 집게는 멋있다. 10월부터 돌 밑에 살았는데 제 부모처럼 언제나 혼자였다. 자신이 선택한 장소에 굴을 파고, 파낸 흙으로 입구에 바리케이드를 쳤다. 녀석을 굴에서 끌어내면 꼬리를 말아 올리고, 빈약한 침을 좌우로 흔들며 쏜살같이 도망친다.

10월에 접어들어 4마리를 각각 유리컵에 넣고, 입구를 모슬린 천으로 덮어 아무리 작은 사냥감이라도 통과하지 못하게 했다. 컵에는 굴 파기에 필요한 손가락 두께의 모래흙과 은신처로 쓰일 두꺼운 종잇조각이 있다. 어린것도 거의 성숙한 전갈처럼 용감하게 단식을 이겨 내면서 언제나 씩씩하고 활동적이었다. 그러다가 5, 6월이 왔다.

이 두 실험이 전갈은 계속 활동하면서도 1년의 3/4의 단식을 이겨 낸다는 사실을 알려 주었다. 그런데 녀석은 장시간에 걸쳐서 체격을 키워야 한다.

며칠만 사는 송충이는 장차 나비가 될 재료를 축적하려고 끊임없이 풀을 먹어 대, 만족할 줄 모르는 식욕으로 너무 짧은 연회를 보상한다. 오랫동안 아주 조금씩 먹는 전갈이 물질을 그만큼 축적하려면 어떻게 해야 할까? 아마도 특별한 장수의 혜택으로 축적되는 것 같다.

전갈의 수명이 얼마나 되는지 대강 결정하는 것은 별로 어렵지 않다. 다양한 계절에 돌을 들춰 보면 신분증이 나타난다. 녀석들은 몸길이에 따라 5그룹으로 나뉘는데, 제일 작은 녀석은 1.5cm, 큰 녀석은 9cm 정도였다. 양 극단 사이에 차이가 분명한 3그룹이 있다.

의심할 것도 없이 각 그룹은 1년의 나이 차이에 해당한다. 각 단계마다 조금 커 보이는 녀석이 있어서 혹시 그룹이 더 있을지도 모른다. 사육장 전갈은 1년이 지나면 적어도 얼마간 자랐을 것이다. 그런데 랑그독전갈(Scorpion Languedocien: *Scorpio*→ *Buthus occitanus*)은 늙어서도 원기가 왕성했다. 녀석들은 적어도 5년이나 그보다 더 살지도 모른다. 어쨌든 전갈은 조금만 먹고도 무럭무럭 자라는 것 같다.

자라는 것뿐만 아니라 활동도 해야 한다. 먹이를 계속 먹는 것은 사실이나 언제나 적은 양이었다. 게다가 긴 간격을 두고 먹어서 음식의 역할이 무엇인지 궁금하다. 엄격하게 격리되어 단식을 강요당했던 크고 작은 전갈들이 특히 심사숙고해 보게 한다. 녀석들이 쉴 때 건드리면 언제나 활발하게 움직이며 꼬리를 휘둘렀고, 모래를 파헤쳐서 밀어냈다. 녀석을 호기심으로 방해하는 것은 사실상 절대로 금할 일이다. 하지만 이 방해를 역학(力學)의 단위로 표시한다면 수 킬로그램의 작업을 8~9개월 동안 계속한 셈이다.

이런 노동에 어떤 물질을 소비했을까? 전혀 없다. 감옥에 갇힌 날부터 지금까지 완전히 굶겼다. 그렇다면 몸에 축적된 지방을 저축된 양분으로 생각해야 한다. 그래서 녀석이 힘을 쓸 때는 제 육신을 소비해야 한다.

나이를 먹어 뚱뚱한 전갈의 경우는 이 방법도 어느 정도는 이해될 수 있겠다. 하지만 실험에 사용한 전갈은 중간 연령층과 생을 출발하려는 어린것이었다. 이렇게 초라한 녀석들의 배 속에 무엇이 축적되었을 수 있을까? 산소가 운동에너지로 바꿔 줄 것이 무엇이었을까?[4] 몸을 해부해 봐도 보이는 것이 없다. 아무리 상상해 봐도 판단할 수가 없다. 전체의 노동량과 전갈의 육체 사이에는 불균형이 너무도 크다. 이 벌레 전체를 효과적으로 연소시켜 최후의 분자까지 태워도 방출된 열의 총량과 역학적 운동의 총량 사이에는 큰 차이가 있다. 우리네 공장은 석탄 한 조각으로 1년에 기계 한 대도 못 움직인다.

내 전갈은 이런 연료 덩이를 소비한 것 같지 않은데, 장기간의 엄격한 단식 뒤에도 실험을 처음 시작할 때와 마찬가지로 원기가 왕성했고 혈색이 좋아 윤기가 돌았다.

깊은 껍데기 속에 웅크려 꼼짝 않으며, 입구는 석회질 딱지나 양피지 덮개로 닫은 달팽이(Escargot: Pulmonata)라면 이해될지도 모르겠다. 달팽이도 안 먹지만 활동은 없이, 가능하면 마지막 한계까지 느린 생활을 하면서 몸에 저축한 것으로 지탱한다. 하지만 전갈은 지나치게 긴 단식에도 불구하고 싱싱했던 것이 도저히 이해되지 않는다.

이 책에서 연속해서 나온 처음의 새끼 타란튤라(Lycose→ Tarentule), 다음 납거미(Clotho→ *Uroctea*), 마지막 전갈(Scorpion)의 세 경우 모두 똑같은 의문에 부딪쳤다. 이 동물들의 몸 구조는 우리와 아주 다르며, 활발한 산화작용으로 일정 체온을 유지하지도 않는다. 그런데 이런 동물도 생존의 모든 단계가

4 생물이 살아가는 데 필요한 에너지원은 영양소이며, 이 영양소는 호흡에서 얻은 산소와 결합해야 작은 물질로 분해될 때 열, 즉 에너지가 발생한다.

변함없는 생물학적 법칙에 지배되었을까? 운동력도 항상 먹이에서 얻은 것을 태운 결과일까? 녀석들의 활동력은 적어도 부분적으로 열, 전기, 빛, 기타 요소에서 나타나는 주변의 에너지에서 빌려와야 하지 않을까?

녀석들의 에너지는 세상의 넋이며, 물질적 우주를 움직이는 불가사의의 소용돌이였다. 그렇다면 동물을 때로는 주변의 열을 모아 조직 내에서 기계 에너지로 전환시키는 물체, 즉 열을 운동의 형식으로 방출시킬 수 있는 고도의 완전한 집적기(集積器)로 보겠다면 너무 역설적인 생각일까? 만일 그것을 인정한다면 동물은 에너지를 발생하는 물질적 양식 없이도 활동이 가능함을 어렴풋이 상상할 수 있을 것이다.

아아! 석탄기(石炭紀)에 생물계가 전갈을 창조했다는 것은 얼마나 굉장한 일이더냐! 먹지 않고 활동하다니, 이런 현상이 일반화되었다면 그야말로 비교할 게 없는 선물이 아니더냐! 위장의 속박에서 해방되어 빈곤함과 비참함을 사라지게 하다니! 이런 놀라운 시도가 왜 고등동물까지 연속되지 못했을까? 최초의 사례가 계속 발전하지 못한 것은 정말 유감이로다! 어쩌면 오늘날, 활동력의 가장 고귀한 표현인 사상(思想)은 먹기라는 불명예를 피해서 한 줄기 햇살에 피로해지는 것과 관련된 것 같다.

허물을 벗은 서성거미류 어떤 절지동물은 허물벗기를 하고 난 다음 그 껍질을 먹어서 몸을 단단히 굳히는 데 필요한 영양소(큐티클)를 보충한다.
심학산, 13. X. 07, 김태우

옛날에 받은 선물이 아직 충분히 실현되지는 못했어도 어느 정도는 전 동물계에 퍼져 있다. 인간 역시 태양 방사열로 살아가며 부분적으로는 에너지를 빌려 쓰고 있다. 대추야자(Datte) 열매 한 줌으로 영양을 취하는 아랍 사람들 역시 고기와 맥주를 먹는 북쪽 사람 못지않게 활동적이다. 그들이 북쪽 사람만큼 위장에 음식을 쑤셔 넣지 않는 것은 태양의 잔치에서 많은 것을 얻어서이다.[5]

심사숙고해 보면, 전갈은 에너지원의 대부분을 주위의 열에서 얻는 것 같다. 동물이 자라는 데 필요한 고형 영양물 먹기는 다소 빠르거나 늦게 오는 허물벗기 시간에 이루어진다. 벌레는 단단한 속옷의 등이 찢어진, 그렇게 좁은 헌옷에서 살며시 미끄러져 나와 모습을 드러낸다. 그때 새 피부만 보충하려 해도, 아무래도 식욕이 필요하다. 그 순간부터 계속 먹지 못하면 갇힌 녀석, 특히 아주 어린것은 머지않아 죽을 것이다.

5 이 문단은 생물의 기본적 에너지원은 포도당이며 대추야자 열매도 열량은 높다는 것을, 다음 문단은 이미 형성된 피부는 굳을 일만 남았는데 다시 피부를 보충할 에너지가 필요하다고 본 파브르의 착오에서 비롯된 글이다. 당시는 영양생리의 기초 이론이나 곤충의 배후발생(胚後發生), 피부 형성 기작 등을 잘 몰랐으므로 이렇게 잘못 생각했을 것이다.

19 랑그독전갈-독

전갈(Scorpion)은 보통 사냥감인 작은 벌레를 공격할 때 무기를 거의 사용하지 않는다. 양쪽 집게로 벌레를 잡아 입으로 가져와 조용히 갉아먹는다. 먹히는 녀석이 발버둥 쳐서 식사에 방해가 되면, 그때 꼬리를 구부려서 몇 차례 살짝 찔러 진정시킨다. 결국, 칼은 먹이를 잡는 데 보조 역할밖에 하지 않는다.

전갈에게 무기가 진정으로 도움이 될 때는 위험이 닥쳤을 때이다. 이 무서운 벌레가 얼마나 큰 적을 만나야 무기로 자신을 방어하는지 잘 모르겠다. 자갈투성이 벌판의 입주자 중 누가 전갈을 공격하는지, 자연 상태에서는 어떤 때 녀석이 제 몸을 경계하는지도 모르겠다. 하지만 계략을 좀 쓰면 적어도 정말 승부를 걸어야 할 기회를 쉽게 만들 수 있다. 그 독이 얼마나 강한지 알아보고 싶으니 곤충계의 여러 강자와 대결시켜 보자.

광구 유리병에 모래를 깔아 미끄럼을 방지하고, 랑그독전갈(S. Languedocien: *Buthus occitanus*)과 나르본느타란튤라(Lycose de Narbonne: *Lycosa narbonnensis*)를 함께 넣었다. 두 녀석 모두 독침을 가졌는데 누가 상대를 먹을까? 독거미는 체격이 조금 빈약해도 날렵해서 불시에 달려들어 공격할 수 있는 이점이 있다. 반격이 느린 전갈이 전투 준비를 하고 독검을 휘두르기 전에 일격을 가하고 도망치면 된다. 기회는 민첩한 거미에게 있을 것 같다.

결과는 예상과 달랐다. 타란튤라는 적수를 보자마자 몸을 절반쯤 일으켜 세우고, 독액이 반짝이는 이빨을 드러내 상대가 접근하기를 기다린다. 전갈은 집게를 앞으로 내밀고 조금씩 다가가 양 손가락으로 거미를 꽉 잡는다. 거미가 필사적으로 저항하면서 이빨을 여닫지만 먼 곳의 전갈을 깨물 수는 없다. 긴 집게로 적의 접근을 불허한다면 격투는 불가능하다.

전갈은 전혀 싸움이 없다. 다만 꼬리를 구부려 이마 앞으로 가져가, 아주 쉽게 상대의 가슴을 단검으로 찌른다. 여기서는 말벌(Guêpe: Vespidae)이나 다른 싸움꾼 곤충처럼 눈 깜짝할 사이에 일격을 가하는 광경을 보이지 않는다. 무기를 꽂으려면 약간 노력이 필요해서 꼬리를 조금 흔들며 찌른다. 마치 우리가 어떤 저항을 느끼는 곳에 손가락을 넣고 좌우로 돌리는 격이다. 구멍이 뚫리면 바늘을 잠시 거기에 꽂아 둔다. 독액을 뿜어내는 데 시간이 걸리는가 보다. 하지만 효과는 즉시 나타난다. 찔렀다 하면 거미가 다리를 움츠린다. 죽었다.

희생자를 6마리나 내면서 감동적인 광경을 목도했으나 제일 먼저 본 광경의 반복이었다. 전갈은 타란튤라가 눈에 띄는 즉시 공격하는데 언제나 같은 전술로, 즉 집게로 적을 멀리 떼어 놓고 찔렀다. 다음은 거미가 즉사했다. 그야말로 벼락 맞은 듯이 죽는데, 우리가 발로 밟아도 그보다 빨리 죽이지는 못할 것 같다.

전갈의 사냥터에서는 타란튤라처럼 뚱뚱한 사냥감 거미를 만날 일이 거의 없어도 패자가 먹힘은 통칙이다. 전갈은 어떤 먹이든 즉석에서 머리부터 먹는 게 공식이다. 그 자리에서 꼼짝 않고 야금야금 갉아먹는데, 질겨서 안 씹히는 다리 몇 개만 남겨 놓는다. 이런 가르강튀아(Gargantua)[1]식 대식사가 24시간이나 계속된다.

푸짐한 식사가 끝났다. 그런데 독거미보다 별로 크지도 않은 전갈의 배 속에 그게 어떻게 다 들어갔는지 의심스럽다. 어쩌면 먹을 기회가 언제 끊길지 모르며, 한번 먹고는 단식 상태에 놓이는 벌레에게는 위장에 특별한 장치가 있어서 기회를 만나면 잔뜩 먹어 두나 보다.

타란튤라가 꾸물대지 않고 전갈에게 달려들었다면 좀더 유리하게 저항할 수 있었을 텐데, 가슴만 펼쳐 보이며 거만을 떨다가 때를 놓쳐 당하지 않았더냐! 가장 힘센 왕거미인 모서리왕거미(Épeire angulaire: *Araneus bicentenarius*)◕, 누에왕거미(É. soyeuse: *Argiope lobata*), 세줄호랑거미(É. fasciée: *Argiope bruennichii*) 따위도 모두 똑같이 심하게 공격당할 것이다. 사실상 녀석들은 실을 자으면서도 겁에 질려, 그물 꾸러미를 재빨리 던져 마비시킬 생각을 못한다. 만일 그물 위였다면 난폭한 사마귀(*Mantis*)도 감아 버리고, 무서운 말벌(Frelon: *Vespa*)이나 대형 메뚜기(Acridiens: Acrididae)도 붙잡아 포승줄로 묶었을 것이다. 하지만 그물 밖에서 사냥감이 아닌 적수를 만나면 자신의 강력한 방어법을 잊어버린다. 그리고 단검을 맞는 즉시 쓰러진다. 물론 전갈은 제 격식대로 처리한다.

돌 밑에서 사냥하는 전갈은 다른 곳에 사는 타란튤라나 왕거미 따위를 만난 일이 전

1 소설 주인공. 『파브르 곤충기』 제3권 336쪽 참조

혀 없다. 하지만 같은 돌 밑의 은신처를 좋아하는 저 겁쟁이 거미, 납거미(Clotho: *Uroctea durandi*)는 보았을지 모르며, 이런 사냥감은 잘 알고 있을 것이다. 따라서 전갈이 식욕만 일면 훌륭한 체격을 가진 거미라도 접수할 것이다.

전갈이 또 하나의 훌륭한 식삿감인 사마귀(*Mantis*)를 만나면 못 본 체하지는 않을 것이다. 벽 타기에 적격인 등반 도구를 갖춘 전갈일망정 흔들리는 잎에서는 절대로 걸을 수 없으니, 이 약탈꾼의 삶터인 덤불까지 쫓아가서 기습하지는 않는다. 하지만 여름이 끝나 어미 사마귀가 알을 낳을 무렵에는 전갈에게도 공격용 집게를 휘두를 기회가 올 것 같다. 실제로 황라사마귀(*M. religiosa*)◔의 알집은 전갈이 오가는 길목의 돌 밑에 있다.

사마귀가 한밤중의 적막 속에서 알이 가득한 상자에다 부글거리는 흰자질로 거품을 낼 때, 갑자기 도둑이 쳐들어오지 않는다는 보장은 없다. 이런 경우를 보지는 못했고, 앞으로도 볼 기회가 없을 것이다. 그런 기회를 포착한다는 것은 너무 큰 행운을 기다리는 격이니 내 농간질로 이 공백을 메워 보자.

모래를 깐 항아리 속 경기장에서 전갈과 사마귀의 결투가 진행된다. 양쪽 모두 체격이 훌륭한 녀석으로 선정된 선수들이다. 필요하다면 양쪽을 흥분시켜 서로 맞붙게 하는 방법도 있다. 전갈은 독액을 몹시 아끼며 위험이 닥치지 않는 한 찌르지 않는다. 꼬리를 흔들었다고 해서 반드시 찌르는 것은 아니며, 그저 때리기만 할 때가 많다. 여러 번 실험한 결과, 칼에 찔려서 출혈하는 사냥물에는 이미 얻어맞은 자국들이 있었다.

가위 사이에 낀 사마귀는 곧 유령 같은 자세를 취한다. 톱날 달린 다리를 벌리고, 날개를 마치 투구 꼭대기의 장식처럼 펼친다. 하지만 이런 허세도 아무런 효과가 없다. 되레 상대가 더 쉽게 공격하도록 만든다. 칼이 두 다리 사이를 깊이 찌르고 잠시 그 상처 안에 머문다. 칼을 빼내도 그 끝에는 아직 작은 독방울이 매달려 있다.

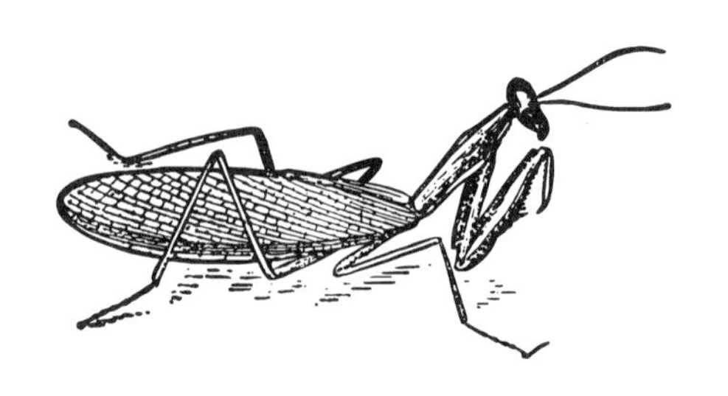

황라사마귀

바로 그 순간, 사마귀의 두 다리는 임종의 고통으로 부들부들 떨린다. 배에서는 파동이 인다. 꼬리도 좌우로 심하게 흔들리며 발목마디도 바들바들 떨린다. 하지만 톱니 달린 다리와 더듬이, 그리고 입은 정지 상태였다. 이 상태로 15분도 안 되어 전신이 허탈해진다.

공격하는 전갈이 깊이 생각하지는 않는 것 같다. 그저 아무 데나 닿는 곳을 찔렀는데 지금은 신경중추 근처 급소가 찔렸다. 사마귀구멍벌(Tachyte manticide: *Tachysphex manticida*→ *costae*)이 정확히 골라서 찌르는 자리인 가슴과 다리 사이를 찌른 것이다. 물론 우연이지 계획적인 것은 아니다. 미련한 녀석이 벌처럼 깊은 해부학적 지식을 갖지는 못했어도, 우연히 기회가 도와서 즉사시켰다. 만일 급소가 아닌 곳을 찔렀다면 어떤 일이 벌어졌을까?

실험 때마다 전갈은 독병이 가득 찬 녀석으로 바꿨다. 다음번 결투 때는, 즉 새 제물을 바칠 때는 휴식 기간을 길게 주어서 체력이 충분히 회복된 전갈을 사용했다.

이번에도 힘센 암컷 사마귀였다. 그녀는 몸을 절반쯤 세우고 머리를 이리저리 돌리며 어깨 너머로 기회를 엿본다. 마치 유령 같은 자세였다. 날개끼리 서로 비벼서 푸우, 푸우 소리를 낸다. 그녀의 대담한 수법이 일단 성공해서, 톱날 달린 팔로 전갈의 꼬리를 잡았다. 꼬리를 잡힌 전갈은 무기를 사용할 수 없으니 상대를 해칠 수가 없다.

하지만 곧 피곤해진 사마귀에게 공포가 밀려온다. 전갈의 꼬리를 특별히 깨물지도 않았다. 게다가 제 행위가 얼마나 효과적인지도 모른다. 불쌍한 녀석의 함정이 느슨해진다. 만사가 끝장이다. 전갈이 그녀의 뒷다리에서 멀지 않은 배를 찔렀다. 그러자 전신의 힘이 쭉 빠진다. 마치 큰 용수철이 빠진 기계 같다.

내 마음대로 여기저기를 칼로 찌르게 할 수는 없다. 참을성 없는 전갈인데 녀석의 무기를 원하는 곳으로 옮기려 해봐야 되지도 않을 일이니, 그저 격투 때의 우연에 따라 제공된 경우를 이용할 뿐이다. 그 중 몇몇은 신경중추와 상처 사이가 멀어서 주목할 만했다.

사마귀가 팔과 앞팔이 연결되는 곳의 얇은 피부[2]를 찔렀다. 이 다리는 즉각, 가운데다리도 곧 못 움직인다. 뒷다리도 뒤로 젖혀진다. 배에서 잠시 파동이 일다가 전신이 굳는다. 즉사라고 해도 되겠다.

한 녀석이 가운데다리의 넓적다리마디와 종아리마디 사이의 관절을 찔렀다. 그 자리에서 뒤쪽 네 다리가 구부러졌다. 이번에는 공격 때 펼치지 않았던 날개가 경련을 일으킨다. 유령의 포즈를 취할 때처럼 펼쳐져 죽

2 앞다리 넓적다리마디와 종아리마디 사이의 관절막

은 뒤에도 그대로 있다. 양쪽 다리는 계속 푸들거리며 불규칙하게 펼쳤다가 다시 가다듬는다. 몸통이 물결치듯 떨린다. 더듬이가 흔들리고, 수염들이 떨리며, 미모(尾毛, 꼬리털)도 흔들린다. 이렇게 요란하게 꺼져 가는 시간이 약 15분간 계속되다가 결국은 움직이지 않는다. 죽은 것이다.

감동적인 장면의 드라마에 너무 흥분한 나는 호기심이 더욱 커졌다. 하지만 모든 반복실험이 같은 결과를 보였다. 어디에 상처를 입었든, 즉 신경중추와 멀든 가깝든, 사마귀는 즉사하거나 몇 분간 떨다가 죽었다. 방울뱀(Crotale: *Crotalus*), 뿔뱀(Céraste: *C. cerastes*), 살무사(Trigonocéphale: *Bothrops*), 그 밖에 무섭다고 평판이 난 독사라도 상대를 그렇게 빨리 죽이지는 못한다.

처음에는 세련된 생체 조직에서 나타난 결과라고 생각했었다. 생체가 세련되면 될수록 체질이나 외상에 대한 저항력이 약해진다. 거미나 전갈은 양쪽 모두 고급 창조물이다. 저급 생명은 중상을 입지 않은 한 즉사하지 않고, 몇 시간이나 몇 날을 견뎌 낸다고 생각했었다. 자, 그런데 프로방스(Provence)의 정원사(농부)가 대단히 싫어하며 떼오쓰보(Taiocebo)라고 부르는 땅강아지(Courtilière: *Gryllotalpa gryllotalpa*)에게 물어보자. 뿌리를 갉아먹는 이 곤충은 힘센 촌뜨기로서, 낮게 주조된 하등동물인데 참으로 이상한 벌레이다.[3] 맨손으로 잡으면 두더지(Taupe: *Talpa*) 발톱 같은 앞발 호미로 손바닥을 할퀴어서 잡

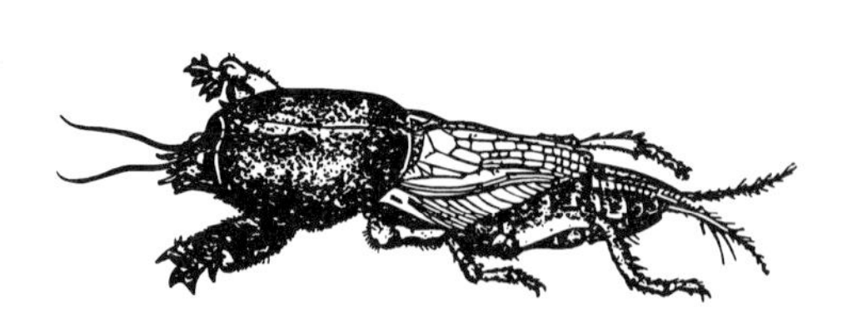

땅강아지 약간 확대

어린 땅강아지 녀석은 거의 다 자란 것 같아 보인다. 하지만 아직은 몸을 탈바꿈시키는 마지막 허물을 벗지 못해서 날개가 짧다. 한여름이 되면 어른벌레가 되어 불빛을 보고 날아갈 것이다. 시흥, 9. VII. '92

고 있을 수가 없다.

좁은 투기장에서 전갈과 땅강아지를 대면시키면 서로 지그시 노려보며 상대를 살핀다. 녀석들이 전에 만난 일이 있을까? 의심된다. 땅강아지는 땅속 퇴비를 찾는 벌레(Vermine)[4]가 꼬이는 비옥한 땅이나 정원의 주인이다. 전갈은 메마른 풀이 겨우 자라는 비탈이 좋아서 거기를 떠나지 못하는 녀석이다. 옥토와 마른 땅에 사는 벌레끼리 마주칠 수는 없는 일이다. 따라서 피차 모르는 사이지만 녀석들은 서로가 심상치 않은 상대임을 느꼈다.

내가 부추기지 않아도 전갈이 녀석에게 덤벼든다. 땅강아지 역시 특수 도구로 적수의 배를 찢겠다며 공격 자세를 취했다. 등 쪽의 날개[5]를 비벼서 낮고 은은한 소리로 전쟁의 노래를 부른다. 노래가 그치기를 기다릴 전갈이 아니다. 힘차게 꼬리를 휘둘렀다. 하지만 땅강아지의 가슴은 단단하며 둥글게 굽은 가슴받이로 덮여서 칼이 뚫지를 못한다. 그

3 땅강아지도 메뚜기목 곤충이며, 사마귀보다 저급 동물로 취급할 수 없다.

4 지렁이나 굼벵이(Vermisseau)를 쓰려 했으나 해충이나 기생충을 뜻하는 단어로 잘못 쓴 것 같다.

5 땅강아지도 낮은 소리를 내는 것은 사실이나 날개로 내지는 않는다. 이 곤충의 발성기관의 실체는 아직도 정확히 규명되지 않았다.

래도 이 갑옷 뒤쪽의 연한 피부에는 쉽게 꽂히며, 한 번 찔리면 그만이다.

불규칙한 몸 떨림이 계속된다. 땅 파는 다리(앞다리)가 마비되어 내가 내민 지푸라기도 잡지 못한다.[6] 다른 다리는 뻗었다 움츠렸다 하며 발짝거린다. 굵은 술 장식 같은 수염(입술수염) 4개가 다발로 뭉쳤다 다시 흩어진다. 더듬이는 느릿느릿 흔들리고, 배가 크게 물결친다. 이런 단말마의 몸부림이 서서히 가라앉는다. 두 시간이 지나자 끝까지 떨렸던 발목마디마저 멎는다. 비천한 이 벌레도 타란튤라나 사마귀처럼 죽었다. 하지만 임종은 녀석들보다 길었다.

가슴받이 밑은 신경중추와 가까워서 거기를 찔리면 어떤 특별한 효과가 있는지 알아볼 일이 남았다. 환자와 수술자를 다른 녀석으로 바꿔 가면서 실험을 반복했다. 가끔은 가슴받이의 틈 사이를 찔리는 수도 있으나 배 쪽이 아닌 곳이 더 많이 찔렸다. 배는 어디를 찔려도 독작용이 바로 나타나 죽음의 고통이 따른다. 다만 다른 점 하나는 땅 파는 다리가 즉시 마비되지 않고 잠시 움직이는 것뿐이다. 전갈에게 어디든 한 곳을 찔리면 땅강아지는 틀림없이 죽는다. 이 억센 벌레가 경련을 몇 번 일으킨 다음 숨이 끊어진다.

이번에는 이 일대에서 가장 크고, 힘도 가장 센 메뚜기인 풀무치(*Locusta migratoria*)◔ 차례였다. 전갈은 뒷발로 마구 차 대는 난폭한 녀석 근처에서 몹시 불안한 눈치였다. 풀무치는 밖으로 도망칠 생각밖에 없는데, 아무리 뛰어올라도 투기장의 유리뚜껑에 부딪친다. 가끔은 전갈의 등으로 떨어지고, 전갈은 피하려고 도망친다. 나중에 참다못한 전갈이 도망치면서 배

6 땅강아지의 앞다리는 전투용 무기도 아니며, 물체를 잡을 수 있는 구조도 아니다. 따라서 대결 자체가 비합리적이며, 잡지 못한다는 말도 해당이 안 된다.

에 독침 한 방을 먹인다.[7]

보기 드문 폭력은 분명히 충격적이다. 얻어맞자 뒷다리 허벅지 하나가 떨어졌다.[8] 자연 상태의 메뚜기에서도 흔히 볼 수 있는 관절의 탈락 현상이다. 다른 쪽은 마비되었다. 어쩌다 쭉 뻗었어도 한쪽만 튀어나와서 땅을 딛고 일어서는 데 도움이 안 되어 뛰기도 끝장이다. 앞쪽 네 다리도 무질서하게 움직여서 전진하지 못한다. 옆으로 뉘어 놓으면 적어도 굵은 뒷다리는 쭉 뻗지만 자세는 정상이 된다.

쓰러진 풀무치가 15분쯤 지나면 다시는 못 일어난다. 질질 끌던 다리의 발목마디와 더듬이가 떨리며 임종 때 나타나는 경련이 오랫동안 계속된다. 상태가 점점 나빠지면서 다음 날까지 버티는 수도 있으나 한 시간도 안 되어 전혀 못 움직이기도 했다.

역시 억세며 머리가 각설탕 원뿔 같은 유럽방아깨비(Truxale: *Truxalis nasuta*→ *Acrida ungarica mediterranea*)도 똑같은 최후를 맞는데, 임종의 고통은 여러 시간 계속되었다. 긴 칼을 찬 여치(Locustiens) 중에는 마비가 느려 죽은 것도 산 것도 아닌 상태가 1주일 동안 계속된 경우도 보았다. 다음 재료는 포도밭의 유럽민충이(*Ephippigera ephippiger*)였다.

뚱뚱한 민충이가 배를 찔렸다. 상처를 입자 녀석은 심벌즈처럼 높은 소리로 비명을 지르고, 옆으로 넘어져서 마치 죽음이 임박한 것 같았다. 하지만 상처를 입고도 잘 견뎌 냈다. 이틀이 지나자 걷지는 못해도 불편한 다리를 움직였다. 약을 좀 먹여 도와주고 싶은 생각이 들었다. 강심제인 포도즙을 지푸라기

7 풀무치도 공격 무기가 없는데 싸움을 시킨 것은 난센스이다.

8 허벅지 다음 마디도 같은 다리이므로 표현이 과장되었다.

에 발라서 주었더니 기꺼이 받아먹는다.

물약이 효과가 있었던지 건강이 회복되는 것 같았다. 하지만 맙소사! 그게 아니었다. 환자가 된 지 7일 만에 죽었다. 전갈에게 일단 찔리면 아무리 옹골찬 벌레라도 회복이 안 된다. 모두 바로 죽거나 며칠 동안 고생하다 죽는다. 민충이는 일주일을 버텼다. 이렇게 오랫동안 버틴 저항력은 벌레의 체질에 있는 것일 뿐, 내가 처방한 포도즙의 공으로 돌릴 수는 없다.

상처가 심하거나 가벼운 것은 독액을 주사한 양에도 크게 좌우됨을 고려해야 한다. 내 능력으로는 주사의 양을 결정할 수 없고, 전갈은 매번 제 나름대로 아주 인색하거나, 아니면 아낌없이 독액을 방출한다. 그래서 민충이 실험이 보여 준 자료에도 차이가 크다. 실험 기록을 보면 몇 시간 안에 죽은 예도 있으나 오랫동안 고통받다 죽은 예가 훨씬 많았다.

일반적으로 여치가 메뚜기보다 저항력이 강했으며 민충이가 그 증거였다. 다음은 프랑스에서 사브르〔Sabre, 날이 구부러진 군도(軍刀)〕를 찬 녀석 중 우두머리인 대머리여치(*Decticus albifrons*)도 증인이 되었다. 강력한 턱과 상앗빛 흰 머리의 이 곤충이 배 가운데의 등 쪽을 찔렀다. 상처 입은 녀석이 별로 탈이 없는 것처럼 뛰며 돌아다녔다. 그러나 30분쯤 지나자 징조가 나

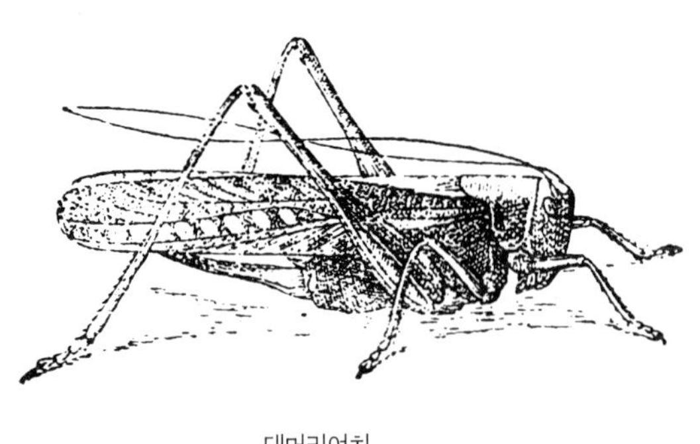

대머리여치

타난다. 경련을 일으키던 배가 갈고리처럼 강하게 구부러지고, 열린 항문을 거친 땅바닥에 질질 끌고 다닌다. 조금 전까지도 멀쩡하던 녀석이 앉은뱅이가 되어 버렸다. 6시간 뒤에 옆으로 넘어져서 무턱대고 다리를 저어 댈 뿐 못 일어난다. 이런 발작도 차차 조용해진다. 다음 날은 죽었다. 움직이는 부분이 전혀 없이 완전히 죽었다.

해질 무렵, 노랑과 검정 얼룩무늬 복장의 대형 잠자리(Libellule: Odonata)가 마른 나뭇가지 울타리를 소리 없이 빠르게 날며 오르내린다. 녀석은 평화로운 해안의 돛단배에서 공물을 약탈하는 해적[9]이다. 그 왕성한 생활력, 혈기 넘치는 활동력은 풀밭에서 조용히 풀을 뜯는 메뚜기보다 섬세한 신경 지배의 소유자임을 말해 준다.[10] 그런데 전갈에게 찔리면 사마귀처럼 빨리 죽는다.

또 하나의 정력 낭비자로서 한여름에 아침부터 저녁까지 심벌즈 소리에 리듬을 붙이려고 배를 아래위로 쉴 새 없이 흔들며 울어 대는 저 매미(Cigale: Cicadidae)도 아주 빨리 죽는다. 하등동물은 저항력이 강한 반면 뛰어난 녀석은 빨리 죽어, 그 재주에 대가를 치러야 한다.

각질 방탄복을 입은 딱정벌레(Coléoptères: Coleoptera)는 건드리지 못한다. 서툰 검술로 아무 데나 찌르는 전갈에게는 가슴을 덮은 갑옷의 이음매가 보이지 않을 것이다. 단단한 갑옷에 구멍을 내려면 오랫동안 한눈팔지 말고 매달려야 하는데, 방어하는 상대방 역시 난폭해서 도저히 안 되겠다. 더욱이, 갑자

9 잠자리가 해적이라니 그 의미를 잘 알 수 없다. 어쩌면 일정한 구역을 떠다니는 작은 곤충을 지나치게 비유하여 해안의 돛단배로 표현했고, 작은 곤충을 잡아먹어 해적이라고 한 것 같다.

10 잠자리는 하루살이 다음으로 가장 하등한 곤충인데, 메뚜기보다 섬세한 신경 소유자, 즉 더 고등 곤충으로 안 것은 큰 잘못이다.

깨다시하늘소 별로 크지는 않으나 넓적하고 땅딸막한 몸집에 매우 긴 더듬이가 있어 제법 위용을 갖춘 하늘소처럼 보인다. 4월부터 8월까지 보이나 주로 5, 6월에 활동하며, 애벌레는 각종 활엽수에 기생한다. 시흥, 7. VI. '92

기 공격하려는 녀석이 구멍 뚫기 전술을 알 리도 없다.

갑자기 칼질할 수 있는 곳은 오직 배의 등 쪽뿐이다. 만만한 자리를 덮은 딱지날개를 핀셋으로 뜯어 노출시키거나, 가위로 두 장을 모두 잘라 냈다. 이렇게 잘려도 별 탈 없이 오래 살며, 이 상태로 전갈과 대면시켰다. 대형에서 선정된 녀석은 장수풍뎅이(*Oryctes*), 하늘소(Capricorne: Cerambycidae), 왕소똥구리(*Scarabaeus*), 딱정벌레(*Carabus*), 꽃무지(*Cetonia*), 수염풍뎅이(Hanneton: *Melolontha*), 금풍뎅이(*Geotrupes*) 따위였다.

모두가 단검에 찔린 상처로 죽었다. 그런데 죽음의 단말마 시간에는 차이가 컸다. 몇몇 예를 들어 보자. 진왕소똥구리(*S. sacer*)는 경련으로 뒤틀린 다리를 버텨서 몸을 세웠으나 두꺼운 등이 방해가 된다. 다리가 무질서하게 움직여서 제자리걸음만 하다가 한 번 쓰러지면 못 일어난다. 내내 당황해서 허우적거리다 몇 시간 만에 죽는다.

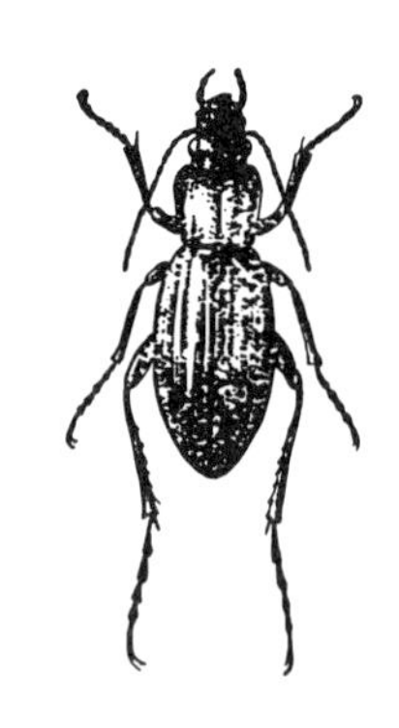

금록색딱정벌레

떡갈나무(Chêne: *Quercus*)의 손님인 유럽장군하늘소(*Cerambyx heros*)와, 산사나무(Aubépine: *Crataegus*)나 라우로세라스(Lauriercerise: *Prunus laurocerasus*)에 사는 유럽병장하늘소(*C. cerdo*)가 전갈에게 찔리면 처음에는 몸을 뻣뻣하게 펴며 발작을 일으키는데, 오랫동안 계속되는 녀석도, 다음 날 죽는 녀석도 있지만 대개는 3~4시간을 버티다 죽는다.

꽃무지, 왼조왕풍뎅이(*Melolontha vulgaris*→ *melolontha*), 멋진 뿔(더듬이)로 장식한 흰무늬수염풍뎅이(*M.*→ *Polyphylla fullo*= 소나무수염풍뎅이)도 모두 같은 운명이었다.

금록색딱정벌레(Carabe doré: *C. auratus*)가 찔린 다음 발버둥 치는 모습은 보기조차 괴로웠다. 죽마처럼 높이 뻗친 다리 위에서 몸을 안정시키지 못해 거꾸로 넘어졌다가 다시 일어나고, 또 넘어지길 여러 차례 반복한다. 입에서는 검은 액체를 여러 번 토해 내서 금빛 딱지날개를 보이지 않을 만큼 더럽히며 가련한 몸을 드러낸다. 다음 날까지 발목마디를 떨었지만 머지않아 죽을 것이다. 갈색딱정벌레(Noir Procruste: *Procrustes coriaceus*)가 애처롭게 고통을 당했던 이야기는 나중에 다시 하겠다.

녀석들과 달리 점잖게 죽는 극기주의자는 없을까? 있다면 보고 싶다. 이 지방에서 똥코뿔소(Rhinocéros)라고 불리며, 힘차게 밀치는 것은 딱정벌레 중 으뜸인 유럽장수풍뎅이(*O. nasicornis*)를 찌르게 해보자. 애벌레는 늙은 올리브나무(Olivier: *Olea europaea*) 그루터기에서 살며, 성충은 코에 뿔이 달려[11] 험악해 보이지만 겉보기와는 달리 아주 얌전하다. 전갈이 찔러도 처음에는 별로 효능이 없는 것처럼 평형도 잘 유지하며 천천히 걸어 다닌다.

그러나 무서운 독이 퍼지기 시작하면 다리가 후들거리며 보통 때 같지 않다. 비틀거리다

11 정확히 말해서 코가 아니라 정수리 근처의 뿔이다.

가 벌렁 넘어져 다시는 못 일어난다. 이 자세로 3~4일 동안 있다가 아무 고통도 보이지 않고 조용히 숨을 거둔다.

산호랑나비
실물의 2/3

애호랑나비 녀석은 제비나비나 호랑나비처럼 크게 자라지는 못했어도 날개에 화려한 무늬를 갖춰 채집가의 호기심을 유발시킨다. 하지만 연중 4월 후반부에 한번 발생하기 때문에 부지런해야만 만나볼 수 있다.
임실, 4. V. '92

나비는 어떨까? 가냘픈 이 녀석이야말로 찔린 상처를 참지 못하겠지만 관찰자의 양심상 한 번 시험해 보자. 산호랑나비(Machaon: *Papilio machaon*)도, 날개멋쟁이나비(Vulcain: *Vanessa atalanta*)도 찔리자마자 곧 쓰러졌다. 생각대로였다. 등대풀꼬리박각시(Sphinx de l'euphorbe: *Hyles euphobiae*)와 흰줄박각시(S. rayé: *Sphinx*→ *Hyles lineata*)도 마찬가지였다. 모두 잠자리, 타란튤라, 사마귀처럼 즉사했다.

그러나 공작산누에나방(*Saturnia pyri*)이 나를 깜짝 놀라게 했다. 녀석은 불사신 같았다. 우선, 공격이 힘들었다. 칼은 찌를 때마다 털 뭉치 안으로 빠져들어 길을 잃는다. 여러 번 찔렀지만 정말 관통했는지 확실치가 않다. 그래서 배의 털을 깎아 피부가 모두 드러나게 하여 칼이 찌르는 것을 똑똑히 보았다. 전에는 찔렸는지 모른 경우도 있었으나 지금은 분명히 찔렸다. 그런데 커다란 녀석이 전혀 고통을 느끼지 않는 것처럼 변함이 없다.

나방을 탁자에 올려놓고 철망을 씌웠더니 망에 기어 올라가 하루 종일 꼼짝 않는다. 넓게 펼치는 날개를 조금도 떨지 않는다. 다음 날도 달라진 게 없이 앞다리 발톱으로 철망의 눈에 매달려 있다. 철망에서 떼어 내 모로 눕히자 뚱뚱한 몸이 세차게 떨렸다. 이제 마지막일까?

천만에, 전혀 아니다. 다 죽어 가는 듯이 보였던 나방이 되살아나, 날개에 힘을 주어 홰를 치면서 일어난다. 그러고는 다시 철망으로 기어올라 꽉 붙잡고 있다. 낮에 철망에서 다시 떼어 내 탁자에 눕혔다. 날개가 떨리는 듯 아주 미미하게 움직인다. 그러면서도 누운 채로 미끄러지듯 조금씩 전진하여 다시 철망으로 올라가서 움직이지 않는다.

불쌍한 나방을 조용히 놔두자. 진짜 죽으면 밑으로 떨어지겠지. 찔린 지 나흘 만에 떨어졌고 숨은 끊어졌다. 녀석은 암컷이었다. 죽음의 단말마보다 강한 모성애가 죽음을 뒤로 미루었다가 죽기 직전에 알을 낳았다.

이렇게 오랫동안 견디는 원동력은 대형 곤충의 강한 체질 덕분으로 생각하기 쉽다. 하지만 양잠실에서 태어나 뽕잎을 먹고 자라는 나약한 누에의 경우는 원인을 다른 데서 찾아보라고 경고한다. 누에나방(*Bombyx mori*)◔은 몸집도 작고 암컷 주변에서 겨우 날개를 붕붕거리며 날 힘밖에 없는 미미한 녀석이다. 그래도 전갈의 독에는 공작산누에나방에 못지않은 저항력이 있었다. 이렇게 저항하는 능력의 원인은 대략 다음과 같은 것에 있을 것 같다.

공작산누에나방과 누에나방은 산호랑나비나 날개멋쟁이나비, 특히 해가 진 다음 꽃의 뿌리를 쑤셔 대는 박각시와는 달리 아주 불완전한 곤충들이다. 녀석들은 입이 없어서 먹지도 못한다. 먹지 않으니 풍부한 산란에 필요한 며칠만 산다. 일생이 그렇게 짧다면 기관들이 매우 정교하지 않아도 충분히 살 것 같다. 그래서 연약하지도 않다.

체절동물(Animaux segmentés→ 절지동물) 중 몇 단계를 내려가서 좀 조잡한 동물인 지네에게 물어보자. 전갈은 녀석을 잘 안다. 노천 부락(뜰)에서는 장님지네(*Cryptops*)와 돌지네(*Lithobius*)의 사냥을 항상 보여 주었다. 녀석들은 전갈에 대한 방어 수단이 없다. 하지만 오늘은 지네 중 가장 힘센 물기왕지네(*Scolopendra morsitans*)와 대면시키기로 했다.

다리가 22쌍인 이 용(왕지네)과 전갈은 초면이 아니다. 둘이 같은 돌 밑에서 함께 있는 경우도 보았다. 전갈은 제집이었으나 왕지네는 밤새 여기저기 돌아다니다가 거기를 임시 숙소로 정한 것이다. 같은 돌 밑에서 뜻밖에 만났어도 서로 난처한 상황에 빠지지는 않았다. 그렇지만 항상 그럴까? 어디 조사해 보자.

지네류 지네류 중 왕지네는 독이 있어 물리면 위험하며, 한약재로 쓰이기도 한다. 하지만 같은 지네강에 속하며 우리 집안에서 미소한 벌레를 잡아먹고 사는 그리마는 위험하지 않다. 태안, 7. VI. 08, 강태화

넓은 병에 모래를 깔고 두 괴물을 대면시켰다. 지네는

물기왕지네
실물의 2/3

투기장의 벽을 따라 빙빙 돈다. 마치 구불구불 이어진 리본 같다. 너비는 손가락 폭, 길이는 약 12cm, 각 마디에 푸른색 띠무늬가 있는 호박색(적갈색)이다. 긴 더듬이를 흔들며 공중을 더듬는다. 손끝처럼 예민한 더듬이 끝이 꼼짝 않는 전갈을 스친다. 갑자기 당황해서 발길을 돌린다. 한 바퀴를 돌면 전갈을 다시 만난다. 다시 더듬이가 스치고 다시 도망친다.

그러나 지금은 전갈도 싸울 준비가 되어 있다. 꼬리를 활처럼 당기고 가위를 벌렸다. 둥근 트랙에서 위험한 지점으로 다시 돌아온 지네는 머리 근처를 집게에 잡혔다. 나긋나긋한 등이 자유롭게 구부러져 뒤틀리며 휘감아 보지만 속수무책이다. 전갈은 태연하게 집게를 더욱 조인다. 갑자기 뛰어올라도 올가미가 더욱 조일 뿐 꽉 잡은 집게는 풀리지 않는다.

그러는 동안 칼이 작동한다. 세 번, 네 번 지네의 배를 찌른다. 지네도 독을 뿜은 이빨을 활짝 열고 어떻게든 상대를 깨물어 보려고 애쓴다. 하지만 몸의 앞쪽이 강력한 집게에 잡혔으니 제대로 되지 않는다. 뒤쪽 마디만 발버둥 치고, 뒤틀리고, 졸라맸다가 풀린다. 무슨 짓을 해도 소용이 없다. 멀리서 긴 집게에 억압당한 지네의 독니는 아무런 쓸모가 없다. 나는 지금까지 곤충의 전쟁을 수없이 보아 왔으나 지금처럼 괴상망측한 두 괴물 사이의 무서운 육박전은 본 일이 없다. 온몸에 소름이 쫙 끼친다.

싸움이 소강상태에 들어가자 두 투사를 떼어 놓았다. 지네는 피가 나는 상처를 핥는다. 몇 시간 지나자 원기를 회복한다. 전갈 쪽은 피해가 전혀 없다. 다음날, 다시 육박전이 계속된다. 지네는 세 번이나 연속 칼을 맞아 피투성이가 되었다. 이제는 전갈도 복수를 당할까 봐

두려운가 보다. 이긴 것이 무서워서 도망치는 눈치였다. 상처 입은 녀석도 반격 없이 원형 투기장에서 계속 도망친다. 오늘은 이것으로 충분하다. 두꺼운 종이 원통을 둘러 어둡게 해주면 두 녀석이 조용해지겠지.

그다음, 특히 밤에 무슨 일이 있었는지 모른다. 어쩌면 다시 전투가 있었고 몇 번 더 칼에 찔렸을 것이다. 사흘째는 지네가 몹시 쇠약해졌고, 나흘째는 거의 죽을 정도가 되었다. 전갈은 녀석을 바라만 볼 뿐 감히 입을 댈 용기는 없는 것 같다. 마침내 못 움직이자 그 거대한 먹이에 입을 댔다. 머리와 다음의 두 마디를 먹었다. 먹이가 너무 컸다. 전갈은 신선한 고기밖에 먹지 않으니 나머지는 곧 상해서 버려질 것이다.

지네는 7번, 어쩌면 더 많이 찔리고, 결국은 나흘 만에 죽었다. 억센 타란튤라는 단 한 번 찔리고 그 자리에서 죽었다. 황라사마

귀, 풍뎅이, 땅강아지, 그 밖의 곤충들, 즉 채집가가 몸에 말뚝을 박아 표본상자의 코르크판에 꽂아 놓아도 몇 주일을 허우적대는, 이런 불굴의 저항력을 가진 녀석들도 전갈의 칼 한 방이면 모두 그 자리에서 고장을 일으켰다. 가장 활력 있다는 녀석도 며칠 안에 죽었다. 그런데 지네는 7번이나 찔리고도 나흘을 견뎌 냈다. 물론 독작용도 있었겠지만 출혈이 심해서 죽었는지도 모른다.

그러면 왜 이런 차이가 있을까? 아마도 체질 문제일 것 같다. 생명은 그 계층에 따라 안정의 평형에 차이가 있다. 계층의 상위에 있는 녀석은 쉽게 몰락하고, 하위의 녀석은 확고하게 자리를 지킨다. 섬세한 체질의 곤충은 지네처럼 하등한 계층이 저항하는 자리에서도 쓰러진다. 땅강아지가 우리를 망설이게 한다. 촌스러운 이 녀석이 세련된 나비나 사마귀처럼 바로 죽었다. 하지만 아직은 아니다. 아직은 우리가 전갈이 꼬리의 조롱박에 숨겨 둔 비밀을 전부 아는 게 아니다.[12]

12 파브르는 지금 굉장한 착각에 빠졌다. 우선 생물의 계층에 따라, 즉 진화한 정도에 따라 안정의 평형에 차이가 있다고 한 점을 인정해도 되는지부터가 문제이다. 설사 이 점을 인정하더라도 커다란 착각은 또 있다. 지네가 곤충보다 등급이 낮다는 근거는 어디에 있으며, 전갈과 독거미가 저들보다 고등하다는 근거는 또 어디에 있는지, 또 귀뚜라미나 사마귀의 사촌 격인 땅강아지가 어째서 사마귀보다 하위 계층이라는 것인지 알 수 없다. 이들 사이의 지질학적, 진화학적 자료는 21세기인 현재로서도 아주 매우 부족한 실정인데, 그 시대에 어떻게 이런 판정을 했을까? 아무튼 엄청난 비약이다. 만일 분류학적 위치를 진화 단계로 보았다면 실험한 곤충 중에서 잠자리가 가장 하등한 종류였는데, 이 곤충을 상위로 판정한 것에는 무엇인가 큰 착각이 있었던 것 같다.

20 랑그독전갈 – 애벌레의 면역성

그동안 전갈(Scorpion)의 비밀을 너무 얕잡아 봤다가 뜻밖의 사실이 튀어나와 문제가 복잡해졌다. 생명에 대한 연구에는 이런 놀라움도 가치가 있다. 반복실험의 결과가 일치해서 하나의 법칙을 만들어도 좋겠다고 생각했는데, 뜻밖의 중대한 예외가 눈앞에 나타나 이전과 상반되는 새로운 길로 내던져, 지식의 최종 단계인 의문으로 이끌려 갔다. 매우 힘들고 느렸으나 밭을 가는 황소처럼 꾹 참았다가 마침내 새 밭을 개간했다고 믿었던 순간, 문제 하나가 또 다른 문제를 몰고 와서 마지막 답안은 수확을 포기하고 의문부호를 심어야만 했다.

문제의 계기는 점박이꽃무지(*Cetonia*) 굼벵이가 제공했다. 시기는 성충이 거의 자취를 감춘 11월 말의 늦가을, 이 계절에는 어느 재료든 모두가 부족하다. 그렇지만 실험을 쉬지 않으려고 울타리 한 귀퉁이에 쌓인 낙엽 밑에서 부식토를 쑤시고 다니는 꽃무지 애벌레에게 도움을 청할 생각이 났다. 내 허기증이 그 퇴비 더미를 뒤지게 한 것이다. 동물에게 질문하려는 박물학자는 어쩔 수 없이

점박이꽃무지 굼벵이
이 녀석들도 본문의 굼벵이처럼 누워서 기어가며, 전갈에게 물리는 실험을 해본다면 똑같은 결과를 보여 줄 것이다.
시흥, 15. V. 06

녀석을 고문해야 한다. 말을 못하는 녀석이니 그럴 수밖에 없다. 어느 생리학 실험실이든 개구리(Grenouille: Ranidae), 기니피그(Cobaye: Guinea-pig), 개(Chien: *Canis lupus familiaris*) 따위의 실험동물이 있다. 하지만 빈약한 내 실험실에는 이 굼벵이만으로도 족하다. 고통을 통해서 우리에게 지식을 얻게 해주는 고등동물 뒤에다 비천한 내 굼벵이를 추가하고 싶다.

계절이 흘러 날씨가 차가워졌어도 전갈의 활동력은 조금도 약해지지 않았다. 한편 통통하게 살찐 굼벵이는 훈훈하게 썩는 부엽토 속에서 완전히 부드러운 몸을 유지하고 있었다. 양쪽 모두 혈기가 아주 왕성해서 녀석들끼리 마주치게 했던 것이다.

그냥 놔두면 싸우지 않는다. 굼벵이는 벌렁 누워서 울타리를 따라 계속 돌며 도망만 친다. 전갈은 그 꼴을 가만히 지켜보기만 한다. 굼벵이가 다가오면 옆으로 비껴서 길을 내준다. 요 녀석은 내 사냥감이 못 될 것 같아, 게다가 겁쟁이잖아. 전갈에게는 즐기기 위해 남을 죽이는 기벽 따위는 없다. 내가 참견하지 않으면 이렇게 평화적 만남만 계속될 것 같다.

지푸라기로 두 녀석을 끈질기게 들볶기도, 서로 마주 대기도, 덤벼들도록 부추기기도 했다. 계략에 넘어간 굼벵이 쪽이 더 공격적인 것 같다. 불쌍한 겁쟁이(전갈)는 전쟁 따위는 꿈도 꾸지 않았고, 위험이 닥치면 몸을 감싸고 꼼짝 안 했었다. 그런데 법석을 떠는 게 내 지푸라기의 장난인 줄 모르는 전갈은 죄 없는 굼벵이의 짓으로 안다. 칼을 빼 들어 찌른다. 일격이 확실히 타격을 주어 상처에서 피가 흐른다.

앞에서 꽃무지(성충)가 보여 준 증거에 따라 죽기 직전의 단말마의 경련이 일어날 것을 기대했었다. 그런데 이게 웬일일까? 놔준 굼벵이는 몸을 쭉 펴고 전진한다. 상처 따위는 벌써 잊어버리고, 여느 때처럼 느리지도 빠르지도 않게 태연히 등으로 걷는다. 부식토에 올려놓았더니 별일 없는 듯, 그 속으로 총총히 자맥질해 버렸다. 2시간 뒤 다시 조사해 보니 실험 전처럼 원기가 왕성했다. 이튿날도 건강했다. 성충은 즉사했는데 이 녀석은 독 기운이 어디로 갔을까? 피가 흘렀으니 상처가 깊었을 텐데, 녀석에게는 효과가 없다. 혹시 전갈이 독을 주입하지 않아 멀쩡할지도 모르니 실험을 다시 해보자.

다른 전갈로 하여금 그 굼벵이를 다시 한 번 찌르게 했다. 결과는 역시 같았다. 상처 입은 녀석이 태연히 부식토로 들어가 조용히 먹는다. 독침을 맞은 기색이 전혀 없다.

면역이 이렇게 예외일 수도, 특권을 가진 굼벵이가 존재할 수도 없다. 같은 종의 다른 굼벵이도 같은 저항력을 가졌을 게 틀림없으니, 새로 굼벵이 12마리를 캐내 전갈에게 찌르게 했다. 그 중 몇 마리는 두세 번 더 찔렸다. 모두가 침이 들어갈 때는 몸을 비틀었다.

피가 나오는 상처에 입이 닿으면 핥았다. 얼마 후, 모두가 충격에서 회복하여 다리를 공중으로 들고 걸어서 퇴비 속으로 들어간다. 이튿날도, 다음 날도 확인했으나 독성을 감지한 녀석이 없다.

모두 원기 왕성해서 계속 길러 보고 싶어졌다. 수시로 썩은 잎 식량을 섞어 준 부식토의 사육이 성공했다. 이듬해 6월, 잔악하게 칼에 찔린 12마리가 고치를 만들고 그 안에서 탈바꿈했다. 전갈이 찌른 상처는 아마도 침이 구멍을 뚫는 순간 좀 가려운 정도였을 것 같다.

이렇게 희한한 결과는 렌츠(Lenz) 씨의 고슴도치(Hérisson: *Erinaceus*) 이야기[1]를 생각나게 했다. 그의 말은 이렇다.

나는 새끼를 기르는 어미 고슴도치를 사육하고 있었다. 사육장 안으로 커다란 살무사(Vipère: Viperidae) 한 마리를 던졌더니 어미가 곧 냄새를 맡기 시작했다. 그녀는 시각보다 후각의 안내를 받는다. 전혀 두려움 없이 살무사에게 다가가 꼬리 끝에서 머리 끝까지, 특히 주둥이 냄새를 맡았다. 독사는 입김을 내뿜으며 어미의 주둥이와 입술을 여러 번 깨물었다. 고슴도치는 그런 미지근한 공격을 비웃듯이 상처를 핥았다. 계속 물리다가 이번에는 혀를 물렸다. 드디어 그녀가 달려들어 독사의 머리를 물고, 독니와 독샘을 몽땅 깨물어 먹었다. 몸통도 절반쯤 뜯어먹고는 새끼 옆에 누워서 젖을 먹였다. 저녁때 나머지와 또 한 마리의 독사도 먹었다. 하지만 어미와 새끼의 건강에는 이상이 없었고 상처가 곪지도 않았다.

이틀 뒤, 새 살무사와 또 격투가 벌어졌다. 고슴도치가 독사에게 접근해서 냄새를 맡는다. 독사는

1 에티엔 루프쯔(Etienne Rufz)의 1859년 저서 『Enquête sur le serpent de la Martinique』 290쪽에 렌츠의 실험 보고서가 프랑스 어로 상세히 번역되어 실려 있다.

입을 벌리고 독니로 그녀의 윗입술을 잠시 물고 늘어졌다. 고슴도치가 목을 흔들자 떨어졌다. 코끝을 10번, 바늘 틈의 몸집을 20군데나 물렸다. 뱀의 머리를 물자 몸을 뒤틀었지만 천천히 먹어 버렸다. 이번에도 어미, 새끼 모두가 병에 걸리지 않았다.

폰투스(Pont = Pontus)의 왕 미트리다테스(Mithridate)[2]는 적이 선물한 음식에 중독되지 않으려고 평소에 다양한 독약으로 체력을 단련시켰다고 한다. 위장이 독약에 조금씩 저항하도록 익혀 둔 것이다. 독사를 먹는 자격으로 새로 미트리다테스라는 이름을 받은 고슴도치는 뱀의 독에 점차 익숙해져 면역이 되었을까? 고슴도치의 경우는 타고난 체질이 아닐까? 고슴도치가 뱀의 머리를 처음 깨물어 먹었을 때, 이미 몸을 지키기에 필요한 선천적 소질을 지니고 있지 않았을까?

고슴도치는 이미 그것을 가졌다고 굼벵이가 답변했다. 곤충 중 전갈 독에 익숙해지는 녀석이 있다고 가정해도, 그 종류가 부식토에 사는 굼벵이는 분명히 아니다. 이 두 종이 같은 장소에서 돌아다니지는 않으니 서로 만나는 경우를 생각할 수 없다. 따라서 굼벵이가 독에 익숙해질 수도 없다. 전갈과 대면한 굼벵이는 아마도 내가 처음 만나게 했을 것이다. 그렇게 전혀 면역될 기회가 없었음에도 불구하고 찔린 녀석은 상처(독)에 저항했다. 굼벵이는 독사를 먹는 동물처럼 태어날 때부터 독에 대해 불가사의한 저항력을 가진 것이다.

살무사의 박멸을 담당한 고슴도치가 몸에

2 미트리다테스 6세. 기원전 132~63년. 로마 시대 폰투스 주(고대 그리스 암흑기에 흑해 연안에서 시작된 이오니아의 도시국가, 현재 터키의 아나톨리아 지역)의 이름난 통치자. 기원전 88년에 로마 시민 8만 명을 학살했다.

지닌 특권으로 임무를 수행함은 당연한 일이다. 지중해안을 통틀어 가장 아름다운 새인 유럽벌잡이새(Guêpier: *Merops apiaster*)도 살아 있는 말벌(Guêpes→ Vespidae)을 아무 탈 없이 먹는다. 뻐꾸기(Coucou: *Cuculus*)도 가시털북숭이가 위장을 엉망으로 망가뜨릴 만한 행렬모충(Processionnaire: *Thaumetopoea*)을 먹고도 전혀 가려워하지 않는다. 자신이 하는 일의 직능이 그렇게 만든 것이다.

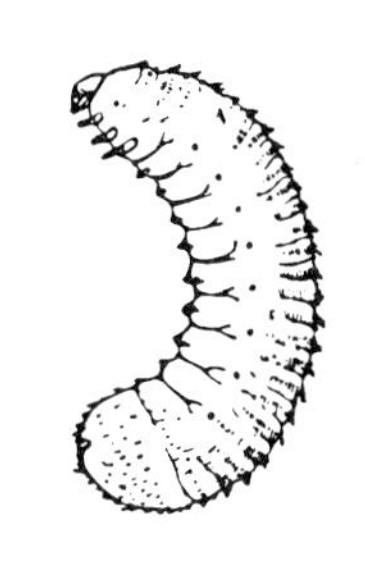
꽃무지 굼벵이

자, 그런데 굼벵이가 일생 동안 전혀 만나지 못할 전갈의 독에서 자신을 보호할 필요가 있을까? 보호의 특권을 믿기보다는 일반적인 소질로 보아야 할 것이다. 전갈 독에 대한 굼벵이의 저항력은 꽃무지 종이라서가 아니라 그냥 벌레라서, 즉 하등에서 고등동물로 넘어가는 준비 기간의 벌레라서 그런 것이다. 그렇다면 어느 굼벵이든 체력에 따라 차이는 있겠으나 비슷한 저항력을 가졌어야 할 것이다.

이 문제를 어떻게 실험할까? 체질이 약한 굼벵이는 제외시키는 게 좋겠다. 이런 녀석은 독작용이 아니라 찔린 상처가 심해서 죽을지도 모르니, 배에 구멍을 뚫어도 별 탈이 없는 건강한 굼벵이가 필요하다.

재료는 얼마든지 있다. 땅 밑에서 썩어 흐물흐물한 올리브나무 그루터기에 유럽장수풍뎅이(Orycte nasicorne: *Oryctes nasicornis*) 굼벵이가 아주 많다. 엄지손가락 굵기의 통통한 순대 같은 녀석들이다. 전갈이 찌르면 포동포동한 녀석이 병에 담긴 부식토 속으로 기어 들어간다. 전갈이 준 상처 따위는 아랑곳 않고 턱 운동을 잘

해서 8개월 뒤에는 터질 정도로 살이 찌고 탈바꿈에 필요한 고치를 짓는다. 이 굼벵이도 저 끔찍한 시련을 무사히 통과했다.

성충의 경우는 이미 이야기했다. 들어낸 딱지날개 밑의 복부 등쪽을 찔리면 아무리 큰 녀석이라도 즉석에서 벌렁 뒤집혔다. 원기왕성하던 녀석이 힘없는 다리로 허공을 저을 뿐, 3~4일째는 운동이 완전히 멎었다. 그러나 굼벵이는 식욕도, 원기도 전혀 변함이 없다.

이 실험도, 여러 반복실험도, 예상이 적중했다. 문 앞의 라우로세라스(Laurier-cerise: *Prunus*) 노목 두 그루를 하늘소가 망쳐 버렸다. 원래 산사나무(Aubépine: *Crataegus*)의 단골손님이던 꼬마, 유럽병장하늘소(*Cerambyx cerdo*)가 그랬다. 시안(cyan) 냄새가 녀석을 쫓기는커녕 끌어들였다. 코를 찌르는 산사나무 꽃을 성충이 오랫동안 출입해서 그 냄새를 잘 알고 있으며, 이 외지식물(arbre étranger)[3]이 녀석의 마음에 들어 가족의 거주지가 되었다. 그래서 멀쩡한 나무 부분을 살리려면 아무래도 도끼의 신세를 져야 했다.

가망이 없어 보이는 큰 가지는 모두 잘라 내 잘게 쪼개자 하늘소 애벌레가 10여 마리나 나왔다. 근처의 수풀을 뒤져서 성충도 입수해 양쪽 모두를 구했다. 자, 이제 푸른 초목을 아깝게 망쳐 버린 녀석에게 나쁜 짓의 대가를 치르게 해주자. 너희를 전갈의 손으로 처형하노라.

성충은 실제로 즉석에서 죽었으나 애벌레는 저항력이 있었다. 애벌레를 더 잘게 자른 나무와 함께 병에 넣고 관찰했다. 예전이나 다름없이 조용히 나무를 갉는다. 전갈에게

3 산사나무속에는 종이 무척 많고 그 중에는 유럽이 원산인 종도 있는데 어째서 외지식물이라고 했는지 모르겠다.

찔린 녀석은 식량이 부족하지 않는 한 지장 없이 애벌레 생활을 끝냈다.

떡갈나무에 기생하는 유럽장군하늘소(*C. heros*)도 마찬가지였다. 전갈에 찔린 성충은 바로 죽었으나 애벌레는 걱정이 없었다. 나무 속 복도로 옮기면 예전처럼 갉으며 발육했다.

원조왕풍뎅이(*Melolontha vulgaris*→ *melolontha*)의 결과도 같았다. 전갈에게 찔린 성충은 곧 죽는다. 반면에 애벌레는 잘 견뎌 내며, 땅속으로 내려갔다가 공급해 준 채소 고갱이를 갉아먹으러 다시 올라왔다. 윤기 나며 뚱뚱한 배가 건강한 녀석임을 알려 준다. 그래서 내가 꾸준히 사육할 생각이 있었다면 찔림에서 회복되어 성충으로 자랐을 것이다.

사슴벌레 수컷이 이빨(큰턱)을 크게 벌려 위용을 자랑해 보지만 전갈의 독 앞에서는 녀석의 새끼인 굼벵이와 비교도 안 될 만큼 허약했다.
오대산, 20. VII. '96

유럽사슴벌레(Cerf-volant: *Lucanus cervus*)의 친척인 가죽날개애사슴벌레(*Dorcus parallelipipedus*) 굼벵이가 위성류(Tamarix: *Tamarix*)의 고목 그루터기에서 같은 증언을 보탰다. 성충은 죽었으나 굼벵이는 저항력이 있었다. 이 정도의 사례면 충분하므로 반복실험은 의미가 없다.

꽃무지, 장수풍뎅이, 왕풍뎅이, 하늘소, 애사슴벌레의 애벌레는 채식주의를 맹세한 기름 덩이 뚱보들이다. 뚱보가 먹이의 성질에서 면역성을 얻었을까? 혹시 탐욕스럽게 먹어 댄 식객의 저장 지방이 전갈 독을 중화시켰을까? 그렇다면 아주 여윈 육식성 곤충에게 물어보자.

선택된 사냥꾼은 프랑스 딱정벌레 중 가장 억센 갈색딱정벌레(*Procrustes coriaceus*)였다. 칙칙한 색깔의 이 녀석은 담벼락 밑에서 달팽이의 배를 가른다. 대담하게 싸움을 일삼는 이 도둑의 딱지날개는 양쪽이 서로 땜질되어(붙어서) 가슴의 갑옷처럼 침범할 수가 없다. 이렇게 무장된 녀석의 뒤쪽을 조금 잘라 등 쪽 배를 전갈로 하여금 찌르게 했다.

녀석도 비참한 금록색딱정벌레(*Carabus auratus*)의 최후를 반복했다. 녀석보다 상위의 동물계에서 그렇게 강한 독에 찔린 상처로 투쟁이 벌어졌다면 그야말로 공포 자체였을 것이다. 시청에서 스트리크닌(Strychnine)을 바른 소시지를 먹은 개(Chien: *Canis*)도 이처럼 심한 고통으로 발버둥 친다. 찔린 벌레가 처음에는 미친 듯이 도망치다 갑자기 멈춰서 뻣뻣해진 다리로 몸을 높이 추켜세운다. 마치 재주넘기를 하듯, 머리를 낮춘 자세에서 큰턱으로 몸을 지탱하다 곤두박질친다. 한 번 흔들었다 넘어진다. 다시 일어난다. 마치 쇠줄로 조립해서 관절운동을 조절하는 것 같기도, 용수철이 내장된 자동인형이 어색하게 걷는 것 같기도 하다. 또 한 번 흔들렸다 쓰러

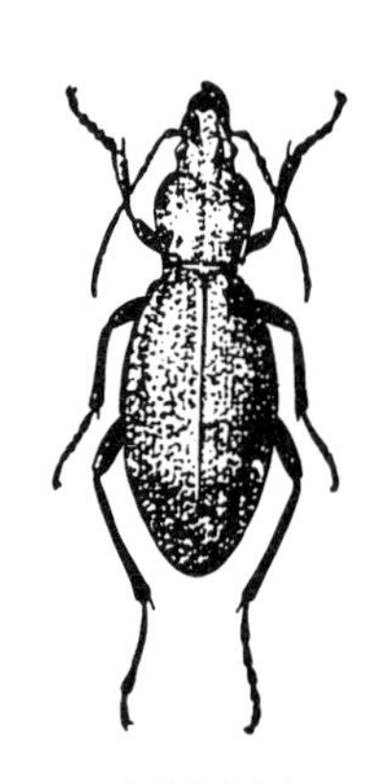

갈색딱정벌레
약간 축소

지고 다시 일어난다. 이 짓이 20분가량 계속된다. 마지막에 고장 난 기계처럼 뒤로 넘어진다. 다리는 움직여도 일어나지 못한다. 이튿날은 전혀 못 움직였다.

그러면 애벌레는? —에 또, 갈색딱정벌레 애벌레는 몸이 말라서 꽃무지나 풍뎅이, 기타 애벌레처럼 보호용 지방층이 없다. 그렇지만 전갈에게 찔린 녀석이 위험하지 않았다. 찔린 지 2주일 뒤, 땅속으로 파고 들어간 녀석이 탈바꿈할 은신처를 팠다. 거기서 얼마 후 늠름한 성충이 나왔다. 영양소도, 야윈 정도도, 면역과는 상관이 없었다.

딱정벌레 다음에 나방급이 차지하는 곤충 계열에서도 면역은 원인이 아님을 입증했다.[4] 우선 참나무굴벌레나방(Zeuzère: *Zeuzera aesculi*)을 보자. 애벌레는 각종 나무, 특히 작은 관목을 휩쓴다. 라일락(Lilas: *Syringa vulgaris*) 껍질의 갈라진 틈에 긴 산란관을 찔러 넣고 막 산란하려던 어미를 잡았다. 흰 날개를 검푸른 점무늬로 단장한 아름다운 자태의 이 나방을 전갈에게 주었다. 사건은 오래 걸리지 않았다. 찔리자마자 아름다운 나방이 곧 숨을 거두려 한다. 별로 허우적대거나 괴로움을 보이지 않고 평온하게 죽음을 맞았다.

그러면 송충이는?—상처를 입었어도 둥지 입구에

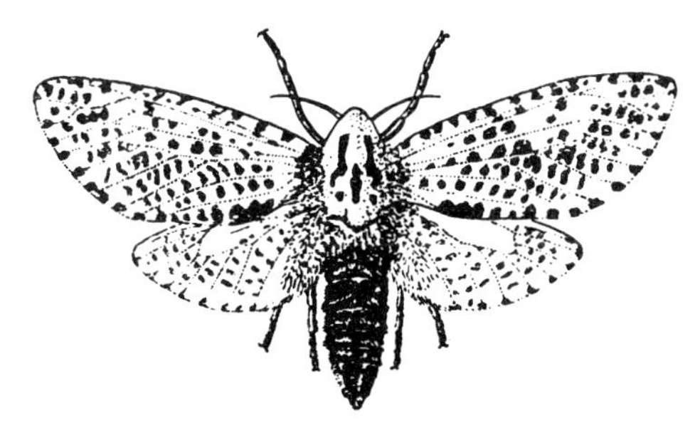

참나무굴벌레나방 암컷

4 앞 장 주석에서 언급했듯이 절지동물 사이에 등급을 어떻게 따졌는지 모르겠다.

서 나오는 배설물로 보아 여전히 예전처럼 활기참을 알 수 있었다. 여름에는 규칙대로 번데기를 거쳐 나방이 되었다.

실험에 적격인 누에(Ver à soie)는 근처의 농가에서 얼마든지 얻을 수 있다. 양잠 시기가 끝나는 5월 말, 25마리를 전갈이 찌르게 했다. 매끈한 누에 피부가 팽팽해서 찔릴 때마다 피가 많이 나온다. 호기심에 따른 야만적 행동에 탁자가 담갈색 피로 낭자했다.

녀석들을 선반의 뽕잎으로 옮겼더니 주춤거림도 없이 잘 먹어 댄다. 2주일 뒤 모두 완전하고 두툼한 고치를 짰으며, 낙오자 없이 나방이 나왔다. 누에나방(*Bombyx mori*)◔의 누에도 전갈의 독에 저항력이 있음을 증명했다. 나방(성충)은 이미 보았듯이 공작산누에나방처럼 천천히 쓰러진다. 어쨌든 쓰러지며 한 번 찔리면 언제나 끝장이었다.

등대풀꼬리박각시(Sphinx de l'euphorbe: *Hyles euphobiae*)의 답변도 같았다. 나방은 아주 빨리 죽지만 송충이는 저항력이 강했다. 배고플 때 먹고는 땅속으로 들어가, 모래를 비단으로 조잡하게 짠 고치 속에서 번데기를 거쳐 나방이 된다. 치명적인 타격을 입은 녀석은 상처가 많아서 그런지 피부에 구멍이 많았다. 많이 저항했나 본데, 출혈이 의심되고 가격당한 효과도 충분한 증거가 나오기 전에는 확실하게 판단하기 어려웠다. 전투를 너무 계속해서 정도가 좀 지나쳤는지도 모르겠다. 한 번만 찔렸다면 고치 속 녀석처럼 용감히 견뎌 냈을 텐데 양이

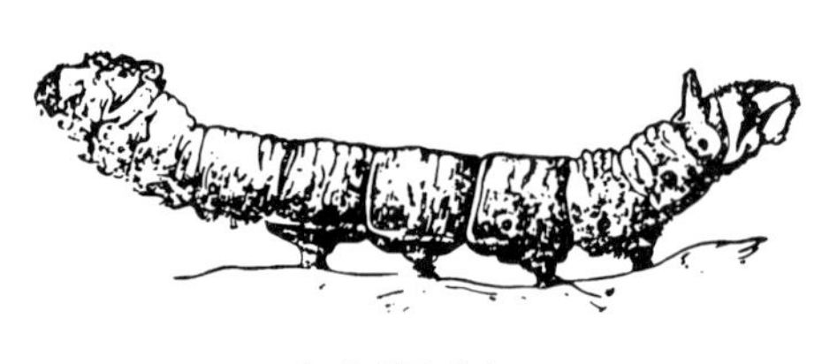

누에 약간 축소

박각시 종령 애벌레 박각시류의 애벌레는 녀석처럼 길고 튼튼한 꼬리돌기를 가져 위협적으로 보인다. 시흥, 5. X. '90

박각시 나방 대다수의 박각시는 야행성인데 이 종은 해가 질 무렵 꽃 근처 공중에서 정지 비행을 한 채 꿀을 빨아먹는 희한한 녀석이다. 보길도, 5. IV. '96

지나쳐서 죽은 것 같다.

건장한 공작산누에나방(*Saturnia pyri*) 애벌레는 터키옥(玉)으로 단장했다. 녀석은 아주 깨끗한 결과를 보여 주었다. 피가 날 정도로 상처를 입고도 잘 먹는 편도나무(Amandier: *Prunus amygdalus*→ *dulcis*) 줄기에 놓아주면 훌륭하게 자라서 정교한 고치를 짓는다.

벌(Hyménoptère: Hymenoptera)과 파리(Diptère: Diptera)도 나비나 딱정벌레처럼 탈바꿈 과정에서 몸 전체를 개조하는 녀석들이니 조사할 필요가 있다. 하지만 몸집이 너무 작아서 핀셋으로 잡아 독침에 갖다 대는 것조차 적당치 못하다. 게다가 그렇게 가냘픈 녀석들은 피부를 뚫기만 해도 죽을 것이

등대풀꼬리박각시 실물의 2/3

다. 그래서 거대한 녀석만 조사하기로 했다.

덩치 큰 직시류(Orthoptères: Orthoptera, 直翅類)로는 풀무치(*Locusta migratoria*)◔, 유럽방아깨비(*Acrida ungarica mediterranea*), 대머리여치(*Decticus albifrons*), 황라사마귀(*Mantis religiosa*), 땅강아지(*Gryllotalpa gryllotalpa*) 따위가 있다.[5] 녀석들 모두가 찔려서 쓰러졌던 이야기는 이미 했다. 문제는 교미 시기 직전으로 아직은 성충으로 볼 수 없는 단계인 녀석들에게 있다. 물론 엄밀한 의미에서의 애벌레가 아니라 혼기에 들기 전 과도기 상태의 녀석들 말이다.[6]

포도 수확기에 포도밭에 나타나는 풀무치는 아직 예쁜 그물무늬의 뒷날개도, 가죽처럼 질긴 두텁날개도 없다. 다만 미완성의 조잡하고 불완전한 날개밖에 없다.[7] 땅강아지는 나중에 한 벌의 넓은 날개를 접어서 뾰족한 꼬리처럼 만들어 배의 끝까지 늘린다. 그러나 처음에는 등마루에 달라붙은 판자처럼

5 여기서는 땅강아지와 사마귀를 같은 직시류로 취급하면서 앞 장에서는 왜 서로의 등급이 다른 종류로 취급했는지 이해할 수가 없다.

6 어쨌든 아직은 성충의 형태나 기능을 갖추지 못한 종령(終齡) 애벌레이다.

7 풀무치는 여름에 이미 성충으로 활동하기 때문에 포도 수확기인 가을에도 풀무치가 덜 자랐다는 이 말은 사실에 비춰 보았을 때 납득이 잘 되지 않는다.

풀무치 우리나라 메뚜기 중 가장 큰 종이며, 군서형이 대륙을 이동하며 식물을 황폐화시킨다(『파브르 곤충기』 제6권 참조). 시흥, 21. X. '92

볼품없는 날개였다.

방아깨비, 여치 등의 직시류는 모두 어렸을 때의 모습이 시원찮다. 장래에 위대한 비행 조종사가 될 녀석들의 비행 도구가 될 날개싹이 어릴 때는 빈약한 상자 속에 숨겨졌다. 하지만 다른 부분은 다 자라서 화려하게 몸치장을 했을 때의 모습과 거의 비슷하다. 직시류는 자라며 나이를 먹지만 탈바꿈은 하지 않는다.[8]

그런데 날개의 발육이 이렇게 불완전한 애벌레도 풍뎅이나 하늘소 애벌레, 박각시나 나방의 송충이처럼 전갈의 독성에 저항할까? 만일 나이 어림이 면역의 조건이라면 여기서도 저항성이 발견될 것이다. 하지만 그렇지 않았다. 땅강아지는 날개가 있든 없든, 즉 나이가 들었든 안 들었든 모두 쓰러졌다. 사마귀, 여치, 방아깨비의 어린것도 모두 성충처럼 죽었다.

전갈의 독에 대한 저항력으로 곤충을 분류한다면 두 부류로 나눌 수 있다. 즉 체내의 모든 장기를 다시 조절해서 진짜 탈바꿈을 하는 종류와 부차적으로 개량만 하는 종류였다. 전자는 애벌레가 저항력이 있으나 성충은 죽는다. 후자는 애벌레나 성충 모두가 죽는다.[9]

이런 차이의 원인은 어디에 있을까? 처음에는 전갈에게 찔렸을 때 덜 예민하게 반응하는 종류일수록 저항력이 컸음을 실험으로 증명했었다. 타란튤라거미(Tarentule), 왕거미(Araneidae), 사마귀처럼 감수성이 예민한 동물은 벼락 맞은 듯이 즉사했고, 딱정벌레처럼 생활력이 강한 곤충은 스트리크닌에 중독된 것처럼 경련을 일으켰다. 활기차게 소똥 경단을 굴리는 진

8 나이를 먹을 때마다 허물벗기만 한다는 뜻이다.

9 전자는 완전변태, 후자는 불완전변태 곤충이다.

풀색꽃무지 우리나라 풍뎅이 중 숫자가 가장 많으며, 초봄부터 늦가을까지 볼 수 있는 종이다. 하지만 전 개체수의 2/3 정도는 5월 말부터 6월 초 사이에 각종 꽃에 모여 있다.
시흥, 25. V. '96

왕소똥구리(*Scarabaeus sacer*)는 마치 무도병(舞蹈病)에 걸린 것처럼 수족을 떨었다. 반면에, 우둔한 장수풍뎅이(*Oryctes*), 깊숙한 장미꽃에서 잠에 빠진 게으름뱅이 꽃무지(*Cetonia*)는 고통을 참으며 며칠 동안 수족을 느리게 움직이다 죽었다. 더 아래 계급에는 촌뜨기인 메뚜기와 여치가 있고, 이보다 하등한 동물은 투박한 체재를 가진 물기왕지네(*Scolopendra*)였다. 독작용의 신속성은 이처럼 독침에 찔린 신경의 감수성에 달렸음이 분명했다.

이번에는 완전탈바꿈을 하는 고등곤충을 생각해 보자. 탈바꿈이라는 용어는 형태의 변화를 말한다. 송충이가 나방으로 변하고, 부식토의 굼벵이가 꽃무지로 변하는데, 이 경우는 오직 형태만 변할까? 여기에 좀더 중요한 것이 있음을 전갈의 독성이 알려 준다.

탈바꿈 때 내부에서는 생체조직의 조용한 교체 작업이 일어난다. 그 전후의 물질은 사실상 같은데, 모두 녹아서 원자들을 다시 세련되게 배합한다. 머지않아 혼례를 치를 곤충의 가장 아름다운 장식으로 감각적 환희를 갖게 한다. 갑옷 딱지날개, 나는 날개, 흔들리는 더듬이 깃발, 보행용 다리, 이 모든 게 참말로 근사하다. 그런데 이 모든 게 아무것도 아니다.

이런 도구보다 다른 것이 우위를 차지했다. 탈바꿈한 벌레는 새로운 감각으로 더 활발하게 풍요로운 생활을 누린다. 물질세계가 새것으로 바뀌지는 않았고, 촉감도 못 느끼는 세계에서 제2의 탄생이 일어난 것이다. 하지만 분자의 배열이 재조정된 것보다는 과거에 몰랐던 재능이 탄생한 것이다. 애벌레는 아주 단조롭고 온화한 창자 도막에 지나지 않는 존재였으나 미래의 본능을 위해 탈바꿈으로 물질을 교체하고, 체액도 다시 가공해서 에너지 화로의 원자들을 하나씩 정제했다. 진보를 향한 엄청난 일이 일어났는데, 새로워진 상태는 완전성(完全性)을 위해 확고했던 초기의 안정성(安定性)을 희생시켰다. 그래서 성충은 애벌레가 쉽게 견디는 시련에도 쓰러진다.

메뚜기를 포함한 직시류는 조건이 아주 다르다. 몸의 구조, 생활양식, 습성을 근본적으로 바꾸는 진정한 탈바꿈이 없이, 알에서 시작한 생애가 큰 변화 없이 계속되는 존재이다. 미래의 모습에도 별로 바뀜이 없고, 시간이 경과해도 변하지 않는 습성을 가지고 태어났다. 어릴 때 벌써 생체조직의 급격한 발전이나 혁신 없이 성년의 체질을 갖춰서 불완전 발육기관이 누릴 수 있는 면역성을 갖지 못했다.

짧은 복장의 어린 메뚜기는 애벌레 단계의 체제를 갖지 못해서, 너무 빨리 성숙한 불이익을 얻었다. 세세한 부분 말고는 성충과 별로 다를 게 없어서 그 자리에서 죽은 것이다.

내 설명이 신통치 않다는 사람이 있어도 나는 지금 이것뿐, 구태여 항변할 생각은 없다.[10] 미지의 깊은 못에 그물을 던졌을 때 올바른 사고는 아주 드물게 걸리는 법이다. 설명할 수는 없어도 아주 흥미로운 사실이 입수되었다. 탈바꿈은

10 메뚜기는 어릴 때 이미 성년 체질을 갖춘 게 아니라 번데기 시대로 발전(진화)하지 못한 것이므로 파브르는 생각을 반대로 했어야 했다.

유기물(생명체)의 본질적인 특성에 변화를 준다. 전갈의 독은 뛰어난 화학 반응제이므로 애벌레와 성충의 육신을 구별해서, 전자에게는 효과가 없었지만 후자에게는 치명적이었다.

이런 이상한 결과는 독성의 약화(弱化) 방법인 양질의 혈청이나 종두(種痘)이론과 비슷한 문제를 제기한다. 완전탈바꿈 애벌레가 전갈에게 찔리면 종두가 접종된다는 생각인 것이다. 장래의 조건에서는 치명적이나 현재의 상태에서는 독소에 저항하는 항독소를 접종했다는 뜻이다. 접종된 애벌레는 독에 면역되어서 즉시 먹고 보통 때처럼 일을 계속한다.

독소가 혈액이나 신경과 무관하다고 생각되지는 않는데, 그것이 탈바꿈한 다음에도 중독을 막아 줄 수는 없을까? 만일 애벌레 시대에 익숙해졌다면 성충이 되어서도 면역성을 유지할 수 있지 않을까? 마치 미트리다테스가 독에 면역되었듯이 성충도 전갈 독에 면역될 수 있을까? 즉 애벌레 때 찔린 완전탈바꿈 종은 성충이 된 다음 찔리면 저항할 수 있을까?

긍정적인 이유가 매우 많아서 우선은 성충도 저항력을 갖는다는 답변을 하고 싶다. 하지만 판정은 실험 결과에 맡기려고 4집단의 재료를 준비했다. 제1, 2군은 각각 12마리의 꽃무지 굼벵이로서, 10월에 찔리고 5월의 재접종으로 두 번, 또는 5월에 한 번만 찔린 무리, 제3군은 애벌레가 6월에 한 번 찔린 등대풀꼬리박각시의 번데기 4개, 제4군은 전에 말했듯이 여러 번 찔려 피투성이 된 누에의 번데기였다. 각각 성충이 된 다음 전갈에게 다시 찔렸다.

2~3주 뒤 누에나방이 파닥거리며 짝을 찾으러 나타나, 참을성 없는 내게 제일 먼저 답변을 주었다. 애벌레 때는 찔렸어도 왕성

번데기가 되는 박각시 애벌레 시흥, 7~8. X. '90

1. 종령 애벌레가 번데기 방을 만들어 들어가 있다.

2. 체내 노폐물을 모두 없애고 새로운 기관을 형성하는 전용(前蛹, 전번데기) 시기이다.

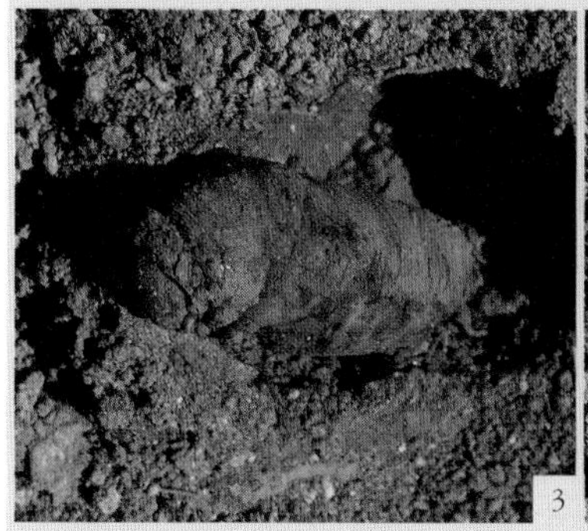

3. 애벌레의 허물을 벗으며 탈바꿈을 한다.

4. 완전한 번데기가 되었다.

한 원기에는 변함이 없었다. 시험해 보자. 성충은 잘 찔리지 않았고 상처도 분명치 않았으나 이틀 동안 고통을 받다가 죽었다. 누에나방은 종두를 했든 안 했든 모두 죽었다. 미리 종두를 했어도 효과가 전혀 없었던 것이다.

그러나 증거가 빈약하다. 조심성 없이 그 결과만으로 판단할 수는 없다. 박각시와 특히 튼튼한 꽃무지라면 틀림없이 믿을 만큼 면역이 되었을 것이다. 자, 그런데 이론적으로는 송충이 시대의 면역성이 나타나야 할 박각시 역시 저항력이 없다. 송충이 때 예방주사를 맞았는데도 침에 찔리면 다른 녀석처럼 분명하게 그 자리에서 쓰러진다.

어쩌면 애벌레 때 받은 독소와 성충 때 받은 독소 사이의 경과 시간이 짧아서 독이 몸 전체에 충분히 퍼지지 못했을지도 모른다. 벌레의 몸 구석구석까지 독성분이 퍼지려면 시일이 더 필요할 것 같다. 굼벵이가 이 '어쩌면' 이라는 글자를 지워 줄 것이다.

처음 10월에, 다음 5월에 두 번 찔린 12마리(제1군)의 성충이 7월 말에 고치를 깨뜨려 첫 접종과는 10개월, 다음 접종과는 3개월이란 시간이 있었다. 이제 성충이 면역성을 가졌을까?

무슨 소리, 두 번 접종한 12마리의 성충 모두가 얌전하게 부식토 더미에서 태어난 동료와 동일한 시간에 죽었다. 5월에 한 번만 찔린 12마리도 모두 같은 속도로 죽었다. 이것저것 모두, 처음에는 자신 있던 계획이 보기 좋게 수포로 돌아가 나를 몹시 당황하게 만들었다.

이제 다른 방법으로 실험하고 싶었다. 혈청요법(血清療法)에 가까운 수혈법이다. 전갈 독에 면역된 굼벵이에게는 틀림없이 독의 위력을 중화시키는 특별한 성질의 혈액이 있다. 이 혈액을 성충에게 옮기면 그 에너지가 옮겨져 완전한 불사신으로 바뀌지 않을까?

바늘로 굼벵이에게 얕은 상처를 내 솟구치는 피를 시계접시에 모았다. 유리 모세관이 주사기 역할을 했다. 피를 흡입해서 1mm³짜리 10~20개를 모았다. 그것을 빨아 성충의 몸, 특히 배의 등 쪽에 불어 넣었다. 깨지기 쉬운 주사기가 염려되어 그 자리에 미리 침으로 구멍을 뚫어 놓았다. 녀석은 수술을 잘 견뎌 냈다. 소량의 굼벵이 피가 성충에게 들어갔으며 상처도 크지 않았다. 겉보기에는 아주 건강했다.

자, 이렇게 처치했는데 어떤 일이 벌어졌을까? 별 게 없다. 주사한 피가 몸 안을 돈 다음 작용하도록 이틀을 기다렸다가 전갈과 대면시켰다. 이 어리석은 생리학자야, 너의 낯짝을 좀 봐라. 서툰 너의 수술이 없었던 벌레와 똑같은 결과가 아니더냐. 동물을 화학 반응시키는 식으로 다룰 수는 없느니라.

21 랑그독전갈 - 짝짓기의 전주곡

제비가 돌아오고 뻐꾸기가 우는 4월에 들어서자 고요하던 뒤뜰의 전갈(*Scorpio*→ *Buthus occitanus*, 랑그독전갈) 부락에서 큰 사태가 벌어졌다. 밤이면 녀석들이 옛집을 버리고 순례 행각을 떠났다가 다시는 돌아오지 않았다. 더욱 심각한 것은 같은 돌 밑에서 두 마리 중 한 마리가 갉아먹히는 일이 흔했다. 그것은 강도질일까, 아니면 날이 따듯해지자 들뜬 기분으로 옆집에 뛰어들었다가 강자를 만나서 그만 생명을 빼앗기는 것일까? 거의 그렇다고 말할 수도 있겠지만, 침입자는 주인에게 보통 때의 먹이처럼 며칠 동안 조용히 야금야금 먹힌다.

자, 그런데 그냥 지나쳐 버리기에는 석연치 않은 점이 있다. 먹히는 녀석은 언제나 몸집이 중간 크기였다. 색깔이 엷고 뚱뚱하지 않아 수컷인 것으로 판단되는 녀석만 항상 먹혔다. 약간 크고 뚱뚱하며 색깔이 짙은 녀석은 이렇게 비참한 죽음을 당하지 않았다. 그렇다면 이 행위는 고독을 즐기다가 무례한 방문객을 철저히 혼내려고 박살 내는 이웃 사이의 주먹다짐은 아닐 것이다. 그보다는 교미를 끝낸 암컷의 악마 같은 혼례 의식일 것이다. 정말 그런지, 이 의문의 근거를 밝히기에는 실험 조건이 아직 너무 미흡해서 내년까지 기다려야 했다.

봄이 다시 찾아왔다. 전부터 준비했던 넓은 유리장 안에 기왓장 조각과 함께 25마리의 주민을 넣었다. 4월 중순부터 매일 저녁 7시에서 8시 사이, 유리 궁전에서 크게 활기를 띤다. 낮에는 사막처럼 조용하던 곳이 환락의 장으로 변한다. 저녁 식사를 마치기 바쁘게 모든 식구가 그리 달려간다. 사육장 앞에 걸린 초롱불 덕분에 그 안의 사건을 모두 지켜볼 수 있다.

이것은 하루의 고된 일을 끝낸 다음 일종의 휴식이 되는 구경거리였다. 이 극장에서 재미있는 게 연출되어, 초롱에 불이 켜지면 가족 총출동이다. 집안의 어른, 애들 모두가 꽃밭으로 나가 자리 잡는다. 강아지 톰(Tom)까지 한몫 낀다. 녀석은 마치 전갈 문제에는 일체 관심이 없는 철학자인 양, 우리 다리 밑에 누워서 꾸벅꾸벅 졸고 있다. 하지만 한쪽 눈만 졸고 다른 쪽 눈은 항상 떠서 제 친구인 아이들을 바라본다.

거기서 어떤 일이 벌어지는지 독자에게 소개해 보자. 초롱불이 은근하게 비치는 곳에 벌레가 무리를 이루기 시작한다. 여기저기서 소풍 나온 독신자가 빛에 마음이 끌려 어둠을 벗어난다. 조명의 기쁨을 즐기려고 달려온다. 밤나방(Papillions nocturnes: Heterocera)도 이 정도로 빛을 그리워하지는 않는다. 새로 달려온 녀석이 무리에 섞이는가 하면 놀이에 지친 녀석은 다시 그늘로 돌아간다. 거기서 잠시 쉬면서 원기를 회복하고는 다시 무대로 돌아온다.

환희에 얼이 빠진 괴물의 떠들썩한 춤도 매력이 없지는 않다.

멀리서 도착한 녀석은 그늘에서 불쑥 나타나 갑자기 껑충 뛰어, 마치 미끄러지듯 불빛 아래 군중 속으로 들어간다. 민첩하게 종종걸음을 치는 녀석은 생쥐(Souris: *Mus*)를 연상시킨다. 서로 상대를 찾아다니다 손가락 끝이 조금만 닿아도 불에 덴 것처럼 후닥닥 물러난다. 다른 녀석도 친구와 뒹굴며 놀다가 갑자기 꽁무니를 뺀다. 그늘에서 쉬다가 기분이 가라앉으면 다시 나온다.

가끔 술렁거린다. 다리가 얽힌 채 우글거리며 가위로 덥석 물거나 꼬리를 휘두르며 서로 부딪친다. 그런 동작이 위협 행동인지, 애무 행동인지 정확히 알 수가 없다. 이런 북새통에 빛의 반사가 적당하면 석류석처럼 반짝 빛나는 몇 쌍이 보인다. 마치 빛을 반사하는 눈 같지만 실은 머리 앞쪽 끝에 있는, 잘 닦아 윤을 낸 홑눈(단안, 單眼) 쌍이다.[1] 덩치가 큰 녀석, 작은 녀석, 모두가 이 소란에 끼어든다. 그야말로 대학살이며 죽음의 전쟁터처럼 보이지만, 실은 까불며 장난치는 놀이이다. 새끼 고양이도 이런 식으로 까분다. 그러다가 어느새 군중이 사라진다. 다치지도, 삐지도 않은 것 같은데 이쪽저쪽으로 물러난다.

흩어졌던 전갈이 다시 불빛으로 모여든다. 지나쳤다 돌아오고, 또 갔다가 다시 돌아온다. 좌우로도 왔다 갔다 한다. 얼굴끼리 마주치기가 일쑤이다. 서두르는 녀석은 남의 등을 타고 넘는데, 밟힌 녀석은 꼬리를 흔들어 항의하는 정도였다. 지금은 떠밀거나 걷어찰 때가 아니다. 만난 녀석끼리 서로 치고받아 봐야 고작 꼬리 끝으로 한 번 치는 것뿐이다. 전갈 사회에서 칼을 쓰지 않는 싸움은, 즉 독 없는 주먹질은 항상 있는 일이다.

[1] 홑눈 역시 눈이다.
[2] 일지의 날짜로 보아 지금 파브르는 81세이다.

다리가 엉키고 꼬리를 휘두르는 것보다 더 멋있는 행동이 있다. 가끔 아주 기발한 자세를 취하는데, 두 경쟁자가 이마를 마주 대고 가위를 당기며 빳빳이 선다. 몸의 앞부분을 서로 기대고 뒤쪽은 빳빳하게 세워서, 가슴(흉갑, 胸甲)으로 덮였던 하얀 호흡 주머니 8개를 드러낸다. 빳빳하게 세웠던 꼬리를 서로 비비기도, 스치기도 하면서 감미로운 고리 모양(위가 뾰족한 하트 모양)을 만들기도 한다. 여러 차례 엉켰다 풀었다 하다가 갑자기 사이좋던 피라미드 모양(하트 모양)이 와르르 무너진다. 그러고는 서로 인사도 없이 총총걸음으로 사라진다.

기발한 자세를 보여 준 두 경쟁자는 무엇을 하려 했을까? 몸싸움을 했을까? 천만에, 그러기에는 만남이 너무 평온했다. 계속 관찰하던 끝에 그것은 약혼 시절의 교태였음을 알았다. 전갈이 마음의 불꽃을 고백하려면 빳빳이 선다.

방금 시작한 것처럼 계속 그날그날 수집된 사소한 사실의 목록을 만들어서 정리하면 이야기 진행이 빠르며 이점도 많을 것이다. 하지만 그렇게 하면 관찰 때마다의 다양한 내용을 분류하고 정리하기 힘들어서 사소한 사항은 누락되며 흥미가 줄어든다. 그렇게 희한한, 그리고 거의 알려지지 않은 전갈의 습성을 기록하려면 하나라도 빠뜨리지 말아야 한다. 약간 단편적이며 중복되는 한이 있어도 새로운 사실이 나타나면 시간의 경과 순서에 따라 그때그때 기록해 두는 게 좋을 것이다. 두서없이 수집한 것에서 순서를 찾아내야 완전한 것을 만들 수 있기에 일지 형식으로 기술하련다.[2]

1904년 4월 25일. — 이것 봐라! 이게 뭐냐? 그동안 열심히 지켜 왔지만 이런 짓은 한 번도 보지 못했다. 처음이다. 두 마리가 마주 보며 가위를 내밀어 서로 붙잡고 있다. 이것은 친구끼리의 악수이지 싸움의 징조는 아니다. 둘이 의좋게 행동하는 수컷과 암컷이다. 한쪽은 뚱뚱하고 색이 짙은 암컷, 저쪽은 여위었고 색이 연한 수컷이다. 꼬리를 나선처럼 멋지게 만 쌍이 보조를 맞춰 유리벽을 따라 산책한다. 앞장선 수컷이 거리낌 없이, 그러나 차분히 걸어간다. 손끝을 잡힌 암컷은 수컷과 마주한 얼굴을 쳐다보며 조용히 따라간다.

산책하다 잠깐 쉬지만 자세는 그대로이다. 이번에는 여기, 다음은 저기서, 이렇게 사육장 안의 곳곳에서 산책이 시작된다. 녀석들은 거닐면서 허송세월만 할 뿐, 그 행동의 목적은 전혀 알려 주지 않았다. 틀림없이 사랑의 눈짓을 서로 주고받겠지. 주일이면 마을에서도 젊은 남녀가 미사 후 손을 맞잡고 산울타리를 따라 산책한다.

산책하던 녀석들이 진로를 자주 바꾸는데, 방향을 정하는 것은 언제나 수컷이다. 그때는 수컷이 상대의 손을 잡은 채 빙그르르 반원을 그리며 돌아서 암컷과 배를 나란히 한다. 그리고 꼬리를 조금 평평하게 내려 암컷의 등을 쓰다듬는다. 냉정한 암컷은 가만히 있다.

끊임없이 왕래하는 전갈을 꼼짝 않고 지켜본다. 지금까지 어느 누구도,

심지어 나마저도 보지 못했던 이 희한한 광경을 눈앞에 놓고, 모든 식구가 나를 돕겠단다. 우리 습관에는 벌써 깊은 밤이라 좀 힘들었지만 모두가 도와줘서 중요한 장면은 하나도 놓치지 않았다.

드디어 10시경, 결말의 마지막 장면이 벌어졌다. 수컷은 어느 깨진 기왓장 밑의 은신처가 마음에 들었던지 거기에 다다랐다. 암컷을 잡았던 손을 한쪽은 놓고, 다른 쪽은 그대로 꼭 잡은 채 발로 흙을 세게 긁어 꼬리로 밀어낸다. 굴이 생겼다. 살금살금 안으로 기어 들어가 부드럽고 끈질기게 암컷을 끌어들인다. 이윽고 두 마리가 보이지 않는다. 모래가 집의 출입구를 막아 버린다. 부부가 집 안으로 들어간 것이다.

허송세월하며 거닐던 쌍을 방해하면 서툰 짓이다. 안에서 벌어지는 일을 보겠다고 기와에 성급히 손을 대면 부적절한 시간에 방해하는 짓이다. 거의 밤새 진행될 일 같은데, 내 나이 80에 밤늦도록 안 자면 무리이다. 무릎이 떨리고 졸음이 쏟아진다. 빨리 잠자리에 들자.

그날 밤, 밤새 전갈 꿈을 꾸었다. 녀석들이 내 이불 속에서 이리저리 돌아다녔다. 얼굴에서도 기어 다녔는데 별로 무섭지가 않았다. 그만큼 이상한 물체의 공상이 눈앞에 나타났다. 이튿날 아침, 첫새벽에 달려가서 돌을 들췄다. 암컷뿐, 수컷은 집 안은 물론 근처에도 그림자조차 없다. 첫 번 실망, 이제부터 기대에 어긋나는 실험이 계속될 것 같다.

5월 10일. — 저녁 7시경, 곧 비가 쏟아질 듯 하늘이 흐렸다. 유리 울타리 안의 깨진 기왓장 그늘에서 한 쌍의 부부가 얼굴을 마주 보며 손가락을 잡고는 꼼짝 않는다. 조심조심 기왓장을 들어 올려 두 녀석을 드러내 놓고 다음 진행과정을 지켜보았다. 땅거미가 깔리기 시작한다. 갑자기 세찬 소나기가 몰려와 집 안으로 도망쳤다. 사육장은 지붕이 덮였으니 비를 맞을 염려는 없다. 하지만 하늘이 보이는 방에 놔두고 온 녀석들이 어떻게 지내고 있을까?

한 시간쯤 지나자 비가 멎어 사육장으로 다시 가 본다. 제자리에서 없어진 녀석들이 근처의 기와 밑에 집을 정했다. 손가락을 잡힌 암컷은 여전히 바깥에 있고 수컷은 안에서 집을 손질한다. 곧 행해질 교미의 순간을 놓치지 않으려고 아내와 나는 10분마다 교대로 감시했다. 그러나 8시경, 그 장소가 마음에 안 들었던지, 이 쌍은 애쓴 보람도 없이 손에 손을 잡고 다시 순례를 떠났다. 수컷은 뒷걸음질로 길을 안내하고, 착한 암컷은 계속 따라간다. 이것은 4월 25일에 본 것의 반복일 뿐이다.

겨우 마음에 드는 기왓장을 찾았다. 먼저 수컷이 숨어든다. 이번에는 암컷의 양손 모두를 잠시도 놓지 않는다. 꼬리를 몇 번 흔들어 신방을 꾸민다. 암컷이 끌려 들어간다.

2시간가량 지나서 준비가 끝났을 것 같아 기왓장을 들춰 보았다. 얼굴을 마주한 쌍이 서로 손과 손을 꼭 잡은 자세 그대로였다. 오늘은 그것밖에 보여 주지 않았다.

이튿날도 변화가 전혀 없다. 서로 마주 앉았을 뿐, 팔다리 한 번 움직임 없이 명상에 잠겼다. 아저씨와 아주머니는 단 둘이서 손끝을 마주 잡고, 기왓장 밑에서 끝없이 앉아만 있다. 해질 무렵에 둘이 만나서 24시간을 지낸 다음 헤어졌다. 수컷은 밖으로 나가고, 암컷은 남아 있다. 사건은 털끝만큼도 변한 게 없다.

이 관찰에서 두 가지 사실을 기억해야 한다. 산책을 끝낸 한 쌍의 약혼자에게는 은밀하고 조용한 은신처가 필요하다. 대중이 서성거리며 쳐다보는 하늘 밑에서는 혼례식의 마지막 마무리를 할 수가 없다. 밤이든 낮이든, 아무리 조심해서 지붕을 들춰 봐도 명상에 젖은 듯했던 쌍이 다시 걸어서 마음에 드는 곳을 찾아간다. 그러고는 그 밑으로 들어가서 오랫동안 머문다. 지금 본 것처럼 24시간을 머물렀어도 결정적인 결과는 얻지 못했다.

5월 12일. — 오늘 밤에는 무엇을 보여 주려나? 날씨는 잔잔하고 따듯해서 밤새 노닐기는 딱 좋은 날이다. 짝을 이룬 과정은 보지 못했어도 한 쌍이 탄생했다. 이번에는 아낙네의 몸집이 크고 당당한데 아저씨는 아주 볼품없이 초라했다. 그렇게 왜소하고 말랐어도 제 몫을 당당히 해낸다. 남들처럼 뒷걸음질하고, 꼬리도 트럼펫처럼 감았으며, 뚱뚱한 아낙을 잘 이끌고 유리벽을 따라 산책한다. 한 바퀴, 또 한 바퀴, 그리고 반대 방향으로 돌아 다시 돈다.

가다가 자주 선다. 그러면 이마끼리 맞닿아 조금 왼편이나 오른편으로 기울어, 마치 귀밑에서 서로 속삭이는 것 같다. 작은 앞발[3]이 열에 들떠서 애무하듯 떨린다. 무슨 이야기를 나누었을까? 녀석들의 조용한 결혼 축가를 어떻게 번역해야 할까?

모든 식구가 우스꽝스러운 이 동부인(同夫人) 광경을 구경하러 뛰어나왔다. 모두가 다른 생각은 없이, 오직 멋지게 동부인한다고만 평했다. 하지만 이 평이 과장된 것은 아니다. 초롱불 밑의 전갈은 약간 투명하게 반짝여서 노란색 작은 호박 조각 같다. 녀석들은 팔을 추켜올리고, 꼬리를 멋지고 둥글게 말아 올려 조용히 발맞춰 순례하고 있다.

아무도 이 쌍을 방해하지 않는다. 누군가가 저녁에 시원한 바람을 쐬러 나와, 녀석들처럼 담벼락을 따라 걷다가 길에서 마주친다. 이 미묘한 사건을 녀석은 알고 있었는지, 옆으로 비켜 길을 양보한다. 마지막으로 기왓장 그늘이 두 녀석을 맞아

3 집게 뒤쪽의 보각

들일 것이다. 수컷이 먼저 뒷걸음질로 들어서서 암컷을 유도한다. 시계가 벌써 9시를 가리킨다.

저녁의 목가(牧歌)에 이어 밤중에는 무서운 비극이 벌어졌다. 이튿날, 어젯밤의 기와 밑에서 녀석들을 발견했다. 초라하던 수컷은 죽어 있었다. 이미 머리와 가위 한 개, 다리 한 쌍이 뜯어먹혔다.[4] 시체를 밖에서 잘 보이는 입구로 옮겨 놓았다. 낮에는 집 안에 틀어박힌 암컷이 그것에 손대지 않았다. 밤이 돌아와 밖으로 나오다가 시체와 마주친 그녀는 옆에 끌어다 놓고 장례 의식을 치른다. 다시 말해서 몽땅 먹어 버린다.

이런 식인종 같은 동족 살해 풍습은 지난해 들판의 전갈 마을에서 본 것과 일치했다. 그때도 가끔씩 돌 밑에서 뚱뚱한 암컷이 그날 밤 상대했던 수컷을 의식의 제물로 먹은 것을 보았다. 책임을 끝낸 수컷이 빨리 도망치지 못했거나 암컷의 식욕 여하에 따라 통째로, 혹은 일부가 먹혔을 것으로 생각했었는데, 지금 눈앞에 확실한 증거가 있다. 어젯밤 첫 산책 후, 둘이 함께 집으로 들어가는 것을 보았고, 오늘 아침에는 신부가 신랑을 먹고 있었다.

불쌍한 수컷은 자신의 목적을 달성했다고 생각한다. 종의 유지에 아직도 할 일이 남았다면 먹히지 않았을 것이다. 이번 쌍은 재빨리 일을 끝냈다. 하지만 먼젓번 쌍은 시곗바늘이 문자판을 두 번이나 도는 동안 서로 희롱하고 까불며, 또 생각에 잠긴 듯했으면서도 결국은 결말이 나지 않았다. 내가 밝힐 수 없는 주변의 상황, 어쩌면 날씨, 공중의 자기장, 기온, 또는 개별적 열정 등이 어느 정도 이 쌍이 일을 빠르게 또는 느리게 하도록 결정짓는 데 영향을 주는 것은 아닌지 모르겠다. 이것은 아직 역할이 불확실한 빗살판의 정체를 밝히고자 순간을 잡으려는 관찰자에게 커다란 곤란을 안겨 주는 일이었다.

4 단단한 것은 남긴다고 했던 앞에서의 설명과 다르다.

5월 14일. – 매일 밤 전갈이 술렁거리는데 분명히 배고파서 그런 것은 아니다. 저녁때 빈들거리며 돌아다니는 것과 먹이 찾기와는 무관하다. 바쁜 무리 속에 녀석들이 좋아할 각종 먹잇감, 즉 어려서 먹기 좋은 메뚜기들(Criquet와 Acridiens)[5]보다 살찐 꼬마 여치(Tettigonioidea), 날개를 떼어 낸 자나방(Phalène)도 주어 보았다. 좀 늦은 계절에는 잠자리(Odonata)도 주었는데, 언젠가 땅굴에서 이와 닮은 명주잠자리(Myrmeleontidae)의 날개 찌꺼기를 본 적이 있어서 그랬다.

여치 겉모습은 중베짱이(266쪽 사진 참조)와 비교되며, 녀석의 습성 등은 『파브르 곤충기』 제6권에서 다루었다. 가평, 23. VII. '96

이런 호화판 요리가 녀석들에겐 안중에도 없어, 어느 것도 거들떠보지 않는다. 법석을 떠는 데서 메뚜기가 뛰어다니고, 나비는 갈가리 찢긴 날개로 땅바닥을 치며, 잠자리는 부들부들 떤다. 지나던 전갈이 본 체도 않고 그냥 짓밟거나 굴려 버리기도, 꼬리로 쳐서 내동댕이치기도 한다. 한 마디로 말해서 먹을 생각이 전혀 없으니 문제는 절대적으로 다른 곳에 있다.

거의 모든 전갈이 나와서 유리벽을 따라 걷는다. 끈질긴 녀석은 벽을 기어오르려 한다. 꼬리로 몸을 지탱하고 등을 뻗어 오르다가 미끄러져 떨어진다. 다시 시도해 보기도, 주먹을 뻗어 유리에 부딪쳐

5 파브르는 처음부터 메뚜기를 거의 대부분 전자 Criquet으로, 가끔은 후자 Acridiens로 썼고, 지금의 경우는 두 단어를 모두 썼다. 결국 두 종류를 구분해서 사용했으나 우리말로는 적당하게 구별할 방법이 없는 것 같다. 한편, Acridiens는 메뚜기과에 해당하는 단어이므로 이것이 더 일반적으로 쓰였어야 할 것 같으나 실제는 그렇지 않았으며 Criquet는 구어(舊語)와 영국에서 귀뚜라미, 심지어는 매미에게도 쓰였다. 그렇다면 파브르는 메뚜기아목 중 발성하는 종류를 이 단어로 썼는지도 모르겠다. 어쨌든 이 두 단어는 프랑스 어의 변천 과정을 정확히 파악해야만 구별할 수 있겠다.

보기도 한다. 사육장이 넓어서 모두에게 여유가 있고, 산책에도 적합한데 기어코 밖으로 나가려 한다. 멀리 방랑하고 싶어 하는 것이다. 만일 자유의 몸이었다면 사방으로 흩어졌을 것이다. 작년에도 뜰로 이주시켰던 주민이 이 무렵 어디론가 떠나 버렸다.

봄에는 짝짓기하려는 전갈이 집을 떠난다. 난폭한 독신자가 살던 집을 버리고 사랑의 순례를 떠난다. 먹기도 잊고 상대를 찾아 나선다. 제 영토에서 적당한 돌을 찾아가거나, 동료들이 모인 곳으로 찾아가 데이트 신청을 한다. 밤에 돌밭 야산에서 발목을 삘 염려만 없다면 자유로운 분위기에서 거행되는 전갈의 결혼식을 보고 싶었다. 녀석들은 저 벌거숭이 언덕에서 어떻게 하고 있을까? 유리 궁전과 특별히 다른 일이야 없겠지. 아마도 라벤더(*Lavandula*) 덤불에서 새색시를 골라 오랫동안 손을 맞잡고 산책하겠지. 거기서는 여기서처럼 희미한 초롱불에 매력을 느끼지는 못하겠지만, 이것과는 비교도 안 되는 초롱불, 즉 달이 있다.

5월 20일. — 산책에 초대하는 첫 장면을 보고 싶었으나 매일 밤 허탕만 쳤다. 돌 밑에서 벌써 짝을 짓고 나와, 낮에는 종일 손가락을 걸고 마주 앉아 꼼짝도 하지 않았다. 잠시도 떨어지지 않고 밤이 되면 함께 유리벽 둘레를 전날 밤, 아니 전전날 밤처럼 계속 산책한다. 그래서 언제 어떻게 짝이 되었는지 알 수가 없다. 어떤 녀석들은 들여다보기 힘든 깊은 골목에서 만났다. 그래서 발견했을 때는 이미 짝을 지은 상태로 거닌다.

오늘은 기회가 내게 미소를 던졌다. 환하게 비치는 초롱불의 바로 밑에서 짝이 이루어졌다. 아주 활기차고 극성스러운 수컷 한 마리가 성급하게 무리를 헤치고 달려온다. 그곳을 지나던 암컷과 마주쳤는데 마음에 든다. 암컷도 그가 싫지는 않다. 일이 순조롭게 진행된다.

이마가 맞닿고 가위를 서로 흔든다. 꼬리도 크게 흔들며 곧바로 세워 서로 휘감고, 살살 비비며 애무한다. 이미 말한 것처럼 두 마리가 빳빳이 선다. 이윽고 털썩 내려앉으며 손가락을 맞잡는다. 쌍이 이제 걷기 시작한다. 결국 서로 피라미드 자세를 취하는 것이 한 쌍을 이루는 전주곡이었다. 동성끼리 만났을 때도 종종 이런 자세를 취하는데, 이때는 자세가 단정치 못하고 예의를 갖춘 모습도 아니다. 또 성급하거나 친절하게 교태를 부리는 모습도 아니다. 꼬리끼리 비비지는 않고 그냥 맞부딪칠 뿐이다.

정복한 암컷을 자랑하면서 급히 뒷걸음질 치는 수컷을 지켜보자. 길에서 마주치는 암컷이 녀석들을 보며 아마도 질투하겠지. 그 중 한 마리가 끌려가는 암컷에게 느닷없이 달려들어 발로 휘감고 못 가게 한다. 이런 방해를 받은 수컷은 피곤하다. 흔들어 보지만 소용이 없다. 끌어당긴다. 효과가 없다. 도저히 안 된다. 그렇다고 해서 이런 사고에 실망하지는 않는다. 여기저기, 아주 가까이도 암컷은 또 있으니 그녀를 버린다. 이번에는 무례하게 협상도 없이 다른 암컷의 손을 잡고 산책을 청한다. 하지만 그녀는 거절하며 도망친다.

구경꾼 중 한 암컷에게 여전히 버릇없이 청한다. 그녀가 승낙은 했어도 이런 노상에서는 유혹을 뿌리치고 도망치지 않는다는 보장이 없다. 그래도 녀석에게는 상관없는 일이 아니더냐! 하나를 잃으면 또 하나가 있다. 결국 녀석의 상대는 누구일까? 이제 만나는 숙녀이다.

녀석은 나서자마자 먼저 부딪친 암컷을 잡았다. 지금 정복한 암컷을 거느리고 등불이 비치는 곳을 지나간다. 가다가 암컷이 주춤거리면 온 힘을 다해 끌어당긴다. 암컷이 잘 순종하면 녀석도 부드럽게 대한다. 걷다가 자주 쉬며 가끔 한참씩 머물기도 한다.

그때 수컷은 희한한 체조에 몰두한다. 가위로 암컷을 다시 끌어당긴다.

좀 자세히 말해서 팔을 똑바로 뻗고 암컷도 같이 교대로 당기게 한다. 두 마리가 각각 삼각형을 만들어 서로 연접한 네 개의 모서리를 여닫는다. 이런 유연체조 다음에는 수축해서 움직이지 않는다.

지금 두 녀석이 이마를 마주 댔다. 두 입술도 부드러운 분위기가 흐를 만큼 서로 맞닿았다. 이런 애무 행동을 표현하려면 키스나 포옹이란 단어가 생각난다. 하지만 전갈은 머리도, 뺨도, 입술도, 얼굴도 없으니, 그런 단어를 쓸 수가 없다. 녀석의 얼굴은 마치 싹둑 잘린 것 같아 뾰족한 코도 없는데다가 아주 보기 흉한 아래턱으로 이루어져 있다.

하지만 수컷 전갈에게는 그런 것이 아름다움의 극치가 아니겠더냐! 녀석은 다른 다리보다 자유롭고 부드러운 앞발로 제 눈에 가장 아름다워 보이는 얼굴, 그 무서운 마스크를 살살 토닥거린다. 무서운 상대의 아래턱을 육감적으로 계속 가볍게 깨물기도, 간질이기도 한다. 그야말로 최고의 부드러움과 자연스러움이라 하겠다. 키스는 비둘기(Colombe→ Pigeon: *Columba*)가 발명했다고 하는데, 나는 그보다 선구자를 알고 있다. 선구자는 바로 전갈이다.

암컷은 완전히 수동적이다. 게다가 도망가려는 욕망이 없는 것도 아닌데, 어떻게 도망갈까? 아주 간단하다. 제 꼬리를 몽둥이 삼아 극도로 상기된 수컷의 주먹을 한 번 강하게 내려친다. 그러면 즉시 놓아주며 그것으로 끝장이다.

5월 25일. — 이렇게 강한 일격은 온순해 보였던 처음의 상대가 갑작스런 변덕으로 완강히 거절하며 이혼하자는 표시였고, 이런 사례도 보여 주었다.

오늘 밤은 풍채 좋은 남자와 멋쟁이 여자가 산책 중이다. 마음에 드는 기왓장이 눈에 띈다. 수컷은 자유롭게 움직일 수 있는 한쪽 손과 꼬리로 입구를 청소한다. 다음 들어간다. 구멍이 점점 파일수록 암컷은 너그러운 모습으로 따라 들어간다.

집과 시간이 마땅치 않았던지, 금세 그녀가 뒷걸음질로 절반쯤 나온다. 그녀의 모습이 완전히 드러나지는 않았으나 안에서 끌어들이려는 수컷과 싸움이 벌어졌다. 싸움이 아주 맹렬하다. 각각 집 안팎의 녀석끼리 갖은 애를 쓰고 있다. 이쪽이 밀렸다, 저쪽이 밀렸다 하면서 승부가 끝나지 않는다. 마침내 암컷이 힘껏 힘을 주어 수컷을 밖으로 끌어냈다.

이 쌍의 사이가 깨지지는 않았고 다시 함께 나왔다. 유리벽을 따라 한 시간가량 이리저리 배회하다 다시 그 기왓장으로 돌아왔다. 구멍은 열려 있으니 수컷이 바로 들어가 필사적으로 암컷을 잡아당긴다. 암컷은 밖에서 못 들어간다고 떼를 쓴다. 다리에 흙이 묻을 만큼 뻗치고, 꼬리를 기왓장의 둘레에 걸고는 영 안 들어가겠단다. 이런 저항이 내게도 흥미가 없는 것은 아니다. 이런 전주곡 없는 짝짓기라면 얼마나 시시할까?

하지만 유혹하는 녀석이 밑에서 너무도 열심이라 반항하던 암컷도 결국은 들어갔다. 시계가 막 10시를 울린다. 이제부터 밤을 새울 판인데 결말을 기다려 봐야겠다. 밑에서 어떤 일이 벌어질지 모르겠다. 적당한 시간에 기왓장을 들춰 조금이라도 봐야겠다. 좋은 기회는 좀처럼 만나기 어려운 법이니 이번만은 놓치지 말아야겠다. 내 눈앞에 무엇이 나타났을까?

아무것도 없다. 고집불통인 암컷은 30분도 안 되어 뿌리치고 나와 도망쳤다. 수컷도 따라 나와 사방을 둘러본다. 미녀는 벌써 도망쳤다. 풀 죽은 수컷이 집으로 다시 들어간다. 녀석은 운이 나빴다. 내 운도 나빴다.

22 랑그독전갈 – 짝짓기

6월이 시작되었다. 빛이 너무 밝으면 벌레에게 어떤 지장이 있을까 염려되어 초롱을 유리벽에서 좀 떨어진 밖에다 걸어 놓았다. 이렇게 해서 어두워지자 산책 중인 쌍이 서로 팔짱을 끼었는지, 그 밖의 모습은 어떤지 자세히 알아볼 수가 없다. 사실상 서로 손을 잡았는지, 손가락끼리 맞물렸는지, 아니면 한쪽만 상대를 잡았는지, 만일 그렇다면 암수의 어느 쪽이 잡았는지, 그런 것들은 중요한 사항이니 자세히 조사해야겠다.

그래서 다시 사육장 복판에 초롱불을 놓았더니 전체가 밝아졌다. 전갈(*Buthus occitanus*, 랑그독전갈)은 빛을 무서워하는 게 아니라 기뻐서 날뛰었다. 불빛에 접근하려고 초롱으로 기어오른다. 유리 끼운 틀에 매달렸다가 몇 번을 미끄러져도 다시 시도해서 끝내는 올라간다. 유리의 금속 틀을 발판 삼아 저녁 내내 꼼짝 않고 매료된 불빛을 바라본다. 램프 밑의 반사경에서 황홀해하던 공작산누에나방(*Saturnia pyri*)의 모습을 생각나게 했다.

이윽고 휘황찬란한 등불 밑에서 느닷없이 한 쌍이 빳빳이 섰다.

물결멧누에나방 누에나방과의 일종으로 우리나라 중부지방부터 만주와 우수리 지방 사이에 분포하는, 비교적 번성하지 못한 종이다. 나방은 7, 8월에 한 번 출현한다.
오대산, 6. VIII. '96

맵시 있게 꼬리를 스치고 걷기 시작하는데 수컷만 행동한다. 녀석은 두 손가락으로 맞은편 암컷의 양 손가락을 잡았다. 혼자만 힘들여서 꽉 잡고, 제가 필요할 때만 놓아준다. 즉 수컷만 집게를 풀어 줄 뿐, 그럴 능력이 없는 암컷은 납치되어 양 손가락을 죄는 고문을 당한다.

극히 드물기는 해도 가끔 수컷이 두 앞발로 미녀를 질질 끌고 가는 것을 보고 깜짝 놀랐다. 한쪽 다리와 꼬리를 잡고 끌어갔다. 수컷은 그녀가 부드럽게 대하는 호의를 거절하자 점잖은 태도를

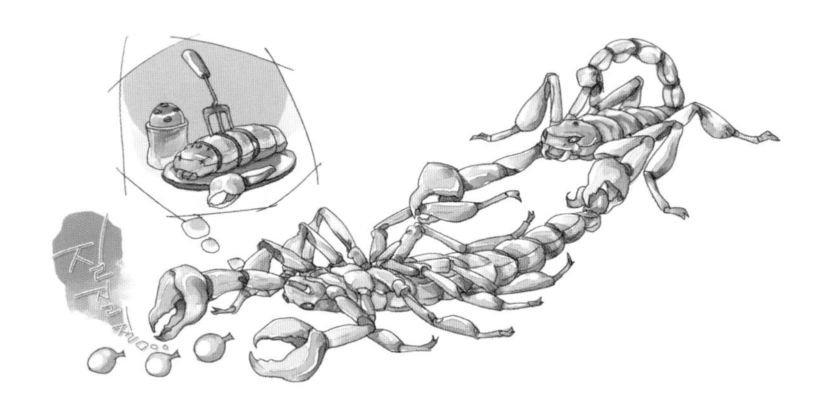

버리고 눕혀서 끌고 간다. 이 사태는 분명하다. 그야말로 진짜 유괴이며 폭력적인 탈취였다. 로물루스(Romulus) 일당은 이런 식으로 사비나(Sabines) 부족을 납치했다.[1]

이제 행할 의식은 혼례가 끝난 다음 수컷이 암컷에게 먹히도록 명령하고 있다. 사건이 조만간 이렇게 비극으로 끝날 것을 생각하니, 그 거친 약탈자가 일을 막 착수했을 때의 용기는 어쩐지 좀 기구한 운명을 불러들이는 것 같다. 희생자가 처형자를 강제로 제단으로 끌고 가다니 참으로 희한한 세상이로다!

사육장에서 매일 밤 쌍쌍파티를 열어도 뚱뚱하게 살찐 암컷은 놀지 않음을 알았다. 산책하려는 수컷이 초청하는 상대는 뚱보가 아니라 언제나 젊은 아가씨였다. 수컷이 때로는 그런 뚱보를 만나 꼬리끼리 맞대기도, 접촉 시도도 하지만 그냥 적당히 즐김에 불과할 뿐 별로 열정은 없다. 겨우 손가락이나 닿을 정도로 초대받은 뚱보가 꼬리를 한번 휘두르며 푸대접한다. 거절당한 녀석은 더 조르지도 않고 자리를 떠 제 갈 길을 간다.

배가 뚱뚱한 암컷은 나이를 먹은 부인으로, 쌍쌍이 모여 짝을 짓는 취미는 이미 없어졌다. 그녀는 1년 전, 어쩌면 그보다 이전에 아름다운 세월이 있었다. 전갈의 임신 기간은 매우 길다. 배아의 성숙에 1년 이상 걸리니 고등동물에서도 찾아보기 힘든 예라 하겠다.

지금 눈앞의 등불 밑에서 이루어진 한 쌍 이야기로 다시 돌아가자. 이튿날 아침 6시에 방문했다. 어제 산책할 때와 똑같은 모습이다. 말하자면 기왓장 밑에서 여전히 서로 얼굴끼리 마주하여 손가락을 잡고 있다. 녀석

1 로물루스가 건립한 도시국가 로마에는 여자가 부족했다. 큰 축제를 열어서 이탈리아의 사비나 주민을 초청하고는 참석한 아가씨들을 유괴하도록 청년들에게 지시했다.

들을 조사하는 동안 두 번째 쌍이 이루어져 순례를 시작한다. 이렇게 아침 일찍 산책을 나가는 일은 매우 드문 일이다. 낮에는 이런 일을 한 번도 본 적이 없고, 대개는 해가 진 다음 둘이 산책을 나간다. 오늘은 왜 이렇게 서두를까?

그 이유를 어렴풋이 알 것 같다. 어제는 비바람이 몰아치는 날씨에 오후부터 천둥소리가 끊임없이 울렸다. 제사를 올려드린 성 메다르(St. Medard)[2]가 넓은 수문을 열어 놓아 밤새 비가 폭포처럼 쏟아졌다. 높은 전압과 오존(O_3)의 확산이 졸고 있던 은둔자의 신경을 자극해서 흥겹게 만들었다. 거의 모든 수컷이 출입문 밖에 내민 집게로 더듬으며 사정을 알아본다. 그 중 유달리 흥분한 두 마리가 천둥 치는 비바람에 도취되어 감정이 끓어올랐고, 짝짓기의 흥분에 압도되어 밖으로 나왔다. 두 녀석은 서로 뜻이 맞아 천둥 치는 비바람 밑에서 장엄하게 발걸음을 옮겼다.[3]

문이 열린 집 앞을 산책하던 녀석들이 그 안으로 들어가려 했다. 집주인이 반대했다. 주인이 문 앞에 나와서 두 주먹을 휘두르는 몸짓으로 이렇게 말했다. "썩 꺼져. 여기는 벌써 방이 꽉 찼어." 두 녀석은 떠난다. 다른 집도 역시 방이 찼다며 협박한다. 도리가 없다. 결국 처음에 짝을 맺었던 낡은 집, 즉 처음의 기왓장 밑으로 들어간다.

공동주택에서 생활해도 싸움은 별로 일어나지 않았다. 전부터 차지했던 녀석들과 새로 들어온 녀석들은 각각 옆에서 손가락을 맞잡았을 뿐, 하루 종일 꼼짝 않고 명상에 잠겨 있다. 저녁 5시경, 둘이 떨어진다. 수컷은

2 Medardus. 456~545년. 날씨를 관장했다는 전설의 프랑스 성인. 공중에 떠 있는 독수리로 비를 피했다는 이야기가 전한다.
3 짝을 맺은 시점의 기상 상태가 맞는지 의심스럽다.

평소처럼 저녁 한때를 군중과 즐기려고 은신처를 떠난다. 반면 암컷은 기와 밑에 그대로 머문다. 내가 아는 한, 이렇게 오랫동안 마주 앉아 요란한 축제에 들떴어도 무슨 일이 일어나지는 않았다.

한 집에 네 마리가 산다는 것이 꼭 예외만은 아니다. 유리 사육장에서는 성과 무관하게 여러 마리가 같은 지붕 밑에서 동거하는 경우가 잦았다. 나는 같은 돌 밑에 두 마리의 전갈이 머문 경우를 본 적이 없다고 했는데, 유리 사육장이 그 말은 틀렸단다. 습성이 포악한 녀석들이라 이웃과 함께 살지 못하는 게 아니란다. 거기는 집이 필요 이상 많다. 각자가 마음에 드는 집을 선택해서 인색한 집주인이 될 수도 있다. 하지만 그러지 않았다. 저녁이 되면 흥청거릴 텐데, 그때는 어느 집이건 모두의 집으로서 못 들어갈 집이 없다. 누구나 우연히 만나는 기왓장 밑으로 들어가도 주인은 군소리가 없다. 녀석들은 외출하여 산책하고, 우연히 만난 집으로 들어간다. 저녁때의 법석 떨기가 끝나면 성과 무관한 서너 마리, 또는 더 많이 모인다. 비좁은 방에서 남은 밤과 이튿날 하루를 함께 지낸다. 그 집은 잠시 빌린 오두막이며, 다음 날은 산책하던 녀석의 기분에 따라 또 다른 집에 머문다. 정해진 숙소는 일기가 나쁜 계절에만 사용할 뿐, 이 떠돌이 보헤미안들은 아주 평화로워서 좁은 방에 대여섯 마리가 함께 머물러도 싸움은 없다.

자, 그런데 이렇게 너그러운 마음씨는 성숙한 녀석에게서만 보인다. 어쩌면 보복이 두려워서 그런지도 모르겠다. 장래를 준비하는 만남에는 어쩔 수 없이 평화 관계를 유지해야 할 또 하나의 동기, 즉 협조가 필요해서 그런 것이다. 성격이 안정되었음을 믿을 수는 없으나 어쨌든 부드러워졌다. 하지만 머지않아 수태하게 될 암컷에게는 야수 같은 식욕이 남아 있다.

갓 태어난 제 새끼에게는 착한 어미 전갈이겠지만, 거의 어른처럼 자라서 결혼을 앞둔 젊은 녀석은 미워서 못 견디겠나 보다. 그녀를 식인귀라고 꾸며 낸 이야기 같지만, 실제로 길에서 만난 젊은 녀석은 맛있는 고기에 지나지 않았다.

이런 끔찍한 광경이 내 기억에서 떠나지 않는다. 성숙한 전갈 크기의 1/4이나 1/3밖에 안 되는 젊은 전갈이 어쩌다 덤벙거리며 그 집 앞을 지나간다. 뚱보 아줌마가 뛰쳐나와 불쌍한 녀석에게 달려가 가위로 물고 칼로 일격을 가한다. 그러고는 천천히 먹어 버린다.

유리장 안의 청년과 처녀 전갈은 결국 이렇게 해서 전멸당했다. 나는 죽어서 생긴 결원을 보충하면서 가슴이 무척 아팠다. 마치 살육장에 새로운 먹이를 대주는 격이나 다름없는 짓이었으니 말이다. 12마리가 며칠 만에 몽땅 살육당했다. 굶었다는 핑계는 안 될 말이다. 식량이 항상 풍부한데도 그런 암컷은 12마리를 모두 먹어 버렸다. 청춘이란 분명히 좋은 것이나 이런 식인귀 아줌마 사회에서는 손실이 엄청났다.

수태했을 때 많이 일어나는 이 변칙적 학살을 나는 식욕 탓으로 돌리고 싶다. 그녀에게는 다가오는 출산이 어찌 될지 모르니 모두가 다 적이다. 참기 어려운 일이니 힘껏 먹어서 제 몸을 구해야 한다. 실제로 8월 중순에 새끼(알)가 태어나 해방되면 사육장에는 모든 구석까지 깊은 평화가 깃든다. 아무리 지켜봐도 그렇게 심했던 식인 풍습의 발작이 보이지 않았다.

한편, 집안일 돌보기에는 일체 관심 없는 수컷은 이런 광적인 비극을 전혀 모른다. 수컷은 조금 거칠기는 해도 이웃을 살해할 힘은 없다. 제가 갈망하는 암컷을 손에 넣으려고 수컷끼리 싸우는 일도 결코 없다. 두 경쟁자가 싸울 때 필사적인 격투나 칼로 찌르기 따위가 없다. 경쟁이 느슨하다고 말할 수는 없어도 적어도 심각한 주먹질 따위는 없다.

같은 아가씨에게 구혼하는 두 마리 전갈이 마주쳤다. 둘 중 누가 아가씨를 초대해서 한 바퀴 산책을 떠날까? 그것은 손의 힘이 결정한다.

두 수컷이 각기 한쪽 가위로 미녀의 손을 한쪽씩 잡았다. 한 녀석은 오른쪽, 다른 녀석은 왼쪽에서 온 힘을 다해 끌어당긴다. 다리를 힘껏 버텨 지렛대를 만들고 엉덩이를 부들부들 떨면서 꼬리로 평형을 잡는다. 그러고는 힘껏 용을 쓴다. 자, 힘내! 긴 시간에 걸쳐 끌어당기며 암컷을 괴롭힌다. 사랑의 고백이라면서 능지처참하는 격의 각 뜨기가 아닌가.

한편, 두 녀석 사이에는 주먹질이 오가지도, 꼬리로 바닥을 치지도 않는다. 다만 암컷만 난폭하게 당한다. 미치광이 같은 두 녀석이 이렇게 싸우는 것을 보면 암컷의 팔이 뿌리째 뽑히지나 않을까 염려된다. 하지만 그런 탈구(脫臼)는 일어나지 않는다.

결말이 나지 않는 싸움에 지쳤어도 두 경쟁자는 주먹다짐 없는 싸움을 계속한다. 세 마리가 사슬처럼 연결되어 점점 더 세게 끌어당기다 흔든다. 앞으로 갔다 뒤로 물러났다 하며 힘이 빠질 때까지 끌어당긴다. 기운 빠진 녀석이 갑자기 아가씨를 버리고 도망친다. 그처럼 열정적으로 싸우게 했던 미녀를 적의 수중에 넘겨준 것이다. 승리자는 곧 자유로운 팔로 그녀를 끼고 산책을 시작한다. 패자를 걱정할 필요는 없다. 녀석도 곧 무리 속에서 싸움에 진 창피를 보상해 줄 아가씨를 만나게 될 것이다.

경쟁자 사이가 그렇게 위험하지 않은 사례 하나를 더 들어보자. 한 쌍이 거닐고 있다. 수컷은 몸집이 작아도 산책에는 아주 열중했다. 걷다가 암컷이 정지하면 힘껏 끌어당긴다. 등줄기를 따라 경련이 일어난다. 녀석보다 힘센 녀석이 불쑥 나타난다. 아가씨는 새로 나타난 녀석이 더 마음에 들었다. 혹시 그 녀석의 힘을 믿고 초라한 첫번째 녀석을 때려눕히거나 칼로 찌를까? 전갈은 이런 미묘한 문제를 무기로 해결하지는 않는다.

억센 녀석에게는 빈약한 녀석이 안중에도 없으니, 곧장 탐나는 아가씨에게 달려들어 꼬리를 잡는다. 그렇게 되면 하나는 앞으로, 다른 녀석은 뒤로 당기며 다툰다. 옥신각신하다 서로 가위 하나씩을 잡게 된다. 열기가 심해진 녀석들이 각각 좌우로 끌어당긴다. 암컷의 사지가 찢어질 것만 같다. 작은 녀석이 패배를 인정했다. 손을 놓고 도망친다. 큰 녀석은 놓아준 가위를 잡고 짝이 되어 걸어간다.

4월 말부터 9월 초까지 약 4개월 동안, 저녁때가 되면 이런 짝짓기의 전주곡이 지칠 줄 모르고 계속된다. 찌는 듯한 삼복더위도 이렇게 광란하는 녀석들을 진정시키지 못한다. 더위가 되레 새로운 열기를 부어 주는 것 같다. 봄철에는 가끔씩 한 쌍의 짝지은 순례자가 나타났지만 7월에 들어서는 하룻밤에도 서너 쌍이 한꺼번에 눈에 띈다.

이때를 이용해서 산책하던 쌍이 숨어든 기왓장 밑에서 어떤 일이 벌어지는지 알고 싶었으나 매번 허사였다. 내 소망은 다정하게 머리를 맞대고 머무는 동안의 전말을 자세히 알아내는 것인데, 한밤의 적막 속에서 기와를 살며시 들추는 방법도 소용없었다. 여러 차례 시도해 보았으나 효과가 없었다. 지붕이 없어지면 그 쌍은 다시 순례를 떠나 다른 은신처로 들어갔다. 그래서 그 자리는 오랫동안 관찰할 수가 없었다. 이런 섬세한 계획을 성공시키려면 지금과는 아주 다른 특수 상황이 필요했다.

오늘 눈앞에서 일이 벌어졌다. 7월 3일 아침 7시경, 한 쌍이 주목되었다. 어젯밤에 쌍을 이루어 산책하고 숙소로 들어가는 것을 본 녀석들이다. 수컷은 기와 밑에 가위 끝만 내밀었을 뿐 몸통은 보이지 않았다. 방이 너무 좁아서 두 마리가 들어갈 수 없어, 수컷만 안에 있고 뚱뚱한 암컷은 손가락을 잡힌 채 밖에 있었다.

구부린 꼬리가 커다란 활처럼 옆으로 늘어져 침 끝이 땅에 닿았다. 다리 8개는 땅을 꽉 디디고 후퇴하려는 자세였다. 몸 전체가 완전히 부동자세로서 도망칠 징조였다. 녀석을 낮에 스무 번이나 보았지만 엉덩이를 조금 움직이지도, 자세를 조금 흩뜨리지도, 꼬리를 구부리지도 않는 게 달라진 흔적이 전혀 없다. 벌레가 돌로 변했어도 이렇게 부동자세일 수는 없겠다.

몸은 안 보이고 손가락만 겨우 보이는 수컷 역시 꼼짝 않는다. 자세에 변화가 있었다면 그 손가락으로 알 수 있다. 화석(化石) 같은 상태가 밤을 새고 그날 하루 종일, 그러고 저녁 8시까지 계속되었다. 도대체 녀석들은 서로 마주 보면서 무슨 생각을 할까? 손가락만 잡은 부동자세로 무엇을 했을까? 아마도 깊은 명상에 잠겼겠지. 이런 모습은 녀석들의 상태를 나타내는 하나의 표현이다. 하지만 인간은 어떤 언어로도 손가락을 맞잡은 전갈의 지극한 행복감과 황홀감을 적절히 표현하지 못한다. 우리가 이해할 수 없는 문제에는 입을 다물자.

밖이 한창 소란한 8시경, 암컷이 설레설레 움직이기 시작한다. 힘들게 몸을 흔들어서 겨우 거기를 떠난다. 한쪽 가위는 몸에 붙이고 또 한쪽은 쭉 뻗고 도망친다. 그녀는 매력의 사슬을 끊느라고 힘을 너무 썼다가 한쪽 어깨뼈가 빠졌다. 그래서 아직 건강한 한쪽 가위로 더듬으며 도망친다. 수컷이 그녀를 뒤따르지만 오늘 밤은 이것으로 모든 게 끝났다.

한 계절 내내, 저녁때가 되면 두 마리가 함께 즐기는 산책은 두말할 것도 없이 대단한 중대사의 전주곡이다. 산책하는 녀석들은 중요한 시기가 가까워지자 제 재능을 과시했다. 그렇다면 언제 결정적 순간이 올까? 그것을 감시하는 일이 내게는 너무도 힘들었다. 아무리 밤늦도록 잠을 안 자고 기다려도 허사였다. 빗살판의 정확한 임무를 알아내려고 기와를 뒤집어 보았으나 내 희망에 보탬이 되는 것은 하나도 없었다.

지금은 혼례식이 끝났을 만큼 아주 깊은 밤이다. 틀림없다. 날이 샐 때까지 졸지 않고 기다리면 틀림없이 좋은 기회가 오겠지. 늙은 내 눈꺼풀일망정 하나의 훌륭한 관념이 포착된다면 밤을 새울 수 있다. 하지만 그런 고생의 결과가 얼마나 빗나갔더냐!

나는 싫증날 만큼 보고 또 보아서 이제는 잘 안다. 기왓장 밑에서 이튿날, 대개는 전날 밤과 똑같은 자세로 보낸 한 쌍을 보게 된다. 내 평생의 생활을 걷어치우고 서너 달 밤을 계속해서 지켜봐야만 성공할 것 같다. 하지만 내게는 이제 그럴 힘이 없다. 단념하자.

딱 한 번, 이 어려운 문제의 해답을 힐끗 보았다. 돌을 들추자 수컷은 손을 잡은 채 벌렁 누워서 뒷걸음질로 천천히 암컷 밑으로 미끄러져 들어가던 중이었다. 귀뚜라미(Gryllidae)도 요청이 받아들여지면 이렇게 한다. 이런 자세의 교미를 하려면 두 빗살판의 빗살을 맞추면 될 것이다. 하지만 주거가 침입당하자 놀란 녀석들이 겹쳐졌던 자리에서 떨어졌다. 아주 잠깐 엿본 것으로 추측해 보면, 전갈은 귀뚜라미와 같은 자세로 교미한다. 하지만 손끼리 잡은 것 말고도 서로를 얽는 빗살판이 있다.

그 뒤 집 안에서 일어나는 일을 더 잘 알게 되었다. 전날 저녁 한 쌍이 산책한 다음 들어간 기왓장에 표시를 해두었다. 이튿날 무엇을 보았을까? 보통 때처럼 서로 얼굴을 마주하고 손가락도 맞잡았던 전날의 모습 그대로였다.

하지만 가끔은 암컷만 있을 때도 있었다. 일을 끝낸 수컷이 물러갈 방법을 찾아서 떠난 것이다. 수컷에게는 도취했던 부부간의 애정에서 빨리 벗어나야 하는 중대한 이유가 있다. 특히 5월은 가장 열띤 회합의 시기인데다, 암컷은 상대했던 수컷을 죽여서 갉아먹으며 즐기는 일이 아주 잦다.

살해범은 누구였을까? 두말할 것도 없이 암컷 전갈이다. 여기서도 황라사마귀(*Mantis religiosa*)가 보여 준 무서운 습성을 다시 보았다. 어물거리다 도망칠 기회를 놓친 애인은 죽어서 먹힌다. 암컷의 손을 놓아주는 것은 수컷의 자유이며, 엄지손가락을 열기만 하면 그녀와 떨어진다. 하지만 빗살판이라는 악마 같은 장치가 남아 있다. 조금 전까지는 그것이 쾌락의 도구였으나 지금은 죽음의 올가미이다. 수컷에서든 암컷에서든 톱니처럼 맞물린 빗살판이 즉시 떨어지지 않아 수컷은 불행하게 죽음을 맞이한다.

황라사마귀 아직은 어린 녀석이지만 습성은 어른벌레 못지않게 사납다. 『파브르 곤충기』 제5권의 후반부는 녀석들에 대한 집대성 편이었다.
평창, 30. VII. 05

위협해 오는 독침과 똑같은 무기를 갖춘 수컷이 자신을 방어하는 방법을 알고나 있을까? 희생당한 쪽은 언제나 수컷이었음을 생각해 보면 그렇지 못한 것 같다. 독침을 쓰려면 꼬리가 등 쪽으로 구부러지는 자세라, 등을 땅에 대고 누워 있는 상태에서는 제대로 조작되지 않을 것이다. 게다가 본능이 미래의 어미를 무기로 쓰러뜨리는 것을 금하는지도 모른다. 그래서 수컷은 무서운 신부에게 찔려 죽는 것이다. 제 몸을 지키지 못하며 죽는 것이다.

과부는 그 자리에서 신랑을 먹어 버린다. 마치 거미(Araneae)의 의식 같다. 그래도 거미는 전갈 같은 빗살판이 없으니 수컷이 빨리 결심만 하면 도망칠 여유가 있다.

이렇게 장례식 대신 먹어 버리는 일이 잦아도 엄격하게 실행되지는 않았다. 먹고 안 먹고는 어느 정도 위장의 요구에 달렸으며, 혼례의 식사가 교만스럽지도 않았다. 다른 부분은 손대지 않고 머리만 약간 갉아먹은 시체를 밖으로 끌어내는 것도 보았다. 이런 푸리아이(Furies)[4]가 아침나절에 죽은 자를 마치 전리품처럼 팔

4 Furiae. 그리스·로마 신화에 등장하는 복수의 여신들. 그리스 어는 Erinyes

로 번쩍 들어 올려 여럿이 보는 앞에서 끌고 다니다. 아무런 양심의 가책 없이 그대로 던져 버린다. 결국은 정신없이 고기를 찾아다니는 개미(Formicidae)에게 던져 준 셈이다.

23 랑그독전갈-가족

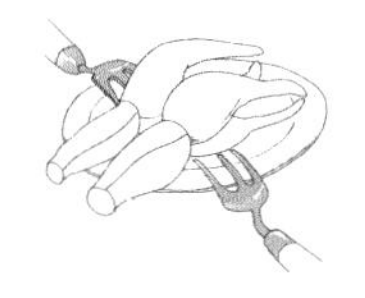

생명 문제에 관한 책 속의 자료는 지식에 별로 도움이 안 된다. 풍족한 도서실보다는 사실과 열심히 대화하는 편이 훨씬 좋다. 모르는 게 더 좋을 때도 많다. 정신은 탐구의 자유를 가졌는데, 독서에서 얻은 암시는 출구가 없어서 길을 헤매지도 않는다. 나는 또 한 번 그런 경험을 했다.

대가의 해부학 책은 랑그독전갈(Scorpion Languedocien: *Buthus occitanus*)이 9월에 새끼를 짊어지고 다닌다고 했다. 아아, 정말로 이 책에게는 묻지 말았어야 했노라! 이곳 기후에서는 양육 기간이 짧아 부화 시기가 훨씬 빨랐다. 상당히 기대되는 흥미로운 광경을 보려고 3년째라는 진저리 나는 세월을 기다렸는데, 9월까지 더 기다렸다가 아무것도 못 볼 뻔했다. 특별한 사건이 없었다면 또 기회를 놓쳐 1년을 손해 보거나, 이 문제를 단념했을지도 모른다.

그렇다. 모르는 게 더 좋을 때도 있다. 모르면 발길에 다져진 길을 멀리 벗어나 새 길을 만날 수 있다. 전에 이 나라의 유명한 학자 한 분이 자신이 무엇을 알려 주었는지 전혀 모르면서 내게 가르쳐 준 것이 있다. 어느 날, 느닷없이 파스퇴르(Pasteur)[1]가 우리 집 벨을 눌렀다. 얼마 후 그렇게도 유명해진 그 파스퇴르 말이다. 나도 주석산(酒石酸)의 선광성(旋光性)에 관한 훌륭한 업적을 읽은 적이 있어서 그의 이름을 알고 있었다. 또 적충류(Infusoires: Infusoria, 滴蟲類)[2]의 번식에 관한 논문도 아주 흥미 있게 읽었었다.

과학은 시대마다 엉뚱한 유행이 있다. 지금은 진화론(進化論)이 유행하지만 당시는 자연발생설(自然發生說)이 풍미했다. 파스퇴르는 시험관을 철저히 소독한 것과 안 한 것으로 간단하면서도 멋진 실험을 해서 썩은 물질의 화학반응으로 생명이 발생한다는 미치광이 같은 주장을 무너뜨렸다.

그는 정당하게 그 논쟁(진화론과 자연발생설)을 해명했으므로, 나는 이 저명한 방문객을 마음속 깊이 환영하고 있었다. 그가 물리와 화학의 동료 자격으로 나를 찾아와 어떤 문제에 대해 알고 싶어 했으니 내게는 굉장한 영광이었다. 아아, 그런데 어쩌면 그렇게도 시시한 동료이더냐!

그는 양잠(養蠶)과 관계된 일로 아비뇽(Avignon) 지방을 순방했다. 양잠 농가는 여러 해 전부터 정체를 알 수 없는 병으로 큰 피해를 입고 있었다. 누에(Ver à soie→ *Bombyx mori*)◔가 뚜렷한 이유도 모르는 채 썩어서 액체로 녹아 버리거나, 설탕 조림 편도과자 모양 석고처럼 굳어 버렸다. 농부는 수입이 사라짐을 바라보며 낙담했다. 열심히 돌보며 비용도 들였지만 결국은 누에를 거름통에 던져야만 했다. 맹위를 떨치는 이 병해에 대해 이 손님과 몇 마디 나누었는데 이

1 1822~1895년. 프랑스 화학자, 미생물학자. 저온 살균법, 광견병 예방법을 발견하고, 자연발생설(自然發生說)을 부정했다.

2 원생동물문 섬모충강(纖毛蟲綱)을 지칭했던 옛 이름으로 현재는 쓰지 않는다.

야기의 서두도 없이 대뜸 물었다.

"고치를 좀 보여 줄 수 있습니까? 이름만 들었지 한 번도 본 일이 없습니다. 어떻게 하면 구할 수 있습니까?"

"별 문제 없습니다. 마침 우리 집 주인이 여기서 고치 장사를 시작했습니다. 옆집에 살고 있으니 조금만 기다려 주십시오. 원하시는 것을 곧 가져오겠습니다."

나는 얼른 옆집으로 달려가 고치를 주머니에 넣고 돌아와 그에게 건네주었다. 그는 받아서 손가락으로 굴려 본다. 이 세상의 저쪽 끝에서 온 묘한 물건을 보는 듯한 태도였다. 이상하다는 듯이 잘 조사해 본다. 또 귀에 가까이 가져가 흔들어 본다.

그는 깜짝 놀랐다.

"소리가 나네요, 안에 뭐가 있습니까?"

"물론 있습니다."

"무엇입니까?"

"번데기올시다."

"예? 번데기라니요?"

"애벌레가 되기 전에 모양새를 바꾸는 일종의 미라입니다."

"모든 고치 속에 그런 것이 하나씩 다 들어 있습니까?"

"물론이죠. 고치는 애벌레가 번데기를 보호하려고 짠 것입니다."

"아아, 그렇군요!"

그러고는 그것뿐, 고치는 그의 주머니로 들어갔고, 그는 편할 때 이 진귀한 번데기를 연구하게 되었다. 나는 기가 막혀서 스스로 놀랐다. 파스퇴르는 애벌레, 고치, 번데기, 탈바꿈조차 전혀 모르면서 누에를 재생시키겠다고 이곳을 찾아왔다. 고대 검투사는 벌거벗은 몸으로 경기장에 나타났다. 양잠장의 병과 싸우는 천재적 검투사인 파스퇴르 역시 알몸으로 싸움터에 나타났다. 말하자면 위험에서 건져 내려는 누에에 대해 가장 간단한 지식조차 없었다. 나는 혼비백산했다. 그 정도가 아니라 경탄해 마지않았다.

그다음에도 마찬가지였다. 그때는 다른 문제, 즉 포도주를 가열해 개선하는 문제에 열중하고 있었다. 그는 불시에 화제를 바꾼다.

"포도주 창고를 좀 보여 주시오."

학교 교사였던 당시의 나는 그런 급료로 포도주에 지출할 돈이 없었다. 기껏해야 한 줌의 흑설탕과 깨진 사과를 항아리 속에서 발효시킨 막포도주뿐이었다. 형편없는 내 포도주 창고를! 이런 내 창고를! 내 술 창고를 보여 달라니! 포도주의 생산 연도와 산지를 표시한 상표는 고사하고 먼지 쌓인 병조차 없는데, 이런 술통을 왜 보겠다는 거지? 내 포도주 창고를?

완전히 당황한 나는 그 청을 피하려고 화제를 돌리려 했다. 하지만 그는 고집을 부린다.

"당신의 포도주 창고를 보여 주시겠습니까?"

이쯤 되면 거절할 수가 없다. 부엌의 한 구석을 가리켰다. 거기에는 지푸라기가 없는 의자 위에 12*l*가량의 커다란 병, 즉 목은 가늘고 몸통은 뚱뚱한 병이 있었다.

"제 술 창고는 저것입니다, 선생님."

"저것이 당신 술 창고입니까?"

"그것뿐, 다른 것은 없습니다."

"그것뿐입니까?"

"네, 유감입니다만 저것뿐입니다."

"아하!"

그것뿐, 학자의 입에서는 아무 말도 나오지 않았다. 그는 속된 말로 '미친 암소(Vache enragée)'라고 부르는 그 독한 향신료 술을 모르고 있었다. 내 포도주 창고의 낡은 의자, 그리고 빈 항아리에 열을 가해서 발효 작용을 중지시키는 것에 대해 아무 말도 안했다. 그렇게 탁월한 방문객이 그것을 이해하지 못함을 보여 주고 있었다. 또 하나의 세균을, 다시 말해서 가장 무서운 것을 그는 보지 못했다. 선량한 백성을 졸라매는 빈곤을 그는 몰랐다.

비록 술 창고라는 재수 없는 사건이 있었지만, 그의 쾌활한 자신감에 압도되기도 했다. 곤충의 탈바꿈조차 몰랐고 난생 처음 고치를 본 그였다. 고치 속에 미래의 나방이 될 무엇인가가 들어 있음도 지금 알았다. 여기 남쪽 지방에서는 초등학생도 다 아는 것을 그는 모르고 있었다. 이런 풋내기가 순수한 질문으로 나를 놀라게 했음에도 불구하고, 그는 양잠실의 위생에 혁명을 일으켰다. 그 뒤 의학과 일반 위생학에도 혁명을 일으켰다.

그의 무기는 사소한 것에 구애받지 않고 전체를 내다보는 착상이었다. 탈바꿈, 애벌레, 고치, 번데기, 그 밖의 곤충학의 많은 비밀 따위가 그에게는 아무래도 상관없었다. 그의 경우는 그런 것을 모르는 것이 차라리 좋았다. 모르는 것이 생각에 독립성과 대담한 비약성을 갖게 하고, 활동은 이미 아는 틀에서 벗어나게 되어 한층 더 자유로워진다.

나는 귀밑에서 나는 소리가 파스퇴르를 놀라게 했던 그 기막힌 예에 고무되어 본능에 대한 연구도 무식주의를 규칙으로 삼았다. 사실, 나는 책을 거의 읽지 않는다. 책장을 넘기기란 돈이 드는 일이어서 내 손이 미치지 못한다. 또 나는 다른 사람과의 대화 대신 내 연구 주제인 곤충과 얼굴을 맞대고, 녀석이 입을 열 때까지 기다린다. 나는 아는 게 없다. 그렇게 되면 내 질문은 그만큼 자유로워진다. 이제 알려진 것에 따라 오늘은 이쪽, 내일은 반대쪽을 질문한다. 그러고 어쩌다가 책을 열게 되면 그것에 붙들리지 않으려고 머릿속에 높은 장막을 쳐 놓는다. 지금 내가 갈고 있는 밭에는 어리석은 풀과 덤불만 가득하다.

조심하지 않다가 하마터면 1년을 허송세월할 뻔했다. 책을 믿고 9월 이전에는 기대하지 않았는데 뜻밖에도 7월에 랑그독전갈의 새끼를 만났다. 실제와 예상일 사이의 간격은 기후 차이에 있다고 믿었다. 나는 프로방스(Provence)에서, 뒤푸르(Dufour)[3]의 책은 스페인에서 관찰했다. 그가 가장 권위 있는 학자임은 틀림없어도 유심히 지켜는 보았어야 했다. 다행히 서양전갈(Scorpion noir: *Scorpio europaeus*)이 알려 주어 기회를 놓치지 않았고, 파스퇴르가 번데기를 몰랐던 이유도 이해할 수 있었다.

몸매도 작고 활동도 시원찮은 보통전갈(서양전갈)을 광구병에 담아 탁자에서 사육했었다. 비교 실험 재료로 길렀던 것인데, 자리 문제도 별로 없고 조사도 손쉬워서 빈약한 유리병을 매일 조사하게 되었다. 아침마다 실험 노트 몇 장을 짧은 글로 검게 칠하기 전에 잊지 않고 하숙생의 은신처로 마련해 준 마분지를 들춰 보았다. 지난밤에 무슨 일이 있었는지 조사한 것이다. 광구 유리병의 서양전갈 검사는 순식간에 끝나지만 바깥의 유리 사육장에서는 이것처럼 매일 방문해서 그 식구를 조사하고 다시 원상 복구시키기

3 Jean-Marie Leon Dufour. 1780~1865년. 프랑스 의사, 아마추어 곤충학자. 『파브르 곤충기』 제2, 3권에 자주 등장했다.

가 너무 힘들었다.

눈앞에 이런 지점을 여러 개 놓아두어 큰 도움이 된 것이다. 7월 22일 아침 6시경, 마분지를 들추자 그 밑의 어미가 마치 흰 망토를 입은 것처럼 등에 한 무리의 애벌레를 업고 있었다. 그 순간 나는 관찰자의 어려움을 보상해 주는 그런 푸근한 만족감을 느꼈다. 애벌레를 마치 옷처럼 걸쳐 입은 전갈의 멋진 자세를 처음으로 가까이서 본 것이다. 어젯밤은 어미 혼자였으니 출산은 조금 전에 한 것 같지만 실은 밤중에 했다.

또 다른 성공도 기다리고 있었다. 이튿날 두 번째 어미도 새끼 전갈로 하얗게 덮였고, 다음다음 날에도 두 마리가 동시에 그렇게 바뀌었다. 모두 네 가족, 내 기대 이상이다. 이 네 가족과 조용한 몇 날을 보내면서 한가하게 생활하기에는 그만이었다.

더욱이, 행운은 내게 호의를 잔뜩 베풀었다. 병에서 발견하자 사육장 생각이 났다. 혹시 랑그독전갈도 녀석들처럼 조숙했을지 모를 일이다. 빨리 가서 조사해 보자.

25개의 기왓장 파편을 뒤집어 본다. 와, 굉장하구나! 늙은 내 혈관에서 20대의 젊은 피가 끓음을 느꼈다. 둥지 3개에서 애벌레를 업은 어미가 눈에 띄었다. 그 중 하나는 다른 녀석보다 조금 컸다. 나중에 알았지만 녀석은 벌써 1주일 전에 태어난 것이다. 다른 두 녀석은 아주 최근으로 지난밤에 출산했음을 알 수 있었다. 너덜거리는 조각을 배 밑에 소중하게 매달고 다녀서 안 것이다. 그런데 그 조각들은 과연 무엇일까? 곧 알게 될 것이다.

7월이 끝나고 8, 9월도 지났으나 그동안 늘어난 수집품은 없었다. 어쨌든 두 종의 전갈 애벌레가 태어나는 계절은 7월 후반이었다. 그 뒤로 출산이 없었으나 유리장 안의 주민 중에는 새끼를 출산한 개체만큼 배가 뚱뚱한 암컷들이 남아 있었다. 녀석들의 외모를 보고 식구가 늘어날 것을 예상했으나 겨울이 와도 새로운 출산은 없었다. 기대했던 출산이 다음 해로 미루어진 것이다. 비록 하등동물이지만 무척 보기 드문 장기 임신의 새로운 증거였다.

쉽게 마음껏 관찰하려고 조금 작은 그릇으로 한 마리씩 옮겼다. 아침 일찍 찾아갔더니 밤에 출산한 어미의 배 밑에 한 무리의 애벌레가 있었다. 지푸라기로 어미를 밀어냈더니 애벌레가 아직은 어미 등으로 올라가지 못한다. 이 현상이 비록 대단치는 않아도 책의 설명을 뿌리째 뒤집는 일임을 발견했다. 책들은 전갈이 태생(胎生)한다고 했으나 이 설명은 정확성이 결여된 것이었다. 애벌레는 책으로 안 것처럼 직접 태어나는 게 아니었다.

사실은 이랬어야 했다. 가위는 뻗치고, 다리는 펼치고, 꼬리는 뒤로 젖힌 상태로 어미의 자궁을 빠져나올 수 있을까? 이렇게 거추장스러운 도구를 갖춘 꼬마가 좁은 길을 빠져나갈 수는 없다. 결국 넓은 자리를 요구하지 않도록 꽁꽁 묶여서 태어남은 필연적이다.

어미의 배 밑에서 발견된 것은 사실상 알이었다. 크기도 수태한 지 한참 된 난소에서 꺼낸 알과 비슷했다. 극미동물(極微動物)이 쌀알로 농축된 셈이다. 꼬리는 배를 따라 밀착했고, 가위도 가슴에 붙었으며, 다리도 배에 붙은, 미세한 돌기 하나 없는 알 모양의 작은 알갱이였다. 이마 위의 새까만 점은 눈을 나타낸다. 이 작은 벌레는 잠시 동안 녀석의 세계이며, 녀석의 대기(大氣)인 유리 같은 액체 속에서 떠돌며, 액체는 아주 얇은 막으로 둘러싸였다.

이것은 진짜 알이다. 랑그독전갈은 배에 30~40개의 알이 들어 있었고, 서양전갈은 그보다 약간 적은 숫자였다. 밤중의 출산 때는 보지 못했으나 거의 끝날 무렵에는 목격했다. 그때 남은 알은 얼마 안 되었어도 내가 확신하기에는 충분했다. 전갈은 실제로 난생(卵生)을 한다. 다만 알이 금방 해방된다. 아주 빨리 부화해서 태어난 애벌레였다.[4]

자, 그런데 해방이 어떻게 이루어질까? 나는 그것을 직접 목격했다는 증명서를 확보하는 특권을 얻었다. 어미가 큰턱으로 재치 있게 알막을 찢고 잡아당겨서 떼어 내 먹는 것을 보았다. 마치 양(Mouton: *Ovis*)이나 고양이(Chat: *Felis catus*)가 자식의 탯줄을 먹어 버리듯, 어미의 자애로움과 빈틈없는 조심성으로 애벌레를 해방시켰다. 사용하는 도구는 조잡해 보여도 겨우 모양새를 갖춘 살에 상처를 주거나 뼈가 어긋나게 하지는 않았다.

전갈의 생활도 인간의 모성애와 가까운 행동으로 시작되어서, 지금도 나의 놀라움이 가시지 않는다. 전갈은 석탄기(石炭紀) 식물이 무성했던 아주 옛날에 출현했는데, 그때 분만과 더불어 자애로움을 벌써 준비하고 있었다. 오랫동안 휴면(休眠)하는 식물의 낟알 같은 알, 당시 파충류(Reptile: Reptilia)나 어류(Poissons: Pisces)가 가졌던 것과 같은 알, 한참 뒤의 새(Oiseaux: Aves)와, 그리고 거의 곤충(Insectes: Insecta) 전체가 갖는 것과 같은 알은 아주 미묘한 생체로서, 벌써 고등동물의 태생의 서곡이 존재했었다. 배아의 부화가 위험이 도사린 바깥세상이 아니라 어미의 태내에서 이루어졌다.[5]

생명은 평범한 것에서 좋은 것으로, 다시

4 어미의 체외로 배출된 다음 배 발생이 진행된 게 아니라 이미 그 안에서 발생한 경우로서 난태생(卵胎生)에 해당한다.

5 파브르는 대부분의 동물군에 태생, 난생, 난태생이 존재함을 몰랐던 것 같다. 한편, 비교 동물군의 순서를 왜 어수선하게, 즉 시대적 순서와 맞지 않게 나열했는지 모르겠다.

훌륭한 것으로 점차 진화하는 단계 자체는 모른다. 진화는 때로는 앞으로도, 뒤로도 껑충 뛰어 넘는다. 바다에는 썰물과 밀물이 있다. 물로 구성된 바다보다 더 불가사의한 또 하나의 세계인 생명의 바다에도 그런 썰물과 밀물이 있다. 그 밖에 또 무엇이 있을까? 누가 그것을 긍정할 수 있을까? 아니면 부정할 수 있을까?

만일 양이 입술로 피막을 벗겨서 먹지 않는다면 새끼양은 배내옷에서 빠져나오지 못할 것이다. 전갈 애벌레 역시 어미의 조력이 필요하다. 나는 전갈 애벌레가 절반쯤 찢어진 알주머니 속에서 끈끈한 물질에 붙어 버둥거릴 뿐, 탈출하지는 못하는 것을 보았다. 연약한 애벌레는 얇은 양파 껍질처럼 연한 배내옷에 대해 아무 짓도 못한다. 녀석도 함께 뚫는지는 몰라도 어미가 한 번 깨물어서 탈출을 도와주어야 한다.

병아리는 주둥이 끝에 잠시 오뚝한 옹이 같은 게 있어서 껍데기를 쪼아 깨뜨린다. 면적을 절약하려고 쌀알에 집어넣은 새끼전갈은 꼼짝 않고 밖에서 도와주기를 기다린다. 모든 것을 다 보살펴 주어야 하는 어미는 모두 잘 해낸다. 출산 때 함께 배설된 지저분한 것과 소량의 무정란까지 모두 없앤다. 쓸데없는 누더기는 하나도 남김없이 모두 어미 입으로 들어가서 애벌레가 머문 곳은 아주 깨끗하다.

애벌레는 지금 이렇게 껍질을 벗어서 산뜻한 몸차림이며 자유롭다. 하얀 녀석들 이마에서 꼬리까지 길이가 랑그독전갈은 9mm, 서양전갈은 4mm였다. 해방의 단장을 끝낸 어미는 애벌레가 올라가기 쉽도록 가위를 땅바닥에 내려놓았다. 새끼는 별로 서두름 없이 차례차례 등으로 올라간다. 거기서 빽빽하게 모여 아무렇게나 뒤엉킨다. 발톱 덕분에 확고하게 자리 잡아 어미의 등에 빈틈이 없는 상보(보자기)를 만들어 놓았다. 나약한 녀석들을 붓으로 쓸어내려면 조금 거칠게 다뤄야 할 정도였다. 타고 있는 녀석이나 태운 녀석이나 이런 상태로 꼼짝 않고 있다. 바로 지금이 실험을 해야 할 시점이다.

어미전갈은 마치 흰 모슬린 망토를 입은 것처럼 애벌레로 덮인 모습이 주목을 끈다. 그녀가 등에 뻗친 꼬리는 꼼짝 않는다. 밀짚으로 새끼를 건드리면 즉시 화가 난 자세로 집게를 휘두른다. 자신을 방어하는 데 이런 자세를 취하는 일은 아주 드물었다. 하지만 집게를 크게 벌린 두 주먹의 권투 태세를 취한다. 꼬리를 흔드는 일은 드물다. 그녀가 갑자기 긴장을 풀면 실린 짐이 등뼈의 충격으로 떨어질 테니, 불시에 폼을 한 번 잡아 본 것으로 충분하다.

하지만 그 정도로는 내 호기심이 충족되지 않는다. 애벌레 한 마리를 떨어뜨려 손가락 하나의 폭 거리에 있는 어미 눈앞에 놓았다. 어미는 꼼짝 않는다. 이 사고를 걱정하는 것 같지도 않았다. 왜 이 사건에 신경 쓰지 않을까? 떨어진 녀석이 제 일은 제가 알아서 처리하겠지. 애벌레는 손발을 흔들며 발버둥 치다가 바로 옆에서 어미의 집게를 발견했다. 형제가 모인 곳으로 제법 재빨리 기어올라 그전처럼 어미의 안장에 올라탄다. 하늘 높이서 민첩하게 곡예를 하는 나르본느타란튤라(*Lycosa narbonnensis*) 새끼와 비교할 정도는 아니었다.

약간 많은 숫자로 실험해 보자. 새끼 일부를 떨어뜨려 녀석들이 주변으로 흩어졌다. 그러면 잠시 주저하느라 시간이 조금 흐른다. 꼬마들은 어디로 가야 할지 몰라 헤맨다. 드디어 어미가 이 사태에 불안해졌다. 각수(脚鬚)인 두 팔을 반원처럼 모아, 모래를 긁어모으는 쇠스랑처럼 미아를 끌어온다. 그 모습이 아주 거칠고 서툴러도 짓뭉개 죽일 염려는 없는 것 같다. 암탉은 흩어진 병아리를 상냥한 소리로 불러들여 날갯죽지 밑에 앉히지만 전갈은 쇠스랑으로 긁어모은다. 그래도 모두 무사하다. 어미 옆으로 긁히자 곧 기어올라 형제와 합친다.

남의 새끼도 맞아들인다. 새끼를 짊어진 제2의 전갈 근처에다 다른 어미에서 붓으로 쓸어 낸 새끼를 옮기자 마치 제 새끼처럼 각수로 끌어 모은다. 물론 꼬마들은 올라타고 착한 어미는 순순히 받아들인다. 과장된 표현이 아니라면 이 어미가 남의 아이를 양자로 맞은 것이다. 하지만 양자란 존재할 수 없으며, 그 행동은 어리석은 타란튤라처럼 제 자식과 남의 자식을 구별할 능력이 없어서 발생된 일이다. 그저 제 수족 근처에서 우글거리는 녀석을 맞아들인 것에 불과한 것이다.

타란튤라가 등에 조무래기를 싣고 황야의 덤불 사이에서 산책하는 것을 자주 보았다. 그래서 전갈도 그렇게 기분 전환을 하며 돌아다닐 것으로 생각했으나 이 녀석들은 산책하지 않았다. 한 번 어미가 된 전갈은 얼마 동안 젊은 전갈이 홍청대는 저녁 시간에도 외출하지 않는다. 문을 잠그고 먹는 것조차 잊은 채 새끼 보살피기에만 매달린다.

가냘픈 꼬마는 미묘한 시련을 받을 운명으로서 다시 한 번 태어나야 한다. 한동안 체내에서 진행되는 일을 꼼짝 않고 기다리는데, 이때는 번데기가 성충으로 되는 과정과 비슷하다. 모습은 분명히 전갈인데 어딘가 짙은 안개 속에서 보는 것처럼 윤곽이 희미하다. 이 시기에 입은 일종의 블라우스 같은 것을 벗어 버려야만 날씬하고 말쑥한 모습의 전갈이 된다.

어미 등에서 꼼짝 않고 8일을 보내면 그 과정이 끝난다. 이제 허물을 벗지만 주기적으로 여러 번 벗는 진정한 허물벗기와는 달라서 진짜 허물벗기라는 말을 할 수가 없다. 진정한 허물벗기는 가슴의 피부부터 갈라진다. 거기서 전갈의 진짜 모습을 갖추고 나오면서 누더기를 완전히 벗는다. 그래서 벗겨진 껍질의 모양도 전갈의 모습과 똑같다.

하지만 지금의 허물벗기는 전혀 다른 모습이다. 피부가 벗겨지는 애벌레를 유리판에 올려놓았다. 녀석은 꼼짝 않고 있지만 마치 실신할 것처럼 매우 괴로워하는 것 같았다. 피부는 특별히 갈라지는 틈새가 없이 멋대로 앞, 뒤, 옆이 한꺼번에 찢어진다. 다리의 각반도, 가위의 장갑도 벗어 버리며, 꼬리도 칼집에서 빠져나온다. 몸 전체에서 동시에 허물이 너덜거리며 떨어진다. 완전히 벗겨지면 의젓한 전갈 모습을 갖춘다. 빛깔은 아직도 연하지만 동작이 재빨라지며, 바로 땅으로 내려가 어미 옆에서 뛰논다. 가장 눈에 띄는 변화는 몸집이 갑자기 커진 점이다. 처음에 9mm였던 랑그독전갈 애벌레는 14mm로, 4mm였던 서양전갈은 6~7mm로 늘어났다. 길이가 두 배 가까이 늘어났으니 부피는 거의 세 배나 커졌음을 뜻한다.

그동안 먹지 않았는데도 이렇게 갑자기 커져서 놀랄 수밖에 없다. 물론 체중은 늘지 않았다. 허물이 벗겨졌으니 되레 줄었다. 부피만 커졌지 무게는 늘지 않았다. 마치 열에 의해 어느 정도 늘어나듯 몸 전체가 팽창한 격이다. 조직에서 재정비가 일어나 생체분자들이 특별한 양식으로 모이게 되면 새 재료의 보충 없이도 부피가 커진다. 훌륭한 인내력과 적당한 도구를 갖춘 다음 이 구조물의 변화를 추적해 보면 무엇인가 가치 있는 결과를 얻을 것이다. 하지만 내 역량에는 못 미치는 일이니 그런 것은 다른 사람에게 맡기자.

애벌레에서 벗겨진 누더기는 고운 천처럼 윤이 나며 흰색의 가는 끈 같다. 이것은 땅에 떨어지는 게 아니라 어미의 등과 뒷다리 안쪽에 엉겨 붙어서 새끼가 쉬기 좋은 부드러운 깔개가 된다. 덤벙대는 기수에게 말안장 밑의 편안한 담요가 된 셈이다. 오르내릴 때, 튼튼한 마구(馬具)로 변한 누더기는 경쾌한 운동을 하기에 알맞은 것이 되었다.

붓으로 살짝 건드려서 애벌레를 곤두박질시키자 정말 즐거운 구경거리가 되었다. 떨어진 녀석은 재빨리 안장으로 올라갔다. 깔개 언저리를 잡고 꼬리를 지렛대 삼아 껑충 뛰어 올라간다. 이상한 깔개, 다시 말해서 쉽게 상륙시켜 주는 끈은 해방되는 날까지의 약 1주일 동안 흩어지지 않고 그대로 남아 있다. 때가 되면 한 뭉치씩 분해되어 흩어진다.

그동안 색깔이 나타난다. 배와 꼬리는 먼동이 틀 때의 빛깔, 발톱은 반투명한 호박색으로 부드럽게 반짝인다. 젊음은 모든 것을 아름답게 한다. 어린 랑그독전갈도 정말 아름답다. 만일 이대로 자라면서 잠시 후 위험한 독주머니를 갖지만 않는다면, 재미 삼아 길러 보고 싶은 아름다운 피조물이다. 녀석은 곧 무엇인가 해보려고 어미 등에서 내려와 근처에서 까불며 장난치려 한다. 너무 멀리 가면 어미가 꾸짖으며 팔 갈퀴로 모래처럼 긁어 들인다.

녀석이 낮잠을 잘 때는 마치 휴식 중인 암탉과 병아리의 모습 같다. 새끼는 대부분 어미 옆의 땅바닥에 있고 몇 녀석은 기분 좋은 쿠션인 흰 깔개 위에 있다. 어떤 녀석은 휘감은 어미의 꼬리에 올라가 군중을 내려다보며 기분 좋아하는 것 같다. 갑자기 다른 곡예사가 나타나 녀석을 밀어내고 자리를 빼앗는다. 모두가 이 멋진 전망대에서 구경하고 싶을 것이다.

어미 중심의 대가족에는 언제나 조무래기가 우글거린다. 다수가 배 밑으로 파고들어 쪼그리고는 얼굴만 내밀어 검은 눈동자가 반짝인다. 좀 들뜬 녀석은 어미의 다리를 철봉대 삼아 그네 타기에 열중한다. 어미의 등에 자리 잡은 한 무리는 어미처럼 꼼짝 않는다.

해방 준비를 하는 1주일 동안 애벌레 돌보기가 계속된다. 이 기간은 희한하게도 안 먹고 몸을 세 배로 늘린 기간과 같다. 두 기간을 합친 약 반달 동안 녀석들은 어미 등에 머물렀다. 타란튤라는

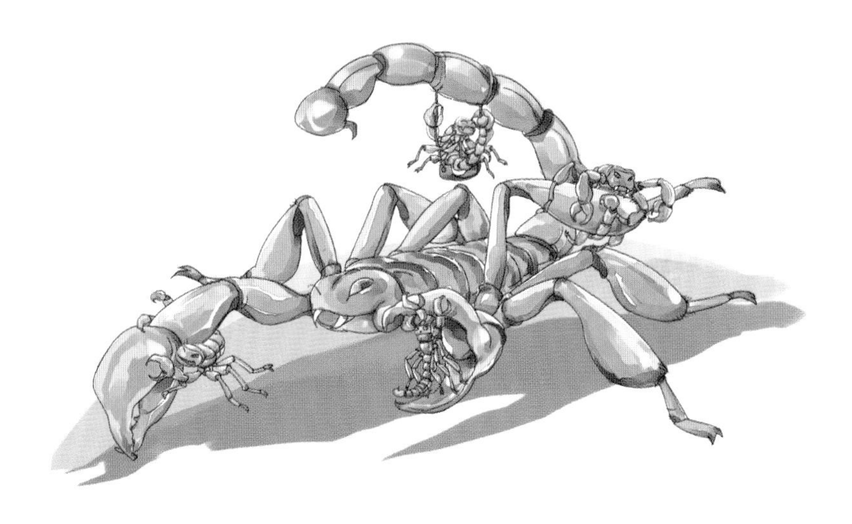

안 먹었어도 항상 활기찬 새끼를 6~7개월이나 등에 업고 다녔다. 허물을 벗고 새로운 생활을 시작한 새끼전갈은 어떻게 먹을까? 어미가 식탁으로 불러서 가장 부드러운 음식을 나눠 줄까? 그녀는 아무도 식탁에 초대하지 않았고, 무엇인가 간직해 둔 것도 없다.

메뚜기 중에서 나약한 애벌레에게 적당할 정도의 작은 녀석을 골라 어미에게 주었다. 그녀는 둘레의 새끼와 상관없이 먹어 버렸다. 그때 등에 있던 새끼 한 마리가 머리 쪽으로 달려와 몸을 구부리고 지금 벌어지는 일을 들여다본다. 제 다리 끝이 어미의 턱에 닿자 무서워서 곧 물러선다. 그렇게 도망쳐야 안전하다. 먹다가 녀석에게 한 입을 주기는커녕 덥석 물어서 이빨의 깊은 수렁 속으로 삼켜 버릴지도 모를 일이다.

다음 녀석은 어미가 머리를 갉고 있는 메뚜기의 꼬리를 붙잡고 늘어졌다. 작은 토막이 부러워서 살짝 씹어 보기도, 당겨 보기도 하지만 너무 단단해서 애써 봐야 소용이 없다.

이제 실컷 구경했고 나도 출출해졌다. 어미가 조금만 신경 써서 새끼의 약한 위장에 맞는 먹이를 준다면 녀석은 기꺼이 받아먹을 것이다. 하지만 그녀는 자기만 먹고 끝낸다.

오, 귀여운 나의 새끼전갈아, 내게 즐거운 한때를 안겨 준 너희는 무엇이 필요하냐? 먹잇감인 작은 벌레를 찾아 멀리 떠나고 싶겠지. 시름에 잠긴 너희 걸음걸이를 보면 알 수 있단다. 그리고 너희는 어미를 무서워한다. 어미도 이제는 너희를 모른다. 너희는 튼튼해졌으니 흩어져서 제 갈 길을 갈 때가 왔다.

너희 입에 맞는 식량이 있다면, 또 그것을 너희에게 즐겁게 제공해 줄 누군가가 있다면, 늙은 전갈을 내쫓고 너희가 태어난 울타리 안에서 기르고 싶단다. 나는 너그럽지 못한 어미전갈의 성격을 잘 안다. 어미와 너희는 이미 남남이니 너희를 그냥 놔두지 않을 것이다. 늙은 악마가 너희를 잡아먹을 것이다. 내년 결혼 시기에 너희를 시기하면서 잡아먹을 것이다. 얼른 떠나가거라. 육신의 조심성이 그것을 원한다.

너희를 어디서 먹고살게 해야 할까? 떠나는 것이 제일 상책이다. 헤어지기 섭섭해도 2~3일 안에 너희 영토, 뜨거운 햇볕이 내리쬐는 언덕의 자갈밭에 뿌려 주겠다. 너희는 거기서 몸집이 겨우 너희만 한 친구를 찾아낼 것이다. 친구는 벌써 손톱만 한 돌 밑에서 혼자 살고 있단다. 너희는 내 집보다 거기서 더 잘 생존하려고 거친 투쟁법을 배울 것이다.

24 도롱이깍지벌레

납거미(Clotho: *Clotho*→ *Uroctea durandi*, 뒤랑납거미)는 새끼가 떠나고 나면 손가락 절반 두께의 푹신한 집을 버린다. 그 집의 방안은 아주 따뜻하고 부드럽지만 누더기가 가득 차서 다음 번 새끼를 낳기가 불편하다. 그래서 어미는 남은 계절을 다른 곳으로 가서 기분 좋게 보내려고 경제적인 별장을, 즉 가벼운 침대보가 덮인 해먹을 짠다. 아직 결혼할 때가 안 된 거미도 매서운 겨울 추위가 다가오면 그 방이 훨씬 좋을 것이다. 하지만 아가씨는 아직 건강하고 인내력이 있어서 돌덩이 은신처 밑의 모슬린 천막으로도 만족한다.

그와는 달리 주부는 기온이 점점 내려가면 열심히 방을 넓히며 벽도 두껍게 바른다. 아름다운 여름밤에 사냥해서 불려 놓은 명주실 창고를 활짝 열고 아낌없이 써 가며 공사한다. 본격적으로 서리가 내리는 계절에는 초라했던 오두막이 호화로운 저택으로 변해서 틀림없이 크게 만족할 것이다. 하지만 자신을 위한 게 아니라 머지않아 태어날 자식을 위해서 지은 집이다. 그렇다면 칸막이 벽이 두껍다거나 깔개가 너무 부드럽다고 흉을 볼 일이 아니다.

납거미의 호화로운 저택은 어떤 둥지보다도 훌륭하다. 그에 비하면 방울새들(Pinson: *Fringilla*와 Serin: *Serinus*) 둥지는 초라한 헛간 수준이다. 사실상 어미거미는 따뜻하게 해주지 못해 알을 부화시키지도, 새끼에게 먹여 주지도 못한다. 하지만 그야말로 자애로운 어미가 7~8개월 동안 새끼를 돌보며 지킨다. 새만큼, 아니 그보다 더 아기를 보호하는 것이다.

최고로 아름다운 본능적 계시인 모성애는 그 솜씨로 1,000×1,000배의 걸작품을 만들어서 증명해 보이도록 한다. 그동안 독자에게 보여 준 것 중 가장 최근 것인 대륙풀거미(*Agelena labyrinthica*)◓를 회상해 보자. 맵시벌(Ichneumon)의 침입에서 알을 보호하려고 명주실과 진흙을 섞어 요새화한 아기 방은 정말로 가장 논리적이지 않을까?

모든 어미는 나름대로 다양하게 궁리해서 간단한 방법으로 적을 막아 낸다. 참으로 이상한 것은 재주가 벌레의 계통적 지위와는 전혀 관계없이 분배되었다는 점이다. 최상급의 복장, 가령 단단한 딱지날개로 덮고 고급 깃털[1]을 장식했거나, 금박 비늘로 단장한 복장을 갖췄을망정 재주는 없는 곤충이 있다. 호화롭긴 해도 재주는 거의 없는 무능력자들인 것이다. 반면에 어떤 녀석은 코앞을 지나쳐도 눈에 띄지 않을 만큼 평범한데 자세히 보면 아주 많은 재주를 가졌다.

우리 인간도 그렇게 구성되지 않았을까? 진정한 미덕은 불손한 사치스러움 앞에서 도망친다. 우리 혈관에 흐르는 선의에서 자그마한 가치를 걸러 내려면 회초리로 몰아가야만 한다. 벌써 1900년이라는 아득한 옛

1 더듬이를 말하는 것 같은데 표현이 적당치 않다.

날에 페르시우스(Perse)[2]는 그의 풍자시 첫 구절에서 다음과 같이 읊었다.

예술의 스승인 재능을 키우는 것은 밥통(위)이다.

(*Magister artis ingenique lagitor Venter.*)

이 글을 좀더 알기 쉽게 풀어 보면 이런 프랑스 속담을 되풀이하게 된다.

인간은 모과와 같다. 곡간의 밀짚 위에서 오랫동안 익히지 않으면 제맛이 안 난다.

동물도 인간처럼 필요가 솜씨를 자극해서 우리 사고에 충격을 주는 발명품을 보여 준다. 그런 동물은 초라해서 가장 눈에 안 띄는 벌레 중에 있음을 나는 알고 있다. 녀석은 자손 지키는 문제를 다음처럼 희한하게 해결했다. 번식기에는 몸길이가 보통 때의 세 배나 늘어나는데, 앞부분은 제 몫, 뒷부분은 새끼들 차지였다. 즉 앞부분은 제 몸의 영양섭취와 소화를 담당하고, 태양의 환희에도 참여하도록 산책할 수 있게 남겨 두었다. 뒷부분은 새끼를 돌보는 보모로서, 알에서 깬 녀석들이 조용히 운동하면서 자랄 탁아소를 만들어 놓았다.

희한한 이 곤충은 도롱이깍지벌레(Dorthésie: *Dorthesia characias*→*Orthezia urticae*)[◎]로 명명되었다. 가끔씩 땅빈대〔Grande Euphorbe: *Euphorbia characias*→

2 Aulus Persius Flaccus, 34~62년, 로마의 시인

깍지벌레 겉모습은 전혀 곤충 같지 않아도 매미아목 깍지벌레상과에 속하는 엄연한 곤충이다. 우리나라에는 깍지벌레상과에 11개의 과가 있고, 그 중 가장 큰 과인 깍지벌레과는 약 70종이 알려졌다. 시흥, 22. III. 06

lathyris, 아주까리, 속수자(續隨子)〕에 붙어 있는 게 눈에 띄는데, 그리스 사람은 이 풀을 카라키아스(Characias), 오늘날의 프로방스 농부는 슈슬로(Chusclo), 또는 라슈슬로(Lachusclo)라고 부른다.

올리브나무(Olivier: *Olea europaea*)가 좋아하는 풍토를 즐기는 이 아주까리는 세리냥(Sérignan) 언덕에서 제일 건조한 곳에 얼마든지 있다. 주변이 나무 하나 없는 메마른 땅이라, 이 풀의 푸른 숲이 한층 돋보인다. 강한 햇살의 열기를 반사하는 돌밭 틈에 뿌리를 내리고, 억센 잎으로 추운 겨울 고통을 이겨낸다. 하지만 이 식물도 나름대로 조심한다. 바보 같은 편도나무(Amandier: *Prunus amygdalus*→ *dulcis*)는 벌써 꽃을 피워 놓고 삭풍에 흔들리지만, 이 식물은 기후의 동정을 잘 살핀다. 그래서 상처 입기 쉬운 꽃봉오리를 홀장(笏杖, 주교의 지팡이)처럼 말아서 보호한다. 추위가 끝났다. 갑자기 밀려 올라오는 수액의 힘에, 즉 어쩔 수 없는 우윳빛 액체의 밀림에 줄기가 부풀고, 꼬불꼬불한 꽃망울 끝이 풀려 작고 우중충한 꽃이 산형화서처럼 피어난다. 여기에 올해 처음으로 벌레들이 방문한다.

며칠 더 기다려 보자. 날씨가 좋아지면서 아주까리 밑동에 쌓였던 낙엽 사이에서 많은 벌레가, 즉 도롱이깍지벌레가 천천히 나타난다. 겨우내 낙엽 더미 밑에서 월동하다가 이제는 거기를 버리고

한 걸음, 한 걸음, 조심하면서 높은 곳으로 올라간다. 위에서 따뜻한 햇살을 즐기면서, 아무리 마셔도 바닥나지 않을 우윳병 꼭지의 환희를 기다린다.

4월, 아무리 늦어도 5월에는 모두가 나무 위로 기어 올라간다. 깍지벌레가 모두 잔가지 끝에 모이는데, 몸을 서로 바짝 붙여서 마치 잔디밭처럼 빈틈없이 꽉 채운 무리를 이룬다. 녀석은 송곳 주둥이로 수액을 마시는 점으로 보아 진딧물(Pucerons: Aphidoidea)의 친척이며, 집에 틀어박혀 있기를 좋아하는 습성까지 닮았다.[3] 하지만 이 녀석은 장미나 그 밖의 우리와 친숙한 식물에서 싫증이 날 정도로 볼 수 있는 배뚱뚱이로서, 벌거숭이인 진딧물과는 닮은 데가 전혀 없다. 오히려 아주 드물게 보이는 멋쟁이 의상을 걸쳤다.

유럽옻나무(Térébinth: *Pistacia terebinthus*)에 기생하는 주황색 면충(*Pemphigus*)은 모가 졌거나 살구 모양의 둥근 집 안에 들어박혔는데, 조금만 건드려도 부서져 가루가 되는 아주 섬세하고 긴 줄을 매달고 있다. 하지만 깍지벌레의 옷은 몸에 꼭 맞고 오랫동

3 이 깍지벌레는 매미목 진딧물아목 깍지벌레상과에 속하는 도롱이깍지벌레과(Ortheziidae)의 한 종이다.

진딧물아목 사진에서 보이는 진딧물류와 깍지벌레는 모두 진딧물아목에 속하는 곤충이다.
횡성, 3. VI. 08, 강태화

안 입는 맞춤복이다. 다만 이것도 부서지기 쉬워서 바늘 끝이라도 만나면 산산이 부서진다.

모습이든 빛깔이든, 통통한 이 꼬마의 옷만큼 멋진 블라우스는 어느 곤충에도 없다. 완전히 흰색으로 겉보기에는 흰 우유보다 부드럽다. 앞쪽은 세로로 구불구불한 줄 4개의 심지를 늘어놓았고, 그 사이에는 좀 짧고 끝이 구불거리는 겉저고리가 있다. 뒤쪽은 10개의 끈으로 나뉜 장식이 점점 커져 마치 빗살처럼 갈라졌다. 가슴 복판은 균형 잡힌 몇 개의 얇은 판으로 덮여 있다. 거기에 뚫린 6개의 둥근 홈에서 자유롭게 운동할 수 있는 갈색 다리가 나왔는데 옷을 입지는 않았다. 가슴 장식과 구불거리는 끈이 달린 등판의 외투는 서로 운동을 방해하지 않도록 플란넬 조끼처럼 되어 있다. 두건도 마찬가지로 홈에서 나온 더듬이를 자유롭게 흔들 수 있다. 다른 곳은 모두 흰 외투로 덮여 있다.[4]

이것은 겨울옷으로서 몸 전체를 둘러싸고 있으나 길게 늘어나지는 않았다. 한참 뒤에 산란기가 가까워지면 뒤쪽이 늘어난다. 벌레 자체가 바뀐 것이 아니라 몸이 점점 늘어나서 처음의 세 배가량이 된다. 늘어난 부분은 곤돌라의 뱃머리처럼 맵시 있게 구부러졌고, 등 쪽은 넓은 홈 4개가 평행으로 달린다. 배 쪽에는 가늘고 매끈한 줄이 있으며 끝은 갑자기 뚝 잘렸다. 확대경으로 보면 하나의 단춧구멍 같은 게 확인되며 가는 솜마개가 가로질렀다.

의복 재료 물질은 무엇에나 잘 녹으며 불에 잘 탄다. 종이 위에 놓으면 희미하게 반투명한 흔적이 남는다. 그런 성질로 보아 옷감은 벌집과 같은 일종의 밀랍임을 알 수 있다. 벌레에서 떨어지

4 다리와 더듬이를 제외한 전신이 흰색 비늘 같은 밀랍으로 덮였는데, 등쪽 밀랍은 여러 줄로 된 뭉치 같다는 이야기이다.

지 않은 가는 부스러기 재료를 보려고 한 줌의 깍지벌레를 잡아서 끓는 물에 넣었다. 밀랍 비슷한 것이 녹아서 기름처럼 물 위로 떠오르고, 알몸이 된 벌레는 밑으로 가라앉는다. 다시 냉각시키면 물 위에 떠 있던 얇은 층이 응결해서 호박색 얇은 판자가 된다.

이 색깔을 보고 약간 놀랐다. 우유에 비교되던 흰색을 녹이면 송진 모습처럼 변한다. 여기에는 특별한 문제가 있는 게 아니라 분자 배열이 달라진 것이다. 양봉업자가 벌 둥지에서 꺼낸 노란 밀랍을 적당히 희게 만들려고 녹여서 찬물에 쏟으면 얇은 판자처럼 된다. 그것을 찰흙 위에서 햇볕을 쪼인다. 그렇게 여러 번 반복하는 동안 분자 배열이 조금씩 구조를 변화시켜서 하얗게 된다. 깍지벌레의 표백 방법은 우리보다 얼마나 뛰어났더냐! 녀석은 여러 번 녹이지도, 햇볕에 오랫동안 쪼이지도 않고 단번에 노란 밀랍을 희게 변화시켰다. 공장에서 난폭한 방법이 아니면 안 되는 일을 녀석은 조용히 처리한 것이다.

깍지벌레의 밀랍은 벌처럼 밖에서 수집한 것이 아니라 제 몸 표면에서 직접 분비한 물질이다. 그 밀랍에 구불구불한 심지처럼 본을 떠서 문양을 넣고 말쑥한 홈을 파는데 세공할 필요는 없다. 피부샘에서 분비된 밀랍이 스스로 필요한 본을 뜬다. 새끼 새가 날개를 달듯이 생체의 작용만으로 정확한 옷이 만들어졌으며, 옷 주인은 다시 손질하지 않아도 된다.

애벌레가 알에서 나올 때는 갈색인 알몸이었다. 곧 어미를 떠나 아주까리 표면에 자리 잡고 수액을 빨기 전에는 흰 점무늬만 있었는데, 그것이 장래 복장의 밑그림이다. 이 무늬가 천천히 늘어나며 구불거리는 심지처럼 길어진다. 해방될 때는 이미 선배처럼 단

장했다.

밀랍은 계속 분비되어, 하얀 겉옷이 쉬지 않고 자라서 완전해진다. 그때 일부러 옷을 홀랑 벗기면 벌레가 다시 옷을 만들 것이다. 이 예견을 실험이 확인해 주었다. 나이 든 깍지벌레를 바늘로 깎고 붓으로 쓸어 내서 완전히 벗겼다. 수난당한 벌레는 가엾게도 갈색 피부를 드러냈다. 녀석을 별도의 아주까리로 옮겼다. 2~3주가 지나자 그전 같지는 않아도 그런대로 복장이 갖춰졌다. 본래의 옷처럼 넓히려고 분비한 밀랍으로 두 번째 양복을 해 입었다.

뒤쪽 몸길이를 세 배나 늘린 이유는 무엇일까? 단순한 장식에 지나지 않는 것일까? 그보다는 중대한 일이 있다. 이상한 이 부속기관을 떼어 내 보자. 속이 파였고 안에는 폭신한 솜이 가득 차 있다. 어떤 솜털도 이렇게 가늘며 하얄 수는 없다. 화려한 털이불 가운데 흩어져 있는 희거나 갈색인 타원형 진주들은 사실상 알이다. 알과 함께 막 태어난 애벌레가 우글거려 크게 혼잡스러웠다. 어떤 녀석은 알몸인 갈색이나 다른 녀석은 겉옷이 만들어지는 정도에 따라 하얀 점무늬의 수가 달랐다.

한편, 아주까리에서 한가롭게 어정거리는 깍지벌레를 유심히 지켜보자. 솜주머니 끝에서 긴 간격을 두고 잘 차려입은 애벌레가 나온다. 계속 지켜보면 즐거운 듯이 빙빙 돌면서 어미 근처로 가서 자리 잡고, 수액이 많은 껍질에 주둥이를 박는다. 그 우물이 마르지 않는 한 자리를 뜨지 않는다. 다른 애벌레도 매일 뒤따라 나오고, 그러기를 몇 달 동안 계속한다.

이 관찰로 만족했다면 어미가 훌륭한 복장에 활기찬 애벌레를 태생으로 낳아 여기저기에 흩뿌리고 다닌다고 생각했을 것이다. 하지만 좀 전에 솜이 가득한 주머니에 알과 애벌레가 들어 있음을 보았으니 결코 그렇지는 않다. 산란과 부화를 직접 확인하는 것도 어렵지 않다.

꽁무니의 주머니를 떼어 버린 어미 몇 마리를 아주까리 줄기와 함께 유리관에 격리시켰다. 주머니가 없어졌으니 꽁무니의 비밀도 없어졌다. 거기서 인색한 턱수염 같고 흰 곰팡이 같은 것이 나타난다. 즉 밀랍이 다시 분비되기 시작한 것인데, 이번에는 심지 모양이 아니라 아주 가는 섬유 모양이다. 부드럽게 부풀어서 주머니를 가득 채운 솜털은 이렇게 만들어진 것이다. 곧 부푼 솜털 가운데서 알이 나온다.

이 조사 방법은 얼마나 산란했는지도 알려 준다. 유리관에 격리된 깍지벌레 두 마리가 13일 동안 30개의 알을 낳았다. 한 마리가 대충 하루에 1개씩 15개를 낳은 셈이다. 5개월 동안 계속 산란하므로 각 어미당 총 산란 수는 200개에 가깝다는 이야기가 된다.

부화에는 3~4주가 걸리며, 알 색깔은 흰색에서 연한 갈색으로 변한다. 갈색 알몸으로 막 부화한 애벌레는 긴 더듬이가 한 쌍의 다리처럼 보여서 마치 작은 거미 같다. 잠시 후, 애벌레의 등에 세로로 네 줄의 흰색 도가머리가 나타나는데, 줄 사이의 털은 아직 없다. 이것이 밀랍 양복을 입는 시초였다.

일 년의 1/3 이상 계속되는 산란기, 비교적 빠른 부화, 밀랍을 분비해서 차례차례 만들어지는 옷 등이, 어미의 주머니 속에 희거나 갈색인 알과 벌거숭이거나 정장한 애벌레가 함께 머물렀던 이유를 설명해 준다. 결국, 주머니는 알과 애벌레를 여러 달 보관하는 창고였다.

알이 창고 안에서 폭신한 솜을 뒤집어쓰고 부화하며 성숙한다. 바깥의 무서운 비바람 속으로 내던져지기 전에 밀랍 양복을 입는 것이다. 어미는 아주까리의 이 줄기, 저 줄기로 떠나는 자식과 무관하게 조용히 산책한다. 애벌레가 스스로 튼튼함을 느끼면 창고를 떠나 근처에 숙소를 정한다. 창고 문은 항상 열려 있어서 막힌 솜을 조금만 밀면 나갈 수 있다.

나르본느타란튤라(*Lycosa narbonnensis*)는 새끼를 이 깍지벌레처럼 조용히, 또한 조심해서 데리고 다니지 못한다. 보헤미안의 등에는 아기가 숨을 장소도 없고, 까불다 떨어져도 대책이 없다. 이보다 좋은 영감을 받은 깍지벌레는 늘어진 옷자락으로 주머니를 만들고, 꽁무니의 실타래로 안락한 쿠션도 만든다. 이 벌레와 비교될 동물은 포유류 중 가장 먼저 태어난 캥거루(Kangourou), 주머니쥐(Sarigue: *Didelphys opossum*), 그 밖에 배의 피부 주름으로 육아낭(育兒囊)을 만든 종류에서 찾아야 한다.[5] 녀석들은 아직 달을 채우지 못하고 나온 태

5 흔히 이런 유대류(Marsupialia, 有袋類)가 최초의 포유류인 것으로 알지만, 실제로는 난생(卵生) 포유류인 단공류(Monotremata, 單孔類), 즉 오리너구리(*Ornithorhynchus*) 따위가 더 조상형이다.

아가 어미의 육아낭 속 젖에 매달려서 자라게 된다.

깍지벌레의 주머니를 말할 때도 같은 용어를 쓰기로 하자. 두 종류의 육아낭 사이에는 닮은 점이 많지만 벌레 쪽이 털 달린 짐승 쪽보다 훌륭하다. 생명체에서 비천하게 시작된 동물은 우수한 것을, 잘난 동물은 평범한 것을 갖춘 예가 한둘이 아니다. 독창적인 육아낭을 발명하는 데도 깍지벌레가 주머니쥐보다 월등히 뛰어난 것이다.

뜨거운 햇볕 아래의 오솔길이 아니라 좀 홀가분한 데서 녀석의 생활사를 조사하려고, 예쁜 아주까리를 큰 화분에 심어 실험실 창가에 놓았다. 여기에다 3월에 40여 마리의 깍지벌레를 모아 놓았다. 약간 빠르거나 늦게 자란 녀석이 있었으나 주머니는 모두 가지고 있었다. 이렇게 사육한 것이 생각대로 성공했다. 아주까리도 잘 자랐고 주민도 번영했다.

처음에는 주머니 속에 알이 가득했었다. 얼마 후 애벌레가 나날이 불어나며 적당히 성숙해서 밖으로 나가 아주까리에 흩어졌다. 무더운 계절에 식물이 마치 눈으로 덮인 것처럼 하얀 주민들로 들끓고 있었다. 새로 입주한 식구가 수천 마리나 되었어도 그 중에서 어미를 가려내기는 쉽다. 새끼는 크기가 각각일지라도 몸집이 작다. 빨아먹던 식물 밑에서 월동한 다음 생기는 육아낭도 없다. 쉴 새 없이 출산된 새끼는 나이에 따라 뚱뚱하거나 작아도, 모두 똑같은 옷으로 단장해서 인상은 같았다. 하지만 눈에 잘 띄지는 않아도 어딘가 다른 점이 있어서 두 무리로 나누는 게 좋겠다. 즉 거의 예외적일 만큼 소수인 집단이 또 있었다.

8월에는 이 두 집단의 차이가 점점 분명해진다. 밀랍이 얇게 덮인 녀석이 여기저기의 잎에 따로 떨어져 있다. 대다수는 주둥이를 계속 잎에 박고 빨아먹는데, 이 녀석은 왜 그렇게 고독하게 지낼까? 녀석은 탈바꿈 중인 수컷이었다. 얇은 주머니 몇 개를 열어 보았다. 안에는 어미의 주머니처럼 폭신한 털이불이 있고, 그 위에 아직 불완전한 날개를 가진 번데기 모습의 애벌레가 누워 있었다. 9월 초에 처음으로 성충 수컷을 얻었다.

참으로 희한한 창조물이로다! 긴 다리를 높이 추켜세운 모습이 마치 무슨 빈대 같다. 색깔은 검다. 탈바꿈 끝이라 가늘게 부서진 밀랍가루가 뿌려졌다. 날개는 납 같은 잿빛에 끝은 둥글며, 쉬고 있을 때는 몸을 덮은 것이 배 끝을 훨씬 넘었다. 꽁무니에는 아주 길고 곧은 흰색 깃털장식이 있는데, 틀림없이 애벌레 시절의 옷과 같은 밀랍 제품이다. 아주 불안정해서 관찰용 유리관인 유리 감옥 안의 잎 위를 조금만 걸어 다녀도 거의 모두 부서진다.

환희가 절정에 달하면 들춰진 날개 사이로 배 끝을 드러내고, 사방으로 뻗친 심지 끝을 장미꽃처럼 펼친다. 점잖은 녀석이 꽁지를 공작새(Paon: *Pavo*)처럼 펼친 것이다. 화려한 결혼식을 위해 꽁무니에 달린 혜성 같은 꼬리를 부채처럼 펼쳤다 접었다, 또 펼치며 흔들어 햇빛에 반사시킨다. 환희가 끝나면 장식이 모두 사라지고, 배는 날개 밑 제자리로 돌아간다.

머리는 작고 더듬이는 길다. 배 끝의 갈고리 모양은 교미 기구이다. 주둥이 따위의 입틀은 전혀 없다. 축소된 머리에다, 잠시 주변의 암컷과 희롱하다 짝짓기한 다음 죽으려고 모양을 좀 바꾼 것뿐인 이 멋쟁이에게 주둥이가 있은들 무엇하겠나? 게다가 녀석의 역할이 반드시 필요한 것도 아니다. 실험실의 아주까리에는 새끼

세대의 암컷이 수천 마리나 되는데, 수컷은 고작 30마리뿐이다. 언뜻 계산해도 암컷의 수가 100배도 넘는다. 깃털로 장식한 녀석 하나가 이렇게 엄청난 수의 후궁과 시녀를 거느린다는 것은 어림도 없는 일이다.

한편, 수컷도 임무에 별로 열성을 보이지 않는다. 껍질을 뚫고 나올 때는 뒤집어썼던 가루를 잠시 털고, 몸도 닦고 날개를 푸드덕거린 다음 감옥의 유리창을 향해 날아간다. 아마도 햇빛의 향연이 혼례의 즐거움보다 매력적인가 보다. 어쩌면 방안의 평범한 광선에 냉담해졌는지도 모른다. 내리쬐는 햇볕 아래의 넓은 들판이었다면 결혼 적령기의 암컷과 서로 자랑하며 열렬히 교미했을 것이다. 하지만 좋은 환경에서 교미가 잘 이루어져도 암컷의 수가 너무 많으니 초대된 암컷은 전체 중 극히 일부일 것이다. 암수의 비가 100 : 1 정도일 텐데 모든 암컷이 새끼를 갖는다. 이렇게 희한한 창조물은 암컷이 아주 가끔 수정해도 종의 번영에는 지장이 없다는 이야기가 된다. 선택된 어미에게 전달된 힘은 일정 기간 이어지는 유산이다. 그래서 매년 전체 속에서 최소한의 쌍이 고갈된 에너지를 채우면 되는 것이다.

제법 자주 나타나는 기생벌, 가위벌살이꼬리좀벌(*Monodontomerus*)도 수컷의 수가 적다는 이야기를 이미 했다.[6] 이렇게 하찮은 두 종의 작은 동물이 이제부터 개척해야 할 생식 이론 마당이 아주 넓다고 말해 준다. 어쩌면 녀석들이 성에 관한 어두운 문제의 해결에 도움이 될 실마리를 줄지도 모르겠다.

이제 육아낭을 가진 늙은 어미 도롱이깍지벌레가 아주까리에서 나날이 줄어든다.

6 『파브르 곤충기』 제3권 10장 참조

난소의 기능이 없어져 주머니가 비면 땅에 떨어져 개미의 밥이 된다. 성탄절 무렵까지 살아남는 것은 애벌레뿐이다. 애벌레 역시 추위가 다가오면 아주까리 밑동에 쌓인 낙엽 속으로 내려간다. 그리고 봄이 오면 다시 모습을 드러내 천천히 나무로 기어오른다. 몸에 육아낭을 달고 발생의 순환을 다시 시작하는 것이다.

25 털가시나무왕공깍지벌레

둥지를 갖는 것은 모성애의 발로인 능란한 솜씨의 최고의 표현이지만, 때로는 놀라운 애정으로 다른 육아법과 경쟁하기도 한다. 나르본느타란튤라(*Lycosa narbonnensis*)는 알주머니를 출사돌기에 매달고 정강이에 부딪쳐 가며 끌고 다녔다. 그다음 새끼를 반년이란 긴 세월 동안 등에 가득히 짊어지고 다녔다. 전갈도 비슷하게 가족을 등에 짊어지고 돌본다. 어미의 등에서 해방될 때까지의 보름 동안 자식에게 힘을 길러 준다. 도롱이깍지벌레(*Orthezia urticae*)◔는 배 끝에 아담한 육아낭을 만들고, 그 안의 흰 밀랍을 분비한 솜뭉치에 산란한다. 깨 나온 새끼를 밀랍으로 치장시켜 해방될 때까지 천천히 키운다. 푹신한 주머니에는 구멍이 있어서 다 자란 새끼가 나갈 수 있고, 나간 녀석은 영양을 공급하는 아주까리(Grande Euphorbe: *Euphorbia lathyris*) 줄기로 올라갈 수 있다.

비천한 벌레 중에서도 가장 비천한 털가시나무왕공깍지벌레(Kermès de l'yeuse: *Kermes* sp., 일명 털가시나무연지벌레)는 더 멋있는 방법을 알고 있다. 어미 자신이 직접 난공불락의 요새가 되어, 새끼에

게 칠흑 세공품 보루보다 단단한 피부 제품 요람을 넘겨준다.[1]

햇볕이 뜨겁게 내리쬐는 5월에 털가시나무(Yeuse와 Chênes verts: *Quercus ilex*)의 가는 가지를 조사해 보자. 작은 잎이 거칠어서 조심하지 않으면 찔리는 작은 관목도 방문해 보자. 이 나무는 프로방스 농민에게 아바우(Avàus), 식물학자에게 케르메스떡갈나무(Ch. kermès: *Q. coccifera*)로 알려졌는데, 한 걸음에 성큼 뛰어 넘을 만큼 초라하지만 거친 꼬투리에 박힌 예쁜 도토리가 진짜 떡갈나무임을 증명한다. 여기서도 털가시나무에서처럼 왕공깍지벌레(연지벌레)를 채집할 수 있으나, 보통 떡갈나무인 서양떡갈나무(Ch. Rouvre: *Q. petraea*)는 놔두자. 이 나무에서는 지금 우리가 찾는 녀석을 한 마리도 볼 수 없을 것이다. 다만 앞의 두 떡갈나무에서 찾아봐야 한다.

찾아보면 가끔씩 여기저기서 보통 완두콩 크기의 까만 공처럼 반짝이는 게 눈에 띈다. 결코 많지는 않은 그것들이 정말로 묘한 곤충인 연지벌레이다. 동물? 사정을 잘 모르는 사람은 설마, 그게 동물일까 하며 놀란다. 오히려 까치밥나무(Groseille: *Ribes*)의 검은 열매나 일종의 장과(漿果)로 안다. 깨물어 보면 약간 씁쌀하면서도 부드럽게 달콤한 맛이 있어서 더욱 오해하기 쉽다.

단맛의 이 열매가 과연 동물이며 곤충인지 확인해 보자. 확대경으로 봐도 머리 따위는 절대로 없고 배나 다리도 없다. 전신이 보석상에 진열될 흑진주 알 같다. 곤충이라는 증거인 몸마디는 있을까? 그것마저 없다. 이 물건은 반들반들하게 닦아서 광을 낸 상아 같다. 그러면

1 Kermès: *Kermes*는 매미목 진딧물아목 깍지벌레상과 왕공깍지벌레과(Kermesidae)의 속명이다. 이 곤충은 붉은 염료를 채취하는 벌레로 잘 알려져 있으며, 일명 '연지벌레'라고 한다.

몸을 움직인다는 징조라도 있을까? 없다. 돌멩이라도 그토록 꼼짝 않지는 않겠다.

혹시 나뭇가지와 접촉한 부분인 공의 아랫면에 동물의 구조가 있는지 봐야겠다. 그런데 이 공은 장과처럼 잘 터지는 게 아니라 쉽게 떨어진다. 조금 오목한 아랫면은 흰 밀랍 같은 물질이 시멘트 역할을 해서 꼭 달라붙어 있다. 알코올에 24시간 동안 담그면 밀랍이 녹아서 지금 검사하려는 부분이 노출된다.

확대경으로 조사해도 벌레를 고정시킬 다리나 갈고리 따위는 보이지 않는다. 나무껍질에 꽂아 수액을 빨아먹는 도구도 안 보인다. 등처럼 매끈하지는 않아도 기관 따위는 역시 없다. 연지벌레는 오직 털가시나무 가지에 달라붙었을 뿐 다른 가지와도 무관하다.

정말 이럴 수는 없다. 그래도 이 검은 진주알은 양분을 섭취하고 성장한다. 게다가 양조장에서 술을 끊임없이 내보내듯, 액체를 쉬지 않고 밖으로 배출한다. 이런 소비를 충당하려면 싱싱한 나무에 구멍을 뚫는 기구가 절대로 필요하다. 따라서 이 벌레는 그런 도구를 틀림없이 갖췄을 텐데, 피곤한 내 눈에는 보이질 않는다. 혹시 연지벌레를 나무에서 떼어 내는 순간, 흡수용 흡반을 수축시켜서 몸속으로 들여보낸 것은 아닌지 모르겠다.

가지와 면한 반구형에, 즉 자오선의 절반에 해당하는 자리에 넓은 도랑이 파였다. 이 도랑의 아래쪽 끝이며, 받침의 바탕이 되는 곳에 좁은 단춧구멍 같은 게 있다. 오직 이 구멍만 외부와 연락하며 여러 역할을 담당하는 창구이다. 우선 시럽을 분출시키는 역할을 한다.

연지벌레가 모여든 털가시나무의 잔가지 몇 개를 잘라 물컵에 꽂았다. 조금 뒤 잎이 싱싱해지는데, 이것은 벌레의 행복에 필수 조건이다. 이윽고 단춧구멍에서 맑은 액체가 조금씩 분출한다. 이틀 정도면 벌레의 부피와 비슷한 양의 방울이 모인다. 물방울이 너무 무거워지면 떨어질 뿐, 밑쪽의 물구멍이 위쪽의 벌레를 적실 수는 없다. 곧 다른 물방울이 생긴다. 잠시 멈췄다 다시 나오는 게 아니라, 수액을 쉬지 않고 흘려 항상 솟는다.

증류기에서 나온 방울을 새끼손가락에 찍어서 맛을 보자. 맛있구나! 향이나 맛이 진짜 꿀 같다. 만일 연지벌레를 많이 기를 수 있고 그 산물을 쉽게 수집할 수 있다면, 녀석은 아주 귀한 꿀 제조 벌레가 되겠다. 하지만 이런 착취의 꿈을 열정적인 애호가가 무산시킬 것이다.

애호가란 개미(Formicidae)를 말한 것이다. 아주 끈질긴 수집가, 개미는 진딧물보다 연지벌레의 뒤를 더 잘 쫓아다닌다. 진딧물은 욕심이 많아서 오랫동안 간청하며 긁어 주어야 겨우 뿔관 끝에서 맛있는 시럽을 한 모금 마실 수 있다. 하지만 연지벌레는 아낌없이 준다. 언제나 기분 좋게 큰 술통에서 직접 마시게 하며, 후한 인심으로 술이 넘치도록 따라 준다.

그래서 개미는 양조장 주인을 열심히 따라다닌다. 서너 마리가 한꺼번에 행렬을 지어 술통 꼭지를 샅샅이 핥는다. 연지벌레는 털가시나무 숲의 높은 곳에 있는데, 개미란 녀석은 잘도 찾아내는 것이 참으로 놀랍다. 한 마리가 기어오르는 게 보여서 눈으로 추적했더니 곧장 검은 선술집으로 들어간다. 지금은 틀림없이 녀석이 나를 안내했으나 몸집이 너무 작다. 그래서 언젠가 내가 젊었을 때는 눈에 익숙지 못해서 찾지 못했었다. 이 꼬맹이는 그때 벌써 작은 술집을 차려 놓고 마치 큰 녀석처럼 손님을 많이 끌어들였다.

완전히 자유로운 야외에서는 흘러나온 시럽을 끈질긴 개미가 모두 받아먹어서 풍부한 샘의 분량을 가늠할 수가 없다. 공 모양의 작은 통에서 계속 다 마셔 버려 시럽 배출 꼭지가 항상 말라 있다. 이런 감로주 병을 자세히 조사하려면 개미를 멀리 떼어 놔야 한다. 개미가 없으면 감로주가 놀랄 만큼 빨리 불어난다. 시럽 공장이 언제나 가동해서 품절되면 곧 다시 나온다. 액체는 통의 용량보다 더 많이 스며 나온다.

개미는 우유를 생산하는 진딧물을 기른다. 만일 털가시나무왕공깍지벌레를 울타리 안에서 기를 수 있다면 엄청나게 많이 생산되어 아주 수지맞는 축사가 되겠다. 하지만 별로 많지도 않은 나무끼리 서로 떨어져 있고 이사를 시킬 수도 없다. 벌레를 있던 자리에서 떼어 내 다른 곳으로 옮기면 못 살고 죽는다. 그래서 개미도 나뭇잎으로 오두막을 지어 주지 않고 그대로 착취만 한다. 개미는 자신이 못하는 일이면 처음부터 안 하는 재주가 있다.

정통한 감식가에게 그렇게 맛있는 꿀을 그토록 많이 생산해 주는 목적이 무엇일까? 개미에게 슬쩍 눈길을 보내려는 것일까? 왜 아닐까? 개미는 그 숫자로 보나, 열성적인 수집 성벽으로 보나, 생물이 보통으로 돌아다니는 범위 내에서 가장 많은 성과를 올린다. 그 품삯으로 진딧물 뿔관의 젖과 연지벌레의 샘을 받은 것이다.[2]

5월 말, 검은 공을 깨뜨려 보자. 언뜻 보기에는 단단해도 잘 부서지는 껍데기 밑에서 알밖에 보이지 않는다. 양조 기구나 늘어선 증류병 따위를 예상했으나 난소만 가득했다. 결국 연지벌레는 배아로 가득 채워진 상자에 불과했다.

30개가량이 작은 뭉치를 이룬 흰색 알들이 늘어선 모양은 애기미나리아재비(Akènes des Renocule: *Ranunculus acris*)[3] 열매를 연상시켰다. 아주 가는 타래가 덩이를 서로 감싸고 엉켜서 정확한 숫자를 알 수가 없다. 한 덩이를 대충 100개로 본다면 전체는 수천 개 정도이겠다.

연지벌레는 이렇게 엄청난 수의 후손을 어떻게 할 작정일까? 비천한 생물인 이 녀석은 연금술사처럼 보통 식품을 영양 분자로 조리했다. 그런데도 엄청난 수의 알로 종을 전멸시키려는 위협에 대비한 것이다. 게다가 귀찮지만 어쩌면 위험하지도 않은 손님, 개미에게 술을 대접했다. 한편, 알은 잠시 식객 하나를 먹여 살린다. 만일 이 식객이 적당한 시기에 가차 없이 솎아 내지 않았다면 연지벌레는 스스로 넘쳐 나서 먼 옛날에 전멸했을 것이다.

알 요리 전문가의 작업장도 본 적이 있는데, 녀석은 아주 작고 하찮은 구더기였다. 이 알덩이, 저 알덩이로 기어 다니며 방금 태어난 알 속 내용물을 모두 먹어 버린다.

2 진딧물은 품삯으로 보호를 받는다.
3 일명 '금황화'라고 하며, 『파브르 곤충기』 제7권 16장에서는 Or des Prairies로 썼다.

보통은 한 마리뿐이나 때로는 두세 마리 또는 더 많은 동료와 함께 먹기도 한다. 먹고 나간 자리에 구멍을 남겼는데, 이 구멍이 가장 많았던 경우는 10개였다.

사방을 각질 철갑으로 둘러싸 어디로도 들어갈 수 없게 만든 금고였는데, 녀석은 도대체 어떻게 들어갔을까? 분명히 시럽이 나오는 단춧구멍을 통해서 배아가 들어갔을 것이다. 어디선가 다가온 어미 기생충이 이 구멍을 발견하고는, 감로주를 한 번 슬쩍 핥고 돌아서서 산란관을 꽂았을 것이다. 적은 공격도 없이 이미 성안으로 들어간 것이다.

창자를 열심히 파헤친 녀석은 좀벌(Chalcidien: Chalcidoidea)인데, 6월 초순에 성충이 되어 껍질을 뚫고 나온다. 몸길이가 2mm나 되니 새끼연지벌레에 비하면 엄청난 거인이다. 알을 들여보냈던 창은 좁아서 통과할 수가 없다. 그래서 안에서 태어난 녀석이 뾰족하고 강력한 이빨로 벽을 뚫어 출구를 만들었다. 결국 연지벌레 껍데기에는 안에 있던 벌의 수만큼 구멍이 뚫린다. 녀석이 떠나면 빈 상자가 되어, 그 많던 알이 그림자조차 보이지 않는다.

창자를 파괴한 녀석은 짙은 흑청색인데, 검은 날개가 가운데는 오목하고 방패 모양의 딱지날개 같은 것이 등에 접혀 있어서 어딘가 딱정벌레 같은 면이 있다. 머리는 납작하고 좌우의 폭은 가슴보다 넓다. 큰턱은 튼튼한 벽도 구멍 낼 만큼 강력하다. 길고 구부러진 더듬이가 항상 떨리는데, 끝은 약간 굵고 흰 가락지들로 단장했다. 땅딸막한 녀석이 능숙하게 종종걸음을 친다. 연지벌레의 배 속을 파먹은 녀석이 행복한 듯, 날개에 광을 내거나 더듬이에 솔질을 한다. 녀석의 이름이 목록에 올라 있기는 할까? 나는 모르겠다. 알고 싶지도 않다. 엉터리 라틴 어로 지은 이름에다 단지 몇 줄 적어 놓은 게 독자에게 무슨 도움이 되겠나.

6월도 끝나간다. 얼마 전부터 당밀의 분비도 끝났다. 개미는 벌써 이 간이식당을 찾지 않는다. 내부에 심한 변화가 일어났다는 징조인데 겉에는 변화가 없다. 여전히 검고 반들거리며, 단단하고 매끈하며, 흰 밀랍으로 나뭇가지에 꽉 붙어 있는 공이다. 이 칠흑 상자를 칼로 갈라 보자. 벽은 왕소똥구리(*Scarabaeus*)의 딱지날개처럼 단단하지만 쉽게 부서진다. 내부에는 싱싱한 살이 하나도 없고, 흰색과 붉은색 알갱이가 보슬보슬한 밀가루처럼 섞여 있다.

가루를 작은 유리관에 모았다. 확대경으로 자세히 들여다보고는 정말 얼떨떨했다. 그 먼지는 마치 살아 있는 재 같았다. 무수하게 우글거리는 것의 수를 세어 볼 생각만 해도 가슴이 답답해진다. 실은 이(虱) 한 마리를 살리자고 수많은 새끼를 낳았던 것이다.

흰색은 아직 발생하지 못한 미숙란인데, 6월 말에는 그 수가 크게 줄어든다. 다른 알은 알껍질 속의 극미동물(極微動物) 색깔에 따라 밝은 갈색이나 주황색을 띠며, 가장 많은 것은 부화해 버린 흰색 알껍질 뭉치였다.

자, 그런데 방사형 두상화서처럼 배열된 이 누더기는 배아가 난소에 배열되었던 모양과 정확히 똑같다. 다시 말해서 어미 배 속의 알이 난소 밖으로 나가지 않았다는 이야기가 된다. 물론 공동 보호막인 알집의 껍질막도 옮겨지지 않았음을 증명한다. 즉 알은 만들어진 장소에서 그대로 부화한 것이다. 꽃송이 모양의 난소도 그대로여서 새끼들 꽃다발이 되었다.

전에 주머니나방(Psyché: *Psyche*)도 알이 원래 만들어진 자리에서 부화하는 희한한 예를 보여 주었다. 형태를 따지려면 애벌레보다 초라했던 그 어미나방을 생각해 보자. 그녀는 번데기가 빠져나간 껍질 속에 웅크린 채 알로 부풀었다. 그리고 스스로 말라 버렸고, 알은 그 자리에서 부화해 어미를 뚫고 탈출했다. 연지벌레의 경우도 같은 모습이다.

갓난이의 탄생을 지켜보았는데 껍질을 벗어나려고 발버둥 친다. 대개는 일이 순조로워서 얇은 껍질이 제자리에 방사상으로 줄지어 남아 있다. 하지만 많은 녀석이 누더기 더미에서 알껍질을 그대로 떼어 내 꽁무니에 매달고 나온다. 아주 강하게 붙어 있어서 그것을 매단 채 껍질 밖으로 나온 다음 겨우 떼어 버린다. 그래서 제 고향인 작은 가지 위에, 즉 공 모양 어미 근처에 하얀 헌옷이 여기저기 널려 있다. 사건의 전말을 세밀히 추적하지 않고 이 헌옷만 보았다면, 연지벌레가 어미 밖에서 부화하는 것으로 잘못 알았을 것이다. 제대로 알고 보면 모든 가족이 상자 속인 육아낭에서 부화했는데, 바깥의 얇은 막이 거짓말을 한 셈이다.

칠흑 상자 안에 가득 찬 먼지를 끌어내 대충 조사해 보자. 내부는 가로로 2단으로 나뉘었고, 그 사이의 칸막이는 희한하게 말라 버린 어미의 기념물이다. 연지벌레 자신의 내장은 매우 작아서 겨우 얇은 칸막이가 되었을 뿐, 그 밖의 모든 것은 난소의 소속물이었다. 결국 칸막이의 위층도 아래층처럼 새로 태어난 녀석이 모두 차지했다.

단춧구멍처럼 갈라진 구멍인 대문이 항상 열려 있어서 아랫방 보금자리를 떠나는 애벌레는 아주 쉽게 나갈 수 있다. 하지만 칸막이로 분리된 윗방에서는 어떻게 나갈까? 가냘픈 애벌레는 연약해서 막을 뚫지 못할 것이다. 하지만 좀 자세히 관찰하면 칸막이 중앙에서 작은 하늘 창이 발견된다. 아랫방 녀석은 직접 단춧구멍 출입구를 이용하고, 윗방 식구는 마루의 창문을 거쳐서 나간다. 결국 연지벌레 어미는 미리 건조 장치를 마련해서, 즉 마루의 막을 말려서 하늘 창을 냈다. 만일 창이 없다면 애벌레의 절반은 갇혀서 죽을 것이다.

애벌레는 너무 작아서 육안으로는 안 보일 정도였다. 강력한 확대경으로 조심해서 보면 앞보다 뒤쪽이 가는 계란 모양이며, 색깔은 짙은 다갈색의 아주 작은 이처럼 생겼다. 다리 6개를 매우 활발하게 움직인다. 조금만 자라면 게으름뱅이가 되어 꼼짝 안 할 녀석인데, 갓난이 때는 아주 빨리 걷는다. 긴 더듬이 두 개도 계속 움직인다. 그 뒤에는 불투명하며 조심해야만 보이는 긴 털이 있다. 새까만 두 눈은 작은 점 같다.

관찰용 작은 유리관 속에서 더듬이를 열심히 흔들며 돌아다니는 극미동물이 매우 분주한 것 같다. 기어서 오르내리다가 다시 오른다. 가다가 알껍질 누더기에 걸리면서도 앞으로, 옆으로 기어다닌다. 떠날 준비를 하느라고 그런 것 같다. 작은 생물이 광대한 세계에서 뜀박질하고 싶은가 보다. 무엇을 원할까? 아마도 자신을 먹여 살릴 나뭇가지겠지. 나는 그것이 필요함을 이미 알고 있다.

울안에 털가시나무 한 그루가 있다. 키는 3~4m로 싱싱하다. 어린것이 나타나기 시작하는 6월 중순, 약 30마리의 연지벌레가 붙어 있는 가지를 그 나무에 묶었다.

만일 어린것이 털가시나무에서 흩어진다면, 나그네는 너무 작고 나라는 지나치게 넓다. 그래서 내가 아무리 신경을 집중해도 녀석의 발자취를 쫓기란 참으로 예삿일이 아닐 것 같다. 저 위의 나뭇가지에 달린 잎과 가는 가지를 확대경으로 모두 조사하기란 도저히 불가능한 일이다. 아무리 끈질겨도 지쳐 버릴 것이다.

며칠 뒤 놓아준 곳으로 다시 가 보았다. 작은 나뭇가지나 잎에서는 녀석들이 보이지 않지만, 길에 남겨 놓은 하얀 막이 많이 떠났음을 증명한다. 안 보이는 꼭대기로 올라갔을까? 혹시 다른 데로 갔을까? 이주민이 시야를 벗어났을 때는 이 숙제를 먼저 풀어야 한다.

부엽토를 담은 화분에 키가 한두 뼘짜리 털가시나무를 심고, 작은 가지에 고무풀을 발라 연지벌레 5~6마리를 붙여 놓았다. 물론 새끼의 출구가 막히지 않도록 조심했다. 이 작은 인공 숲이 뜨거운 햇볕을 직접 받지 않게 실험실 창가에 놓았다.

7월 2일, 녀석들이 집을 떠나는 광경을 직접 확인했다. 오후 2시경, 수없이 많은 떼거리가 요새에서 우글거리며 나온다. 어린것이 정문인 단춧구멍을 통해서 허겁지겁 나온다. 대부분 꽁무니에 허물 껍질이 매달렸다. 잠시 공 모양인 지붕에 머물렀다가 마침내 가까운 나뭇가지로 흩어진다. 나무 꼭대기까지 올라간 녀석은 거기서 만족하지 못했는지 도로 내려간다. 이렇게 되면 이 부대의 이동 목적이 무엇인지 알 수가 없다. 꼬마들이 기쁨에 취해서 정처 없이 헤매는 것 같다. 어쩌면 눈앞에 펼쳐진 자유에 첫발을 내디디며 환희에 따른 혼란이 왔는지도 모르겠다. 잠시 놔두면 안정되겠지.

이튿날, 나무에는 연지벌레가 한 마리도 없다. 모두 나무 밑의 부식토로 내려갔다. 좀 전에 물을 준 화분의 부식토가 물을 머금어 부풀었고 먼지도 거의 없다. 거기서 손톱보다 별로 넓지 않은 곳에 밀집한 녀석들이 무리를 이루고 있었다. 그 목장에서 만족했는지 한 마리도 움직이지 않는다. 녀석들이 기력을 되찾고 행복에 젖어 꼼짝 않는 것 같다.

녀석들이 편히 지낼 수 있도록 도와주었다. 즉 응달을 만들어 시원하게 해주고, 마실 자리는 미리 물에 적신 털가시나무 잎 몇 개로 덮어 주었다. 꼬마들아, 이제부터 너희 멋대로 해라. 이제 나는 너희에게 더 해줄 수 있는 게 없단다.

방금 너희 생활사에서 빠뜨릴 수 없는 중요한 사항을 알았다. 처음의 내 추측은 지극히 합리적이었으나 근거는 충분치 못했었는데, 그 미미한 사항을 몰랐다면 이제부터의 연구가 성공하기 어려웠을 것이다. 애벌레는 어미처럼 털가시나무에 자리 잡는 게 아니라 태어난 나무의 뿌리 근처 흙으로 내려갔다. 그곳의 이끼와 낙엽에서 신선한 은신처를 찾아 쉬면서 원기를 회복한다.

그다음에는 무엇으로 살아갈까? 나는 아직 답변할 처지가 못 된다. 녀석들은 5~6일 동안 한자리에서 무리를 짓고 있었다. 무리를 떠나거나 땅으로 내려가는 녀석도 없었다. 드디어 자취를 감춰 숫자가 차차 줄어든다. 마치 증발해 버린 것 같다. 서로 이웃하고 있었는데 지금은 없다. 흔적조차 남지 않았다.

털가시나무 화분은 애벌레가 번영할 조건을 갖추지 못했나 보다. 거기는 풀, 땅속줄기가 있는 풀, 또는 얇게 가는 뿌리를 뻗치는 풀 따위가 숲을 이루어, 새끼연지벌레가 그 나무의 땅속뿌리에 자리 잡을 필요가 있었을 것 같다. 정말 그럴까?

5월에 연지벌레가 잔뜩 꾀어든 것을 보았던 야외의 털가시나무

뿌리를 조사했다. 나약한 이(虱) 가족이 멀리 여행할 수는 없을 테니, 틀림없이 그 주변에 있을 것이다. 나무 둘레의 여러 풀을 조사했다. 흙을 파내고 뽑아서 확대경으로 하나하나 끈질기게 조사했다. 겨울에도, 봄에도, 여러 번 거듭해서 조사했다. 하지만 그렇게 힘든 조사에도 불구하고 아무런 보람이 없었다. 아무리 해도 꼬마를 찾아낼 수가 없었다.

이듬해 봄, 나무의 발치에는 반드시 풀이 있어야 할 필요가 없음을 알았다. 정원의 털가시나무로 가 보자. 거기에는 30마리가량의 성숙한 털가시나무왕공깍지벌레를 붙여 놓았었다. 그런데 그 이주민은 대상(隊商)처럼 줄지어 떠났다. 털가시나무 밑의 몇 걸음 안쪽 땅바닥은 아주 깨끗했다. 얼마 전에 가래로 풀을 베어 낸 여기는 풀이나 잡초가 하나도 없었다. 털가시나무의 뿌리는 깊어서 이 벌레가 절대로 들어갈 수 없으니 알아볼 필요도 없다.

자, 그런데 5월, 지금까지 연지벌레가 없었던 나무에 검정 공이 모여든다. 나는 여기에다 종자를 잘 뿌려 놓은 셈이다. 껍질에서 탈출한 꼬마는 겨우내 땅속에서 고약한 날씨를 겪어 내고, 따듯한 봄이 돌아오자 나무로 올라가서 공 모습으로 변한 것이다. 풀뿌리 하나 없는 메마른 땅에서 아무것도 먹지 못했을 텐데 어떻게 살아왔는지 모르겠다.

녀석들은 식당보다 피난처를 찾아 땅속으로 내려갔던 것이다. 은신처를 보면 알 수 있듯이 별로 깊지 않은 땅 밑의 갈라진 틈이 집이었다. 거기는 틀림없이 겨울의 매서운 추위로 상당히 위험했을 것이다. 보호 대책이 마련되지 않은 녀석들이 얼마나 많이 사라졌겠더냐! 알 도둑의 약탈에 이어 고약한 날씨의 피해를 입었다. 결국, 그래서 연지벌레는 새끼 한 마리를 살리자고 수천의 새끼를 낳았던 것이다.

이 벌레의 나머지 생활사는 알아내기 어려울 것 같다. 다행히 세 아이가 늙은 내게 위안뿐만 아니라 젊고 예리한 눈까지 빌려주었다. 애들의 도움이 없었다면 잘 보이지도 않는 이 벌레를 사냥할 계획 따위는 포기했을 것이다. 몇 해 전에 털가시나무 숲에서 연지벌레가 많은 나무를 눈여겨본 적이 있었고, 많이 모인 가지는 흰 실로 묶어 표시를 해 두었었다.

젊은 조수들이 그 나무의 잎과 가지를 하나씩 끈질기게 조사했다. 나도 돋보기로 조사해서 수확물을 채집통에 넣었다. 자세한 검사는 연구실에서 차분하게 실행할 생각이다.

내가 연구에 절망할 무렵인 5월 7일, 꼬마 한 마리가 확대경 밑을 스쳤다. 저 녀석이다. 저 녀석이 틀림없어! 지난해 태어나 껍질에서 나왔던 녀석과 똑같은 녀석을 다시 보았다. 그 모습, 그 색깔, 그 크기, 조금도 변함이 없다. 녀석은 바삐 걷는다. 적당한 장소를 찾으려는 것 같다. 나무껍질의 작은 주름 사이에서 보였다 안 보였다 한다. 이 귀중한 꼬마가 붙어 있는 잔가지를 유리뚜껑 밑에 놓아두었다.

이튿날, 허물을 벗었다. 종종걸음을 치던 꼬마가 이제는 의젓한 벌레가 되어 공 모양을 이루기 시작했다. 재료가 충분했다면 더 좋은 환경에서 연구했을 텐데, 행운은 단 한 번만 보여 주었다. 왕공깍지벌레의 조사는 3월에 착수했어야 하는데 지금은 시기가 너무 늦었다. 그때였다면 실험 재료도 한 마리가 아니라 여러 마리였을 것이며, 탈바꿈하러 땅에서 털가시나무의 푸른 잎으로 올라가는 것도 보았을 것이다. 하지만 그렇게 많던 애벌레에게 겨울 악천후가 큰 타격을 주어, 아주 많이 수집하지는 못했을 것이다. 녀석들이 나무에서 내려갈 때는 수십만 마리였는데, 올라갈 때는 소수의 분대에 지나지 않았다. 따듯해졌을 때 검정 공의 수가 적은 것이 그것을 증명한다.

나무에 오른 녀석은 어떻게 되는지, 한 마리뿐인 애벌레가 그 사연을 정확하게 알려 주었다. 녀석은 점 같은 공이 되었다. 의심할 여지없이 훗날의 연지벌레였다. 며칠 동안 나뭇가지를 담근 유리컵의 물은 그대로인데 벌레는 점점 말라 버린다. 다행히 털가시나무에서 수집할 때 두 종류를 가져와서, 내게는 녀석보다 잘 자란 애벌레 몇 마리가 더 있었다.

그 중에는 공 모양인 것이 가장 많았고 크기는 나이에 따라 달랐다. 가장 작은 녀석은 겨우 1mm 정도에 배 쪽은 평평하고 눈처럼 흰 쿠션에 싸였다. 어렴풋이 밀랍의 윤곽을 나타낸 것이다. 등은 둥글고 적갈색 내지 엷은 밤색인데, 흰색의 치밀한 털 다발이 무질서하게 흩어져 있다. 이런 복장의 젊은 왕공깍지벌레는 열대 바닷가의 고둥인 개오지〔Porcelaine tigre: *Cypraea tigris*, 개오지과(Cypraidae)〕를 연상시켰다. 제당 공장도 벌써 가동했다. 꽁무니에 맑은 액체 방울이 고여 개미가 마시러 온다. 몇 주일 지나면 완두콩만 한 칠흑 흑단이 된다. 이 녀석은 최종 상태에 와 있는 것이다.

몇 마리는 절반으로 수축한 뾰족민달팽이(Limace: Limacidae)처럼 길고 편평한 복면 전체로 나뭇가지에 붙어 있다. 등은 약간 높고 밝은 호박색인데, 5~7개의 돌기가 세로줄을 이룬다. 호박색에 흰 가루가 장식된 벌레는 '고양이 혀(Langues de chat)'라고 부르는 과자를 닮았다. 꽁무니에서 시럽을 전혀 분비하지 않아 개미도 오지 않는다.

이런 상태의 두 번째 형태는 수컷 애벌레였다. 내 추측에는 이 중에서 짝짓기의 고유 특성인 날개를 가진 벌레가 나온다. 하지만 녀석들은 거기서 죽었고, 실험실 밖에서의 마지막 상태 조사는 내게 너무 힘든 일이었으니 증명할 수 없는 추측이 되었다.

털가시나무왕공깍지벌레(일명 털가시나무연지벌레)에 대해 변변치 못하게 기록했으나 한 가지 특징만은 특히 기억해야겠다. 산란 활동에서 해방되어 거대한 난소라고 불릴 만한 어미는 결국 말라서 상자처럼 된다. 새끼는 이 상자 안에서 위치조차 바꾸지 않는 알에서 부화한 녀석들이다. 녀석들은 밖으로 탈출할 때까지 바싹 마른 유물 속에서 수천 마리가 우글거렸다. 자식 만드는 방법을 극도로 단순화시킨 이 벌레의 어미는 새끼를 위한 상자로 변한 것이다.

찾아보기

곤충명

종 · 속명/기타 분류명

절지동물명

종 · 속명/기타 분류명

기타

전문용어/인명/지명/동식물

ㄴ

ㄷ

ㄹ

ㅁ

ㅂ

ㅅ

ㅇ

ㅈ

도판

곤충 학명 및 불어명

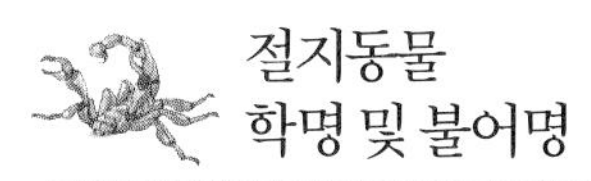

절지동물 학명 및 불어명

기타

동식물 학명 및 불어명/전문용어

B

C

D

『파브르 곤충기』 등장 곤충

숫자는 해당 권을 뜻합니다. 절지동물도 포함합니다.

ㄱ

ㄴ

ㄷ

ㅂ

ㅅ

ㅇ

ㅈ

ㅊ

ㅋ

ㅌ

ㅍ

ㅎ